U0590372

世图心理

博客：http://blog.sina.com.cn/bjwpcpsy
微博：http://weibo.com/wpcpsy

当代精神分析新论

承认理论、主体间性与第三方

[美] 杰西卡·本杰明（Jessica Benjamin）———— 著

张巍　张磊———— 译

Beyond Doer and Done to

Recognition Theory, Intersubjectivity and the Third

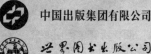

中国出版集团有限公司

世界图书出版公司
北京　广州　上海　西安

图书在版编目（CIP）数据

当代精神分析新论：承认理论、主体间性与第三方 / (美) 杰西卡·本杰明
著；张巍，张磊译. -- 北京：世界图书出版有限公司北京分公司，2024. 9. -- ISBN
978-7-5232-1454-1

Ⅰ. B84-065

中国国家版本馆CIP数据核字第2024SR2814号

书　　名	当代精神分析新论：承认理论、主体间性与第三方 DANGDAI JINGSHEN FENXI XINLUN
作　　者	[美]杰西卡·本杰明
译　　者	张巍　张磊
责任编辑	詹燕徽
装帧设计	黑白熊
出版发行	世界图书出版有限公司北京分公司
地　　址	北京市东城区朝内大街137号
邮　　编	100010
电　　话	010-64038355（发行）　64033507（总编室）
网　　址	http://www.wpcbj.com.cn
邮　　箱	wpcbjst@vip.163.com
销　　售	新华书店
印　　刷	三河市国英印务有限公司
开　　本	880mm×1230mm　1/16
印　　张	22.5
字　　数	302千字
版　　次	2024年9月第1版
印　　次	2024年9月第1次印刷
版权登记	01-2023-3413
国际书号	ISBN 978-7-5232-1454-1
定　　价	86.00元

推荐序

　　初遇本书作者杰西卡·本杰明是在2019年的11月，我的老研究所——洛杉矶新精神分析中心（NCP）在线下举办的最后一次大型学术活动上。当然，彼时大家都没有想到，这会是之后数年中大家的最后一次线下相遇——由于新冠疫情的影响。当时我们只是纯粹兴奋于这次要来进行一周演讲、研讨、案例督导的"明星分析师"——本杰明。

　　这绝不是我们这些在北美受训的分析师第一次听闻本杰明。她2004年发表的论文《超越施动与受动：第三性中的主体间视角》，早已是我们在课堂上、研讨中，乃至写作中出镜率、引用量最高的文章之一。彼时，这样一位名声如雷贯耳的北美关系精神分析（relational psychoanalysis）的创始人物，要在我们这里吃、住、玩，并且教学整整一周时间，实在是让我们这些受训分析师兴奋不已。

　　接下来与本杰明在学术上、督导中接触的一周时光里，如果说我有一个最深的印象，那就是一种强烈的对比感，甚至说反差感。这种对比表现在以下两个层面：

　　第一，本杰明在正式的学术演讲活动中，表达是抽象的，甚至是有些晦涩的。她的用词永远是哲学性的、抽象的，但可以让听众保持在一种在智力上持续受刺激的状态——你越听不懂，就越想听懂，因为你知道在她的理论之中，有某种你平时作为分析师体验过或者思考过，但又不像她那么系统化论述的东西。当时于我，这真是一种奇妙而有些痛苦的体验。

第二，本杰明在与我的一对一案例督导中，又是极为具体而尖锐的。我仍记得在她所下榻的酒店餐厅里，当我把当时的控制案例（control case）呈报出来后，她那句尖锐的反馈（出于保密原则，在此不便复述）。不过她也愿意把自己的童年经历揭示出来，作为对比与我分享。在督导的后半段，她还询问了我的个人生活，乃至童年经历。整场督导下来，我最深的感受乃是：这是一个不会撒谎的女人。因为她太真实了——直接告诉我她对来访者亲人的负面感受；直接告诉我她自己的童年经历；直接询问我的童年；直接把她对这个具体个案的理解、个案与社会文化因素的联系说出来，且丝毫不考虑所谓的政治正确性……她在督导个案的时候，让你感到，她本人似乎认识这个个案，和对方生活过一段时间，且知悉其生长的社会文化环境。绝妙的体验！而且当时在被督导以后，不止我一个人有此种体验。

后来在系统学习关系精神分析以后，乃至在读完张巍教授翻译的杰西卡的代表作以后，我才把当时这种抽象与具体、晦涩与直接的对比给捋清楚——杰西卡·本杰明既是一个哲学家、社会学家（她有着相当深厚的哲学和社会学背景），又是一个精神分析临床工作者；既是一位深刻的学者，又是一个具体的实干家；既是一名业内的顶尖专家，也是一个真性情的人，一个女儿，一位母亲。而且所有这些身份元素，都可以被她整合起来。我想，这就是为什么她的这本《当代精神分析新论：承认理论、主体间性与第三方》既可以涉及人类早期的母婴互动领域，又能聚焦于分析师-患者的临床互动，还能把分析拓展到社会文化中的主奴关系、施受虐关系及其超越中去的原因。我认为，这本书实际上就是杰西卡本人的一个浓缩——既可广大，亦可精微。

儒家在论述"中庸之道"时有言："君子之道费而隐。夫妇之愚，可以与知焉，及其至也，虽圣人亦有所不知焉。夫妇之不肖，可以能行焉，及其至也，虽圣人亦有所不能焉。" 而杰西卡对人类施动-受动关系的破解之道——承认（recognition），或许就是这样一种既可用来理解夫妇的亲密关系，又可用来参悟普遍的社会力量运作的，致广大而尽精微、极高明而道中庸的，理论-实践体系。

实际上，作为一名精神分析临床工作者，我自己在面对来访者时，一直践行着杰西卡所创的"承认"概念。我们的来访者有时深受施动与受动关系之束缚，被绑定在"要么征服，要么臣服"的各种主奴关系之中。而这种施动与受动的关系，又有多少次捆绑住了我们分析师和来访者这对二元体，让我们彼此感到窒息，没有出路？在这种彼此深度缠结（用杰西卡的话说，就是"只有一方能活"）、"你死-我活"的二元互补关系中，有多少分析师不是明里暗里企盼着出现一个可以缓冲、可以让自己喘口气的关系"第三方"（the Third）？但这个第三方到底怎样才能出现？咨访关系到底怎样才能重回理性？这段关系是否能承受得住失败，乃至疯狂？对于这些问题，我相信任何遭遇过咨询僵局，乃至死局的咨询师／分析师，都是追问过，且挣扎过的。

而这本书就是要帮助大家解答这些问题。通过见证彼此、承认彼此的脆弱和力量，咨询师和来访者其实完全可以共建一个让双方都"活下来"，且活得更有韧性、更完整的关系第三方。来访者不再是一个需要被修理的客体，而咨询师也不再是一个只能涵容的容器——我们人类终究不是物，也终究不会只有一种"功能"。母亲不会只有奉献功能，咨询师不会只有共情功能；而孩子不只是纯粹的被喂养者，来访者也不只是一个等待拯救的被残害者。

我们需要承认我们自体的其他方面，那些因过往的苦痛而被我们解离，抑或分裂的部分。如此，我们才能承认与我们共存的他者及其真实的力量和苦痛。如果来访者是完全病态的，那么咨询师就只能拯救；如果咨询师是完全健康的，那么来访者就只能膜拜。咨访关系，作为一种人类关系，最终会"惨死"在刻板的二元互补性之中，且直到死前，双方可能都不知道：其实我们就是他们，他们也会成为我们——哪怕咨询师和来访者在很多方面的力量极不对称，但他们终究是极其深刻地相互影响着，甚至是相互"成为"着。

所以我认为，杰西卡的这本书是革命性的，它为打破刻板的咨访二元互补关系、打破僵化的母婴缠结共生关系（一个纯伟大、纯付出，一个纯脆弱、纯接受），乃至打破在我们的社会文化中普遍存在的主奴关系、施受虐关系，提供了一个令人惊叹的当代视角。

而此书的译者，张巍教授，亦是一位不惮钻研，且学术造诣甚深的学者。他的博士论文《主体的相遇与生成——精神分析的主体间重构》曾给我的学术和临床工作带来深刻启悟。而以杰西卡·本杰明为代表的北美主体间／关系精神分析取向，亦是其一贯钻研深耕之领域。所以此译本通读下来，依然带给我当年初识杰西卡时的感觉：在智力和学识上不断受到刺激和挑战，在临床上则能迅速获得启发。

我国心理咨询及精神分析事业的蓬勃发展、咨询师与来访者之间日益深化且多元化的关系，都呼唤着一种经过更新迭代的当代精神分析体系。而本杰明的这本《当代精神分析新论：承认理论、主体间性与第三方》就是精神分析更新迭代过程中绕不开的一本巨著。张巍教授为此迭新事业付出的长期努力令人感佩，故此诚切推荐。

孙平

2024年1月25日 于加州洛杉矶

　　本译著为湖北省普通高等学校人文社会科学重点研究基地——大学生发展与创新教育研究中心开放基金资助项目（项目编号：DXS2023010）

C 目 录
ONTENTS

导论

承认、主体间性与第三方

一

本书围绕承认（recognition）[①]的观点，发展了主体间精神分析的基本思想。我在最初努力建立主体间理论时，所持的是一种宽泛的视角——从相互知晓的互动角度描述心理过程及心灵的成长。现在，这已经成为精神分析中的一种主流观点（Benjamin，2016a）。聚焦于个体心理特性的内部心理理论，已经根据主体间性的概念进行了修正和重新定位。我们现在从心与心之间、意识和潜意识之间，乃至镜像神经元与镜像神经元之间相互渗透的角度来思考。主体间精神分析具有革命性的意义，它不仅延伸到了临床过程中（在临床过程中，对分析师参与和运用自身主体性的觉察已经重组了我们的实践），而且更广泛地影响着我们对人类发展和社会纽带的整体观点。

在我的早期作品中（Benjamin，1988，1995a），我试图清晰地表达一些转向主体间性的概念——这些是新产生和正在形成的。在本书中，我对实践和理论的结果进行了反思——一大群精神分析师详细阐述了这个结果，他们中的许多人都认同北美的"关系转向"。本书提出了一个理论框架，并由此来阐明早期发展和关系实践研究中所涌现出的结果。这个框架以承认为中心，旨在将关于相互性和双向关系的思考整合到变化着的分析和发展过程中。

我接受代表一系列主体间取向的思想家的启发性贡献，并希望阐明

[①] 国内有研究者将recognition译为"识别"或"认可"，而本杰明的这一概念来源于黑格尔，后者的观点经阿克塞尔·霍耐特发展为更完善的"承认理论"，故本书将recognition译为"承认"。——译者注

当代精神分析项目中尤为重要的内容——主体间性对自体和他者、心理和情感，以及社会主体的心理生活的独特思考方式。我希望这些命题能够跨越学科障碍，使非精神分析师获得主体间精神分析的社会和哲学含义（Benjamin，2016）。这一意图与我在社会批判理论（旨在披露权力和支配的隐藏病态）中最初的跨学科出发点是一致的，也与我目前对社会疗愈过程和见证集体创伤（实际上，鉴于当前的事件，伴随着非暴力抵抗）的关注点一致。尽管这些关注点很重要，但毫无疑问，本书源于（并主要涉及）我作为精神分析师的临床经验和我作为母亲的个人实践经历。在此之前，我作为一位研究母婴互动的母亲，热情地投身于第二代女性主义浪潮，寻求改变母亲和工作的关系以及精神分析理论。

在20世纪70年代第一次发展关于承认的思考时，我发现，母婴互动研究的重要新领域令人兴奋。它似乎证实了我在精神分析领域中徒劳无功的发现——我们如何进入彼此的内心。实际上，我们早在学会说话之前就这样做了（Bullowa，1979）。母婴互动的研究为承认如何在行动中运行提供了具体说明，也为此前作为哲学概念（Habermas，1972）的主体间性提供了新的基础（Trevarthen，1977；1979；Sander，1983；Stern，1985）。现在，我们有可能发展出一个理论框架，将承认的行动呈现为关系的基本要素或组成部分。我们可以从两个本质上相似的心灵之间发生的关系来思考——尽管这两个心灵不断受到挑战，并且经常因彼此的差异和疏离而失去稳定性。

主体间性的发展性微观分析取向始于具身的、情绪的基本自体。这个自体不是与抽象的大他者（Other）互动，而是与另一个发展程度更高的人互动，这种互动中必然包括婴儿对其照顾者的影响——这将是一条双行道。同样，我们在分析的过程中考虑一方对另一方心理的互惠影响；我们在发展的过程中研究承认过程的相互作用。在哲学中，通过互惠承认构成的自体概念假设，独立性的确认取决于对相互关心或共享关注的预期（Honneth，1995；2007）。然而，由于自体的概念是由一种规范的社会秩序形成的，或是通过排斥他者而形成的（Butler，1997；2000），他者作为一个未被我们界定的独立主体的意义和品质可能得不到应有的重视（Benjamin，1998；Oliver，2001）。我们如何理解对方的独立存在？我们如何通过一种彼此都是他者的关系而演化？这似乎是主体间性的精神分析理论有必要关注的。

从主体间性的心理学观点来看，自体是在与他者（以下是"母亲"）的关系中发展起来的。他者不仅提供承认，而且依赖自体的能动性和反应性来制造一个共同创造行为的工作模式。如果要实现主体间能力，孩子就必须参与创造一个相互分化的系统和一种承认的交流。理想情况下，母亲被识别为互惠反应和互惠理解的相互动力的一部分。我将这个系统概念化为第三方（the Third）的产物。

从这种精神分析构想的主体间性开始，我们可以强调原本模糊的现实：第一个他者是作为母亲的女人，其最初是通过父权制的视角被视为（男性）自体发展的载体的。从女性主义者的角度来看，通过与他者的差异做斗争来改变自体的方式，必然是一个互惠过程的一部分。在这个过程中，自体是他者的他者，他者面对的是适应和分化的需要，以及激活反应的可能性。也就是说，反应和转变——试图将两个不同心灵的相互影响概念化，而不考虑它们的不平等或不对称，从而为平等和对称留下潜在空间——是至关重要的。

二

承认的观点是有组织的，我们可以从两个方面来考虑它：第一，作为一种心理位置（psychic position）。在这种位置上，我们知道他者的心灵是一个具有意图和能动性的平等来源，能影响我们并且被我们影响。第二，作为一个过程或行为，即在互动中进行反应的本质。最初的精神分析理论没有明确提出承认他者心灵的位置的假设，而是始于个体心理内部的地形学和机制。在后现代思想中，将分析师定位为了解这种地形学和机制的人并没有破坏精神分析最激进的发现：潜意识限制了主体对（自我）知识的索求（Laplanche，1997；Rozmarin，2007）。然而，关系分析的主体间性质疑的不只是分析师的解释确定性或"王国之钥"——早期经典分析师认为，这些构想解开了神经症的潜意识模板。更为激进的是，主体间理论将分析师抛进了两个主体的非线性系统中，假定每个主体都能够动摇另一个主体的自我确定性，或者在任何时刻都是不稳定的，因而其意义是突现的（Hoffman，1998；Stern，2009）。

主体间精神分析的设想意味着假设房间里有两个知晓或不知晓的主体——每个主体都潜在地承认了他者的他异性和不同视角，或者拒绝这种承认。对我来说，最重要的是，这种承认包含对他者有情感意义的体验——他者不仅仅是一个需要被控制或抵抗、被吞噬或推开的客体，而是另一个可以与我们联结的心灵。也就是说，我们可以将他者体验为一个具有反应性的自主体（agent）——对我们的承认渴望，而不是我们心理网络中被管理或需要的客体做出反应。至关重要的是，与主体间理论和内部心理理论对应的位置最好不要被认为是排他性的，而应被视为精神生活的相互联系的现象。事实上，它们之间的差异对应于两种关系状态之间的转换：（1）自体与另一个自体同在，（2）自体与客体处于互补关系中（Benjamin，1988）。

在本书里，我将提到"第三方"的位置。在这种位置上，我们含蓄地将对方识别为一个"相似主体"、一个可以作为"他心"来体验的存在。"第三方"作为一种位置是这样形成的：在承认差异和承认相同之间保持一种张力，从而将他者视为一个分离但具有主动性和意识的平等的中心，并且可以与之分享感受和意图。分享始于最早的前语言互动：

意图一致（alignment）或情感共振即使在不平等的伙伴之间也有一定程度的相似性或相同感。然而，面对不可避免的不一致，这种一致只能在矛盾中得以维持——个体必须容忍这种从一致到不一致，再到一致的互动转变。

这种基本的承认位置的分裂（breakdown）是一种常见而普遍的现象。相同和差异、一致和不一致的两个方面因没有得到第三方的支持，而瓦解为二维性（twoness）。在这种关系形式中，他者表现为客体或客体化、无反应性或损伤，并且威胁要抹去自己的主体性或被自己抹去。这种以分裂为基础的关系形式，形成了施动和受动的互补。不过，还有许多其他的组合形式：控告者和被告、无助和强迫，乃至受害者和行凶者。

承认的第二个方面与位置无关，而与表达行为、动力过程和行为中的反应有关。承认的行为让我确认：我被看见并被了解了，我的意图被理解了，我对你产生了影响。这一定也意味着我对你很重要。反之亦然：我看到并了解你，我理解你的意图，你的行为影响我，你对我很重要。进一步来说，我们分享感受，反思对彼此的了解，所以我们也有共享的觉察。到目前为止，我还没有找到一个词比"承认"更能概括我们如何相互影响和相互了解，尽管许多其他词可以而且已经被用来描述它的一些方面。作为联系的基本组成部分和两个人之间联系的最初形式，承认一直在有意识或无意识地进行着，就像呼吸一样——我们可能不会停下来注意它，除非氧气供应减少，我们才会开始寻找出路。在心理上寻求出路的方式是解离（Davies & Frawley，1994；Bromberg，1998；Howell，2005）。当然，承认总是与这种注意（不注意）有关。我们天生对以下方面保持敏感并做出反应：他者的所作所为、他者对我们的所作所为、他者对我们行为的反应、他们"给我的感受"的方式、我"给他们的感受"的方式，以及我是否觉得他们在对我做什么或他们在和我一起做什么，反之亦然。

　　"反之亦然"，这本身就是个问题：我们是在相同的条件下相互匹配，还是在不同的条件下不匹配？我们的精神齿轮是啮合的还是卡住的？简而言之，问题在于这种"做"（doing）是"向"（to）还是"与"（with）："向"意味着对立的施动者和受动者的互补二维性；而"与"意味着适应、协调或有目的地协商差异的共享状态，这可被称为"第三性"。根据婴儿期的研究，第三性最初表现为一种动态协调，其中匹配、不匹配和返回到共享方向的匹配可以被描绘为远离精确镜映或同步的非线性关系。这不是一种行动-反应模式。虽然这个过程在很大程度上（但不是完全）取决于父母形象的调谐（attunement），但这样的早期互动已经揭示了互动中互惠的重要性。

　　在将这些早期相互作用的研究应用于临床理论时，我经常使用以下隐喻来描述第三方：两个伙伴面对面共舞，共享这一行动但没有脚本。当然，对合作伙伴共同创造的动态模式的共享预期也适用于施动者和受动者过于紧密的协调和反应模式——反映失调和未调谐的模式（Stern & Beebe，1977），这些模式将我们锁定在反应中。这些观察使我们能够将共同创造的第三性的开放式运动概念化，以区别于这种反应模式。像温尼科特（1971a）的"潜在空间"和斯特恩（2015）的"未预见或未受束缚的经验的涌现"等观点一样，第三性的观点试图捕捉在没有强迫和束缚的情况下，对未知保持开放的自由联想的原始想法。行动中的承认不是一个稳态或稳定条件，而是一个涉及进入第三性和离开第三性的持续过程。

　　在整个写作过程中，我一直强调，主体间性和承认能力的形成并不能消除围绕互补性、主体和客体以及分裂（正如克莱茵在她的偏执-分裂样位置的概念中所描述的那样）的内心生活的持久性。当然，当承认失败时，这种内在的心理组织会变得更具主导性，但它仍是我们心理结构的一部分。我要补充的是，在温尼科特之后，这种选择超越了克莱茵的抑郁位置，即在张力（矛盾）中保持对立。存在一种主体间联结的位置——第三方，在这种位置上，自体达到主导地位，并感受到被真实的他者达到。内部心理联结和主体间联结之间的转变可以被视为持续性的，这是自体持续性张力的一部分。这一构想意味着，在对承认进行理论化的过程中，我们必须概念化的不是一个静态的条件，而是一个与外部他者和内部客体相关的连续振荡（Winnicott，1971a）。

与客体相关的内部心理允许分裂，这种分裂带来了施动和受动的互补性。其主要形式是强迫或顺从，而行为和反应不能被自由地给予。具有讽刺意味的是，每个人都可能感到被另一个人强迫，仿佛被推到了分配给他们的角色中，无法控制。善在哪里，恶在哪里？受害者和施暴者之间的互补性，即使凝结在明显明确的支配关系中，也常常会被混淆。不可避免的是，施动-受动关系涉及感受、体验和知晓的一些解离。当我们以非承认（non-recognition）的形式更广泛地理解创伤时，解离更多地成为我们对心理的普遍理解的一部分。这拓宽了我们的范围，让我们了解到，施动-受动关系的持续运行让自体无法获得第三性，而承认的失败使自体的一部分变得封闭。

当个体拥有主体间关系的安全区域时，从对他者是主体的觉察到与客体有关的解离，以及从情感接触到情感疏离，都是普通二元波动的一部分。这样的振荡可能包含在更大的运动中。借此，我们创造了第三方，因为我们在或大或小的中断后学会了恢复连接。我们在早期互动的研究中可以观察到这种更大的运动。父母和婴儿之间的破裂（rupture）与修复过程有助于形成容忍以及整合疏离时刻与差异的能力（Tronick，1989）。我们在最早的互动中观察到的恢复承认的过程——在不匹配或受挫后成功地重组和重建协调的调谐——可以被转化为一个更大的原则：承认依赖于相互矫正，而对中断的持续调节或修复为第三性提供了平台。

　　关系修复（与自体对客体好的方面的内部修复相反）涉及照顾者——在行为和交流的姿态中——对违反预期的安抚或反应模式的认可。这一修复过程有助于创造一种合法世界的感觉，这是体验的核心范畴。在这个合法世界里，他者的行为并不总是可预测的。更重要的是，当意料之外的或痛苦的错误发生且需要纠正的时候，他者会进行确认；而不能纠正的、再次违反预期的行为也会被认可。合法世界的心理表征不是指法律，而是指一种信念——相信可理解、反应和尊重的行为的价值和可能性，而这种价值和可能性是精神健全和人际／社会纽带的条件。这种信念与对他者不同的尊重相联系。这种认可的观点以及它如何创造合法世界的意义将贯穿我的文章。

　　近年来，这一观点对我来说变得更加重要了。我们可能会注意到这样一种现象：通过政治手段挑战合法世界（以及对全人类的尊重）导致了对精神创伤的社会违规的集体反应。在我们的会谈室里以及在公众面前出现的震惊、恐惧和悲伤的情绪，反映了失去合法世界的体验。

　　鉴于此，我在关于集体创伤和见证的一章中提出的观点可能尤其重要，这种与施动－受动互补性相联系的观点是一种强烈的幻想，即"只有一个人能活"。它揭示了个人和集体的心理，将弗洛伊德所看到的恋母情结的竞争组织成一场生死斗争——在这场斗争中，只有一个人能够幸存。虽然每个人在恐惧和压力面前都会受到这种幻想的影响，但是当社会第三方（the social Third）分裂时，或者当某些群体围绕着这种幻想组织起来时，它就变成了一种主导结构，而且似乎没有办法摆脱杀还是被杀、毁灭还是伤害的严酷选择。抵制这种幻想需要某种版本的第三方——一个合法的世界。在这个世界里，自体和他者、"我们"和"他们"都可以被承认。

三

我相信，从形式上来说，在互动的社会和临床维度上，同样的承认过程至关重要。这个过程通过早期的适应、调谐、理解的经验，演变成后来更为复杂的形式。应该出现在婴儿期和幼儿期的早期关系修复中的需求包括：应对中断差异，面对承认自己和他人失败的后果，像别人适应你一样适应别人。在接下来的章节中，我将展示临床精神分析如何给我们提供一个关于关系修复的独特视角，并通过认可来追踪主体间分裂和治愈中的变迁。

在我对承认理论的阐述中，认可的概念在精神分析实践中得到了体现，其功能是恢复第三性的空间。这个空间的特点是，每个伙伴都可以独立感受和思考，而不会感受到互补性的推拉。这一过程可能比最初看起来更复杂，但北美关系分析师已经很好地阐述了这一点。他们探索了分析师如何为以下内容制造空间：自己的解离倾向、羞耻或不好的感受，以及缺乏掌握和控制的感觉。虽然没有被清楚地表述或谈论过（Aron，1996），但这种知晓的缺乏与解离的理论化（Stern，1997）和对分析关系中人际相互脆弱性（mutual vulnerability）的觉察有关。强调我们自己与患者同时解离或单独解离的倾向已经改变了我们的工作（Bromberg，2006；2011）。我们意识到分析师的脆弱性可以在需要成为医治者时进行表达，并且已经准备好接受一个谬见：将第三方假设为可持续的关系的理想状态（Benjamin，2000a；2000b）。越来越清楚的是，分析师如何通过承认他者的意图或达成共同理解来协调自我保护与承认解离的痛苦和羞耻感之间的紧张关系。困难在于，患者和分析师之间的解离，即不同自体状态之间的潜意识运动，通常只能在事后得到识别。

从这个角度来看，我讨论了修复第三方的分析过程，它既通过恢复节律或承认来工作，也通过处理由施动-受动互补僵局导致的冲突来工作。关于活现（enactments）或碰撞（collisions）的关系话语，以及对重复和修复所模拟的过去伤害的分析，如雨后春笋般出现。它们在整合和调解不同的立场中做了许多关系性的努力，但对于许多更传统的精神分析世界来说，它们仍是相对未知的（Cooper，2010）。在临床讨论中，我将考虑我们如何进行关系修复，如何在程序性上表达和展示我们对每个心灵的工作方式的觉察，以及如何重建一个合法世界。鉴于对创伤及其在分析情境中的活现的高度关注，我将考虑相互脆弱性的历程与分析师见证和认可患者所受痛苦的不对称立场之间的张力。此外，不可避免的解离以及过去在当下表现出的潜意识迂回和符号性混乱（symbolic scrambling）使认可变得复杂。

这些问题是在承认和第三方的概念框架中进行阐述的——其中一些问题在不同的精神分析文化中表现得相当不同。这个框架从婴儿发展跨越到分析二元体，再到社会和集体创伤，其广度与"承认"这个概念的多面性相对应。我试图将第三方阐述为一个能自主发展的位置——从最基本的互动模式（节律）发展为更复杂的、符号化的媒介形式（共享反思、对话和差异协商）。我们能够体验到，第三方既是节律性的，又是分化的——各个方面之间能够相互促进。第三方发展的心理轨迹趋向于更大的复杂性和差异性。在这种情况下，重要的是，不能特殊对待任何一个时刻。

四

考虑到这个广泛的框架，我想本书的读者或许会问："这个承认理论与理解心理的其他理论有什么关系？"一些人可能想知道承认理论与广泛使用的关于心智化和情感调节的观点之间的关系（Siegel，1999；

Fonagy et al., 2002; Schore, 2003; 2011; Hill, 2015）。肖尔和西格尔提出的情感调节理论强调了右脑之间的内隐交流——能够组织心理状态并直接影响生理唤醒水平；福纳吉和塔吉特（1996a; 1996b; Fonagy et al., 2002）提出的心智化理论强调了对理解他人和被他人理解的反思——使内在和外在现实之间的区别成为可能。这些理论共同展示了智力发展的复杂而重要的过程如何在婴幼儿时期得到调节：通过稳定情感状态和创造象征能力的方式，被抚慰、理解，并且反映痛苦和快乐。

在我看来，成人反思的行为（表明我获取了你正在经历的）构成了承认的1.0基础版本。最初，承认将行为转化为交流——双方的这种行为要求孩子具有连贯的、可调节的、明确的情绪和能动性，并且在以后能够思考他人或自己的心理。在我的概念中，情感调节和心智化是照顾者的承认行为对心智成长的影响，能够建立以这种方式与他人一起行动的能力。

但是，如果这种承认和主体间联结被视为目的本身呢？我们通过对能够做些什么的关注来发展情感调节和心智化的能力，进而关注对心智的培育。斯特恩的贡献跨越了早期婴儿研究和之后的一般心理理论，他根据主体间取向和联结的需要构想了承认的过程，而这些对于主体间取向和联结本身是必要的。从"内部"了解和被了解也可以被视为一种基本动机，它与依恋的基本需求不相关——依恋与安全之间存在联系（Stern, 2004）。我想补充一点："虽然被抱持和滋养的安全不同于认识他者心灵的内在主观联结，但当这些需求被分裂时，自体也倾向于在安全和承认之间产生分裂。"在某些情况下，为了安全，自体的一部分必须被解离，不被承认；在其他情况下，牺牲安全则是为了感受到被人了解。这就引出了一个重要的观点：即使是在根据这种分裂来组织自体的时候，一个人也可以发展心智化和自体调节的能力。正如我们在精神分析中所追求的那样，想要在信任合法世界的同时具有了解和被了解的完整体验，就需要克服这些分裂。

如果我们接受这样一种思考方式，即承认是一种"驱动"心灵的动机性需求（没有它，我们会感到孤独和不安），那么我们可能会接近弗洛伊德（1930）最初的强有力的领悟——他认为，孩子通过放弃自己的部分思想来与父母（权威人物）保持联结，以维持母亲或父亲的爱。放弃一部分承认，以获得一部分安全栖息。通过分裂和解离，自体从自身需求中疏离出来——随之而来的是对承认的否认。这些疏离的形式旨在避开对所需的照顾者关注的克制，而只有这种关注才能使心理稳定。如果一个孩子被过多地拒绝和拒斥，而不是被承认和回应，那么其对他者心理的反应能力将会受到损害，因为自体的重要部分，例如兴奋、痛苦、恐惧等体验被否认，也就是沙利文（1953）所说的"非我"（not-me）已经解离。简单来说，这是我们心理生活的现象学，它在客体关系的精神分析理论化的历史中演变。由此，我们可以在早期心理发展和临床经验之间建立一座重要的桥梁——归根结底，在更宽泛的社会关系之间建立一座重要的桥梁。

简言之，客体关系理论隐晦地假定了一种承认现象学，但没有做出明确阐述。它描述了只有在广泛互动经验的基础上才能发展的内部关系。个人的感受和行为在这种互动经验中会得到肯定或否认。然而，如果我们从一种内在的主观视角来看，这些行为的意图（当它们被肯定而不是被疏离时）似乎是分享我们彼此对他者精神或感受的互惠理解。承认是对他者的肯定反应，可能会沿着我们稍后将探讨的不同途径进行：匹配他者的意图和节律，理解他们的叙述，同情他们的困境，见证他们的痛苦和伤害，认可自己的脆弱性或错误，在自己的心中认同他们，提供尊重和人性，确认事物的合理秩序，为差异和他性留出空间。

承认理论关注的重点是彼此心理的交互反应——觉察到对方也是主

体而非客体，不管它的具体形式是什么。正如布伯（1923）的术语"我与你"（I and Thou；和"我与它"相反）所表达的那样，这种与（作为一个具有同等的主动性和感受的中心而存在的）他者的联结可能是出于自身的需要和目的。如果没有这种联结，自体实际上无法感受到它的全部"我性"（I-ness）。从这个意义上来说，它是我们拥有美好生活或健康心理的不可或缺的基础——既是存在的条件，也是目的本身。承认无视目的和手段之间的区别。

承认理论试图将许多不同思想家关于需要了解他者心灵和被他者心灵了解的见解编织在一起。正如黑格尔最初假设的那样，正是通过这种方式，有意识的自体开始真正地活出其自体意识。感受到一个人存在于他者心灵"内部"是一个关键的精神分析隐喻，通过这个隐喻，比昂从一个稍微不同的角度表达了对被了解的欲望。相互承认是主体间性的基础，它超越了相互影响的概念，描述了一个外部观察的过程，并且指向内部经验：理解相互影响，并且共同实现影响。这种共享经验的强大动机不仅是为了安全或其他目的而变成欲望的体验，成为主体所拥有的东西。它始于蹒跚学步的孩子说"我想要那个"，并通过对方的愿望来寻求承认。欲望使我们成为主体，而根本的欲望是被对方的欲望满足。

如果从照顾孩子的母亲（她支撑了孩子的发展和情感调节）的角度，而非从孩子的角度来表达这一观点，这种相互承认的愿望的独特含义可能会得到澄清。理想地说，母亲是被欲望和孩子的需要驱动的。在某种程度的互惠反应中，你爱你为对方做的事情，就像你爱别人为你做的事情一样。你的爱为你自己建立了他者的主观存在。作为一个爱人，你的行为又构成了欲望循环的一部分——通过它，爱的第三方产生了。我认为，患者来找分析师做分析是为了找到其自己的爱，就像是被爱或感受到爱一样：活在爱之中——在它的第三性中。正如麦凯（2016）所阐述的那样，重要的是，相互承认的体验不仅提供了被理解的"面包"，还提供了"我们两个"一起发现某些事物、为彼此在场、觉察到我们彼此了解的"玫瑰"。

五

从一开始，相互承认的观点就在精神分析界引起了争议，并在很长一段时间里都是争论的触发点。它最初是在发展领域中被提出的，我们需要通过大量的工作才能将其转化到临床领域（Aron，1996）。这是否意味着分析师的主体性应当在患者面前被揭示，还是说，无论是否被披露出来，它都是隐性已知的（Hoffman，1983；1998；Aron，1996）？它是否涉及我们已经整合的分析师的认同概念（Gerhardt et al.，2000）？我们应该如何思考相互认同、心理镜映的潜意识途径、投射过程相互纠缠和相互作用的方式？看起来如此不对称的母亲与婴儿间的关系为什么会被认为是相互的？是不是可以说，婴儿的反应意味着这种关系中包含相互承认？

我认为，或许有必要先对"相互性"这一术语进行解构。这意味着，被视为不对称的相互性及与之相对的二元性需要被分解或"扬弃"（被超越，但以新的形式保留下来）。在论证相互性时，我将遵循阿隆（1996）的观点，并阐述它的概念是如何被"不对称性"这个术语扩大（而非缩小）的。也就是说，我将展示我们如何到达第三方的位置并在张力中保持对立。在母婴关系中，与互惠性相伴的是能力上的巨大差异——这已经说明了相互性和不对称性的辩证关系。

即使是彼此极不对称的伙伴也可以以承认的意向性（intentionality）为基础，通过程序性的、前语言的、符号的方式交互作用，分享彼此的理解或感受。我将通过本书的中心线索之一，即认可的给予和接受，来对不对称的互动加以说明。举例来说，如果我（以分析师的身份）认可某种反应的失败或某种对他者正当预期的违反，那么这种给予和接受将取决于对意图的相互理解。此外，治疗行动取决于他者对我提供的东西的理解。没有这种理解，他者就不能真正感受、分享和整合这种认可。因此，尽管认可是单向的，但它为不同主体之间的相互承认提供了机会。

认可和承认可能被表述为不同的、相互支持的行动。我们也可以说，认可成为承认的一个实例，它依赖于关于"对方是什么"的深刻的相互了解。虽然这一原则在精神分析实践中是可以被观察到的，但它可能也适用于其他关系——孩子与父母、受害方与责任见证方（未受伤害方）。概括地说，让个人经验得到确认和了解的行为需要被相互肯定。"这个人向我走来，接收我的信息，让它与我合二为一——甚至，把我的痛苦藏在她的心里"是沟通的元层面。当个体通过承认一些理解或调谐上的失败而达成一致或共振时，投射的来回切换——互补的施动-受动关系——便停止了。例如，他者的心灵现在与我的痛苦产生共振：我们一起处于第三方的节律中（Gobodo-Madikizela，2013）。

六

"通过进入非自体（not-self）并回归到一个不同的变更自体（以其遇到的变化为标志）来发现自我"的论点指向了主体间性的潜在运动。自体和非自体之间的运动反映了同一性与第三性之间更普遍的运动。要实现这一运动，就要有他者或非自体。在发展过程中，我们需要他者分享我们的状态，不仅是为了从痛苦中解脱，也是为了涵容并体验兴奋、快乐和唤醒。为了从心理上治愈创伤，我们需要他者的见证和同情，也需要创造条件分享彼此的积极情感，以从见证痛苦变为相互转化。我们有必要通过了解和被了解来遇见具有相同的自我肯定欲望的另一个特定版本。相互性是必要的，因为自体需要给予，也需要接受。

在一种获利的、工具性的文化中，对物质财富的幻想和对损失的恐惧主导着成长和生活。因此，关于"给予他者""顺应（surrendering）相互的第三性"的想法很容易转化为屈服和自我丧失。即便是精神分析师也倾向于认为患者只需要被给予承认、共情和理解（他们无疑被剥夺了这些部分），而忽略了来自给予、成为一个相互反应的他者（能够进入他者的内心并变得更充实，进而形成自己的理解）的力量。当我们准备见证贪婪、恐惧和独裁主义在美国引起的雪崩时，我认为重要的是认识到能够给予承认、做出反应和见证的位置所产生的力量。无论一个人处于需要承认还是给予承认的位置，他一旦意识到行为的相互依赖性，就能意识到维护尊严的需求，并且想要保护那些被剥夺尊严的人。

对于"将伤口的愈合或对痛苦的同情从表达欲望时被识别的机会中拆分出来"的观点，我并不认同。互惠的互动和共同经历创造了一个共享第三方，它让给予者和接受者都发生了转变。因此，我认为共享转变的相互性是精神分析的核心，也是互动的基础。

不同伙伴对意图的相互确认这个视角，或许会消除人们普遍持有的对承认的误解——认为承认他者的主观性意味着患者"必须"承认分析师个人主体性的表达——所带来的混乱（Orange，2010；Benjamin，2010；Gerhardt et al.，2000；Benjamin，2000b）。正如我将要讨论的（见第三章），在精神分析理论中，承认的焦点在于是什么使一个人的独立主体性作为他者心理而变得明显。例如，分析师对患者独特的痛苦的共情认可为患者的承认提供了一个机会——分析师与他（令人恐惧的）共情失败的心理客体并不相同。

能够像患者一样坚持下去的分析师会呈现出患者的一部分，这个部分让患者觉得自己无法获得承认或滋养，并且在分析师的理解、善良和治愈意图中涵容痛苦的怀疑。温尼科特（1971a）所说的"幸存于破坏中"，意味着分析师被识别为一个独立的主体、一个外部的他者。当分析师或母亲没有报复或分裂，并且抓住了拒绝感受或否认幻想（"我不需要你"）背后的意图时，他／她就将自己与患者或孩子的恐惧投射的表现区分开来。分析师表示，自己感受到了影响，并接受了沟通，但没有陷入互补性位置的反应中（至少没有留在其中）。因此，患者能够将分析师与内在客体区分开来，脱离自己过于强大和具有破坏性的幻想。这样，内部心理现实与主体间现实之间的区别就凸显了出来。

温尼科特（1971a）指出，这一至关重要的区别的根基是内部心理和主体间同等重要的模式（内部幻想和共享外部现实）之间的转换，以及恢复关系中的第三方。现在，两个面对面的有差异的主体可能会分享第三性的空间，其中一方试图对他们之间发生的许多事情负责。这个过程是将分析师（他者或母亲）承认为主体的主要意义。

由温尼科特开创的这种承认和破坏的范式是我理解承认的更一般的社会哲学观点的基础（Benjamin，1988；1990/95）。它表明，解放不仅来自被承认，而且来自"去承认"（doing the recognizing）。用精神分析的术语来说，承认他者，作为确认的独立来源，对情感解放至关重要——让人从恐惧或攻击性的投射（这最终会导致一个人感到强烈的损伤或受损）中获得自由。这种自由涉及分析师和患者向共同创造的第三方的转变，并且需要同时性的承认和认可。

认可意味着自体可以拥有（而非解离，将"非我"所需要包含的"我"的一部分投射到"非我"中）自己的脆弱性或伤害。现在，它可以将他者承认为一个独立的自体，而不是将其变成一个非我的涵容者。温尼科特提出，正是这种自由使爱他者（在当下保持沟通）成为可能——你在外面，你活了下来，现在你可以被爱了。对我来说，这似乎是一个持久的观点，永远是新的、新鲜的。

七

当我第一次发现这个"承认他者"（而不仅是承认自体）的观点时，我感到很惊讶——它与黑格尔提出的承认问题产生了共振。黑格尔辩证法中的基础表述为我的理论提供了支持。虽然与哲学领域相比，精神分析领域中的这种关于承认他者的哲学核心讨论更不容易被理解和整合，但我认为，它本质上与最近文献中关于创伤和大他者的精神分析讨论有关（Grand & Salberg，2017）。没有它，精神分析对性别、种族和阶级的广泛关注就会缺乏理论支撑，甚至会转移至占位（placeholding）。正如我所阐述的，承认理论旨在提供一种可能的支架。此外，对精神分析而言，承认理论对权威关系的解构至关重要（Benjamin，1997）。

正如我在《爱的纽带》（Benjamin，1988）中所解释的，温尼科特（1971a）关于从非承认的束缚中解放出来的观点（无所不能的心理无法与外界的他者建立联系），进一步阐明了黑格尔在《精神现象学》（1807）中提出的主奴关系思想（O'Neill，1996）。或者，我们可以说，早在弗洛伊德的自恋理论之前，黑格尔就已经描述了被困在全能感中的自我——一个没有被他者反思的、缺乏主体间联结的自我。如果没有这些联结，我们在精神上就是孤独的。

黑格尔对自我的依赖和独立的分析可能容易与精神分析对自我的描述相混淆：自我不想承认外部世界，受到无助的折磨，也受到依赖那些根据命令去塑造它的人的折磨。黑格尔首先从逻辑上论证了被承认的欲望将如何驱动对相互性的需要，这要求一种互惠行为——每个自我觉察的意识都能反映出另一个自我觉察的意识。自我不能被一个客体充分地反映，它必须找到另一个平等的自我——一个可以被它反过来承认的自我——来做这件事。实际上，它必须把他者看作一个相似的主体。正如我们在精神分析关系中发现的，这意味着我们已经将他者体验为一个既不报复也不分裂的他者。

黑格尔只是简单地指出，每一个自我都必须给予他者承认的张力被打破了——"承认"和"被承认"分裂了。这种分裂，不是由分解和以新形式重组的辩证运动在逻辑上决定的，它在任何情况下都会反映历史真相。一个自我（从今往后是主人）得到承认，而另一个自我（从今往后是仆人或奴隶）给予这种承认。关于黑格尔为什么认为这必须发生，我们可以归结为两个基本的相互联系的条件：第一，自我发现无法容忍自己依赖于一个无法控制的他者主体（这个主体确实是独立的，可以要求与自我等同的承认）的脆弱性。第二，自我试图掌握和否认其有机身体存在的脆弱性。如果一个人希望摆脱对另一个人的依赖，他就必须面对死亡——用生命来冒险，否认恐惧，战胜肉体的脆弱性。如果一个人试图逃避死亡，他会接受自己的脆弱性，忍受被依赖所奴役。第一种条件即主人的方式，第二种条件即束缚（仆人或奴隶）的方式。

我在《爱的纽带》中提出，根据科耶夫（1969）著名的解释，主奴关系思想与精神分析理论的主体间框架有关。在弗洛伊德的自我-客体范式中，主体被视为努力掌握客体的自我，它最终放弃了对母性客体的需求，以摆脱早期的无助和依赖，即变得像父亲一样。正如对俄狄浦斯情结的批判性分析所揭示的，建立在拒绝被动性基础上的控制和独立将男性主体推向了一个反转的位置：在婴儿时期，女人或母亲是强大和被需要的，但她们现在被贬低或诋毁为母性客体。男性主体以这种方式回避面对作为一个他者的她、一个平等的主体。他不承认依赖于自己所征服的他者。

考虑到俄狄浦斯情结理论，我建议大家阅读黑格尔主义范式，它评论了锚定父权统治的性别恶性循环。要与这种主导范式真正决裂，就要发展出一种主体间性过程。在这一过程中，分化主要不是压制爱的关系的结果，而且不需要男性主体和女性客体的异性互补中俄狄浦斯情结的社会化。一种主体间性的分化理论可能更适合以温尼科特式的运动为起点，假设客体或他者的生存是母亲转变为主体的条件。这种运动的前提是，最初的男性主体收回自己无助和脆弱的投射，接受自己与"天性"的关系。这意味着，认可他与代表死亡的母体的共性，以及他对那个具身主体的生命依赖（Dinnerstein，1976）。

这是必要运动的一个瞬间。同样重要的是，曾经是女性客体（被压迫者、财产）的那个人拒绝被消费和弱化，坚持她的独立存在，冒着生命危险，不带暴力和互补性反转地去寻找第三方。这将是他者所能带来的不同。我相信，我们可以将这种范式变体用于种族奴役问题。随着从这些互补的施动-受动位置演化中解放出来的复杂斗争的发展，从第三方的角度思考的必要性就变得显而易见了。随后，这个第三方就能超越反转：不是奴隶否认自己的脆弱性，而是用主人的脆弱性来对抗主人，从而在不否认依赖性的情况下认定相互脆弱性和对承认的需求。

为什么保持反向分裂的倾向如此普遍，而二元性很难被明显解构呢？受害者为了避免权力反转的命运（在这种情况下，他们重现了遭受的创伤性暴力），也必须放弃将自己的无助投射到他者身上。但是，作为自由形象或权力理想的主人的内化并不容易被去除。那么，我们应该向谁提出对承认和认同的潜意识要求呢（Fanon，1967）？维护女性从属地位的种族或民族要求解放的意义有多大？

在政治舞台上，对承认的社会需求吸收了主人否认和投射可耻的脆弱性以及权力空虚的模式（迫使那些不需要的部分成为被贬低或被征服的他者形象），这经常导致互补的悲剧性反转——受害者模仿以前的施暴者。为了理解潜意识的理想化和对主人允许越轨的嫉妒是如何导致受害者成为施暴者的，我们必须冒险进入施动-受动互补性的复杂变迁中。这在理论上听起来可能很容易，但在实践中，这些渴望权力和暴露于脆弱性之中的状态是解离的，因为对公开暴露软弱的、受到伤害的自体的恐惧和羞耻感太过强烈了。保持这种解离状态并隐藏在面纱后面，能够保护我们远离痛苦和困惑。

在分析设置中，我们面临的巨大挑战是处理这些羞耻、脆弱性（作为创伤和非承认的遗产）以及没有被主体间修复的机会所改变的伤害的反转。感受到自己似乎被推到了施暴者的角色中，而且无法从施暴者与受害者的关系中解脱出来，这对分析师来说是极其痛苦的。然而，自从发展了主体间理论并且进行了关系转向之后，分析师也有更多机会学习和了解施动-受动关系。不同于分裂的内部心理领域，认可和修复的主体间关系能够使我们走出施动-受动的关系。本书的要点是在临床和社会领域中提供便利性。

八

巴特勒（1997）阐述了心理取向承认理论所面临的挑战。她的出发点被福柯总结为社会自我（social self）对承认的依赖总是使其与疏离、屈从的调节系统处于一种服从关系中（Butler，1997）。由于缺乏具有某种内在倾向的心理自我（psychological self）的概念，社会自我似乎可以通过服从和牺牲来保持归属感，而不需要灵魂和身体的反抗。但恰恰是这种反抗（表现形式为歇斯底里者对父权秩序下自我否认的痛苦的身体抵抗）催生了精神分析。精神分析坚持认为，自体被否认的部分需要一些表达，也许同样需要痛苦；对他者的欲望及对安全和能动性的基本需求的分裂过程总是会引起暴力。精神分析项目一直在并且仍将继续暗示着替代关系的可能性，这种替代关系阐明并转化了归属感（身份得到社会的承认）和对欲望的承认之间的冲突。巴特勒似乎暗示，依赖必然意味着征服。艾伦（2008）认为，虽然人类"如此渴望得到承认，以至于我们采取任何种类的……我们甚至可以……屈服于我们自己的从属地位"（p. 84），但这并不意味着不存在其他可能性，如相互承认。艾伦认为，重要的是，我们是否把承认看作一个包含承认和破坏之间张力的分裂和恢复的暂时的过程。时间视角（temporal perspective）对于精神分析观点来说至关重要，因为在许多情况下，我们被迫以新的形式回到过去，重复过去的失败——不过我们也以这种方式开启了修复的可能性。

那些压迫性身份以失去真实感受为代价，提供了承认的表象，并将我们吸进了僵化的互补性区域。①而对这些束缚（constrictions）的抵抗和批判则为成功的"承认斗争"——差异、古怪、多样性——提供了依据。这些斗争为另一种社会依附清理出了相当大的空间。在这种社会依附中，已知的身份可以被解构，它们的成分可以用作自体的建筑材料。在一个语域（register）中具有服从功能的认同，可以在第三性的主体间语域中被重新配置。我们将看到，游戏的能力意味着一种差异化关系，这种关系取代了无差别的胁迫心理关系。用布隆伯格（1998）的话来说，即能够"站在空间中"（stand in the spaces）；用里维拉（1989）的话来说，即像"我"一样不认同任何一个声音。确认主体间关系的多样性发挥着决定性作用。在保持社会团结的同时容忍多种有冲突的认同之间的张力，这一目标与精神分析过程相似——允许多重自体状态存在（而非用一种状态来否认另一种状态）。我们可以这样理解：对他者或

---

① 主体间性与社会同一性之间的关系比传统政治话语通常所承认的问题更大，因为同一性可能是一种疏远承认的形式，即使主体试图利用它来确保自体感和归属感。在政治舞台上，对民族同一性的诉求可能与对领袖兼自我理想的奉承和服从有关。弗洛伊德（1921）将其阐释为大众心理学，后弗洛伊德主义者进一步对其进行了阐述（Adorno, 1956; Marcuse, 1962）。起初，我（Benjamin, 1988; 1998）试图掌握非承认的精神分析社会心理学，包括其影响（权力和欲望的异化）和起源；最后，我介入了围绕主体性展开的女性主义辩论（《他者的阴影》，1988）。

他者内在的承认和理解克服了侵吞（appropriation）的行为；对不同他者的认同是一种共情的形式，它实际上破坏了社会依赖性的实现形式，这种依赖性限制了所谓的可理解的、人性的、有价值的东西。

对心理差异和多样性①的强调让我们看到，植根于精神分析视角的承认理论和源于政治领域的承认理论之间存在重要区别。奥利弗（2001）对将给予他者政治上的承认作为对社会身份的确认这一共识提出了怀疑，并且明确阐述了将他者视为不具备主体性的问题——除去了主体赋予他者承认的双重权力。尽管他者可能与主体联系在一起，但实际上他者并非主体的投射。马克尔（2003）的工作从不同的角度出发，探讨了投射的问题。他追溯了承认需求的失败——从概念上来说，包括主体对自己一直否认的、内心无法忍受的弱点，即主人投射性卸载的脆弱性的认可。缺失的部分不仅有主人对奴隶平等地位的承认，还有一种自我认识、一种对自己某些方面的认可：迄今为止，只有奴隶在承受痛苦。如果是这样，那么主人只有更进一步地接受他以前无法忍受的一些弱点，才能进行修正。马克尔在卡维尔之后阐述了这一命题，他提到，李尔王因抛弃小女儿考狄利娅而承受了痛苦和迷茫，而且他最终承认了自己对考狄利娅的依赖。我们应该注意到，主体间的修复要求主人采取一个指向他者的行动——认可投射脆弱性的暴行，同时必须认可自己是对方痛苦的起因。

我想对上述有关承认的观点做一些补充：如果他者注定要通过承认责任来获得解放，而且可能已经有了正确的要求，这不就意味着认可不能从承认中分离出来吗？这种认可不就是在承认他者价值的同时承认了主体的无价值行动吗？当这种从自我认识到承认的转化行动变成对伤害和脆弱性的共同认识时，承认和认可一起构成了拥有这种认识的第

---

① 我们已经看到，在过去几十年中，关于同一性的游戏如何促生了一种对合法世界的憧憬。在这个合法世界中，形形色色的"娘娘腔"被给予了更多信任。

三方。

如果一个人在没有发生互补性反转（在互补性反转中，当下的自我必须接受"不配活下去"的位置）的情况下承认自己否认了他者的人性，那么他就达成了第三方。真正的悔改让我们达成了超越"只有一个人能活"的第三方。这种分裂已经被辩证关系中的两个时刻所解决：一是主人认可自己的脆弱性，二是奴隶坚持要求自己的尊严获得承认。从脆弱性投射转向内在认可的过程中包括对他者独立存在和投射导致的伤害的承认。这反过来引发了与自我膨胀（甚至是畸变）的内部对抗，以及悔改（而非进一步侵犯）的可能性——正如故事中李尔王所表现的那样。然而，从考狄利娅的线索来解读，我们可能会认为，当他者达成自主体时，其作为主体的显现动摇并改变了两者的关系。①

上述关于从解离状态进入与他者心理相联结状态的分析，假设了内部心理理论和主体间理论的双重观点。当没有主体间修复的可能性时（当权威人物拒绝认可或害怕失去权力时），自我转而对内部客体进行修复。当相互依赖无法达成时，他者必然会沦为幻想的内部客体——主体会分裂出不想要的弱点。从理论上讲，这种投射的客体需要与真实他者区分开来。正如我们已经看到的那样，这一改变对于在破坏中幸存和克服施动-受动关系至关重要。也就是说，对他者人性的否认等于主体间性的消除。在这里，主体间性被理解为与同样具有人性的他人的相互依赖——这是一个不可避免的事实。如果无法在第三性的互动系统中欣然接受承认，那么主体会独自处于一个没有主体间定向的一元世界中。

---

① 在20世纪70年代的第二次女性主义者创作浪潮中，白人女性占据了男性支配的大他者位置，动摇了内在与超验的对立，这就是波伏娃的普遍主体观点。但是，她们一占有主体性，就转换了角色，处于主体的位置，并且不得不承认种族化大他者的同一性。这些令人困惑的历史立场以令人困惑的方式，也就是现在所说的"交叉性"，发生冲突。因此，我们不断地重读，甚至重写历史——本着修复而非责备的精神。越是这样，可以被自主体所取代的受害者就越多。

接受脆弱性并想从没有幸存他人的承认的痛苦生活中解脱——这需要一个真实的、人际的，或至少是象征性的修复过程。疏离和解离的转变需要主体认可自己因失去他者而遭受的痛苦。这种疏离让我们与灵感和联系（自体与他者、心灵与心灵、过去的共同痛苦与当下行动中富有同情心的治疗以及想象中的未来）的更大来源相分离。我将此称为"多合一"（many into one）运动（Benjamin，2005）。在本书最后一部分，我将回过头来思考：这个过程是如何出现在分析关系中的？它如何见证与创伤记忆和历史暴力有关的对话？我们如何从"失败的见证者"或旁观者发展为认可见证者？我们在承认他者时，如何能够以不同的方式体验自己脆弱的人性？由此，我们会进一步认识到我们彼此之间的联系和对彼此的责任感。

我最后想说的是，在2017年初我写下这些话时，美国的政治和社会已处于被颠覆的时刻，承认他人和接受我们相互依赖的能力已经成为一个迫在眉睫的问题。我希望，当我们被要求努力抵抗伤害的施加和把我们整个社会带进施动-受动模式的企图时，这些努力能够发挥积极作用，帮助我们走出这种互补性，进入第三方的位置，并且使以牺牲他人为代价的生活变为共同承担责任的生活。目前，我们正在见证数百万人怀着鼓舞人心的意愿团结在一起，抵抗和打击违规行为，而不被卷入暴力或陷入绝望中。愿人们的一切美好愿望都能实现。

第一章

超越施动与受动：
第三性的主体间视角

这一章源于我最初在思考根特（1990）的"顺应"概念时产生的一个观点。最初，我认为第三方与存在于世界和自体中的原始和谐感有关，这种观点可以在新柏拉图神秘主义中找到（Benjamin，2005）。但我想要将共享的主体间第三方与经典理论中的第三方区分开来——在这些经典理论中，第三方只出现在分析师的心灵中（Aron & Benjamin，1999）。我致力于从一个原则、一段关系，甚至是爱的方向来思考承认的观点——我的工作涉及走出施动-受动互补性。我意识到，我对第三方的思考以这种方式复制了克尔凯郭尔的一个观点（霍夫曼2010年的著作引起了我的注意）：顺应第三方，"这就是爱本身"，即使在他者失败时也可以维持，因为保持承诺的人可以抓住第三方，"破裂对他没有任何威胁"（Hoffman，2010，p. 204）。第三方位置的本质在于，使我们走出互补的权力关系。在这种权力关系中，我们可能会通过对我们联系的意图保持忠诚而感到受动。在本章中，我试图通过理解第三性——包括节律第三方（rhythmic Third；内隐层面的第三性的早期形式，涉及共同体验和适应）和分化第三方（differentiating Third；后来的外显的、象征性的第三性形式，即承认自己和他者的不同知觉、意图或感受）的发展条件，将分析工作建立在两个参与主体的主体间观点的基础上。我试图展示临床上共同创造或共享的主体间第三性概念如何有助于阐明僵局和活现中互补二维性的分裂，进而提出如何通过顺应来恢复承认——除了接受中断的时刻，还需要向患者认可，即对"现状"的顺应。

在精神分析中引入主体间性的观点有许多重要的后果，并可以不同的方式被理解。我将在本文中阐述的立场是根据相互承认的关系来定义主体间性——在这种关系中，每个人都将对方体验为一个"相似的主体"，即另一个可以被感受为拥有独特、独立的感受和知觉中心的心灵。我的主体间性观点的思想一方面源于黑格尔（1807；Kojève，1969），另一方面源于以发展为导向的思想家温尼科特（1971b）和斯特恩（1985）——他们分别以独特的方式说明，我们能够领悟到他者是独立而相似的心灵。

主体间系统理论家奥林奇、阿特伍德和斯托罗洛（1997）[①]提出，主体间性指的是一个"相互影响的互惠系统"，即"由相互作用的经验世界形成的所有心理领域"（Stolorow & Atwood，1992）。我所提出的这一概念与他们的不同，我强调了在发展中和临床上，我们如何获得他者——作为一个与我们相互作用的独立但又有联系的存在——的感觉经验，以及我们如何感受到"在自己之外，还有他者心灵的存在"（Stern，1985）。

在强调他者心灵这种现象学体验时，我和那些弗洛伊德的笛卡尔主义的主体间批评者一样，强调主体间互动的相互影响的质量、"双向"的复杂图景（Benjamin，1977；1988）。但这种对主体间影响的理论承认不应让我们忽视实际心理体验的力量，这种体验往往是单向的——

---

① 斯托罗洛和阿特伍德（1992）指出，他们独立创造了"主体间"这个术语，并且不像斯特恩（1985）那样认为它是发展成就的前提。我（Benjamin，1977；1978）使用这个由哈贝马斯（1968）引入哲学，然后由特雷沃森（1977；1980）引入心理学的术语，以关注不同心灵之间的交流。和斯特恩一样，我认为承认他者心灵（他者的主体性）是一种至关重要的发展成就。然而，与斯特恩不同的是，我（Benjamin，1988）考虑了与他者共同创造互动的所有方面，从早期的相互注视到围绕承认的冲突。这些都是主体间发展轨迹的一部分。我与奥林奇、阿特伍德和斯托罗洛（1997）理论观点的主要区别在于，我并不像他们那样（Stolorow, Atwood, & Orange, 2002；Orange, 2010），认为分析师应该专注于在临床上帮助患者承认分析师（他者）的主体性而牺牲患者自己的主体性；相反，我认为这种他者在相互承认中的交会是从被他者承认的经验中自然成长起来的，是依恋反应的一个关键组成部分，需要相互调节和调谐。因此，它最终是一种快乐，而不仅仅是一项苦差事（Benjamin，2010）。

在这种体验中，我们能感受到：一个人是施动者，另一个人是受动者；一个人是主体，另一个人是客体。承认我们的感受、需要、行为和思考的客体实际上是另一个主体、一个平等存在的中心（Benjamin，1988；1995b），这才是真正的难点。

第三方的位置

从某种程度上来说，我们掌握了双向定向。我们是从第三方的位置，即两人之外的一个有利位置，来达成的。①然而，我所说的主体间位置，即第三性，不仅包括这个有利位置。对不同的思想家来说，第三方的概念有不同的意味，它可以被用来指一个人脑中的任何东西，如职业、社区、工作的理论等，它在二元体之外创造了另一个参考点（Britton，1988；Aron，1999；Crastnopol，1999）。我的兴趣不在于我们使用哪种"东西"，而在于创造第三性的过程，在于我们如何建立关系系统，以及我们如何为这种共同创造发展主体间的能力。我认为，第三性是主体间联结的一种品质或经验，它与某种内在心理空间存在联系，而且与温尼科特的潜在空间或过渡空间的观点密切相关。与第三性相关的一个构想是皮泽（1998）的协商观点，其最初形成于1990年。在这个观点中，分析师和患者各自构建一个结构，就像在一张纸上涂鸦一样，然后将他们各自的经历构建在一起。皮泽不是从静态的、投射的内容来分析移情，而是将其作为一个主体间过程来分析——"不，你不能把我变成这样，但你可以把我变成那样"。

因此，我认为重要的是，不能把第三方看作一个能够被理论或技

---

① 我非常感谢阿隆，我与他共同撰写了一篇论文（Aron & Benjamin，1999），阐述了本章中的重要部分和对第三方的描述。阿隆强调观察功能，但我们可以通过认同对其进行修改。他更近的一篇文章（Aron，2006）对此进行了阐述。

术规则物化的"事物"，而应当把它看作一个原则、功能或关系（如Ogden，1994）。我的目的在于，将第三方与分析师用自我坚持的超我准则或理想区分开来——分析师经常像溺水的人抓住稻草一样抓住它，这是因为我们没有在第三性的空间里抓住第三方。而在根特（1990）的恰当用法中，我们顺应于第三方。[①]

我们可以说，第三方是我们所顺应的对象，而第三性是促进顺应或由顺应产生的主体间心理空间。在我看来，"顺应"指的是对自体的某种放下，也意味着接受他者观点或现实的能力。因此，顺应让我们得到承认——能够保持与他者心灵的联系，同时接受他者的分离和差异。顺应意味着没有任何控制或强迫的意图。

根特的文章清楚地阐明了顺应和总是与之极为相似的服从之间的区别。关键的一点是，顺应不是向某人顺应。从这一点来看，"向某人、一个理想化的人或事物屈服"和"与某人、一个理想化的人或事物共在"是有区别的。我认为，这意味着顺应需要第三方，即我们所遵循的介于自我和他者之间的原则或过程。

在根特开创性的论文中，顺应主要被认为是患者需要做的事情，而我的目标是优先考虑分析师的顺应。我希望看到，我们如何通过有意识的努力来建立一个共享第三方，促进我们自己和患者的顺应，换句话说，我们对相互影响的承认如何让我们一起创造第三性。因此，我扩展了根特对服从和顺应的对比，以此来阐明互补性和第三性之间的区别——指向调解"我与你"（I and Thou）的第三方。

---

① 根特关于"顺应"的观点是我提出构想的灵感来源——在2000年5月，纽约大学博士后心理学项目为纪念他而举办的一次会议上。

互补性：施动与受动

通过思考承认的分裂的原因和补救措施，以及精神分析过程中分裂和交替更新的方式（Benjamin，1988），我对互补二维性与第三性的潜在空间进行了对比。在互补性的结构中，依赖变得具有强迫性。事实上，强迫性依赖将双方都引入了彼此不断反应升级的轨道，这是僵局的一个显著特征（Mendelsohn，2003）。冲突无法被处理、观察、抱持、调解或游戏化。相反，它通过双方对分裂的使用，在程序性层面表现为未解决的对立，甚至是针锋相对。

在我看来，分裂的理论，如偏执-分裂样位置的观点（Klein，1946；1952），虽然很重要，但没有在程序性互动的层面上处理双人关系的主体间动力及其重要表现。互补关系的观点（Benjamin，1988；1998）旨在描述我们在大多数困境中发现的那些推我与拉你、施动者与受动者的动力。通常，这些动力看起来是单向的，也就是说，每个人都能感觉到受动，而不是一个参与共同塑造现实的自主体。互补二维性是两个主体之间僵局的形式或结构模式，如何摆脱互补二维性的问题是主体间理论面临的真正挑战。我认为，拉克尔（1968）最早注意到了互补性，并且将其与反移情中的一致性进行对比。赛明顿（1983）首次将其描述为一种环环相扣的二元模式、一种基于分析师和患者的超我相遇的群体实体（corporate entity）。

在"征服第三方"（subjugating Third）的概念中，奥格登（1994）发展了他对这种结构模式的观点。与我使用"分析第三方"（analytic Third）这个术语的方式不同，他把这种关系表示为另一个事物与两个自体的关系——由二元体中两个参与者创造的实体，即主体-客体。这种模式或关系动力似乎是在我们有意识的意志之外形成的，可以被体验为一种承认的工具或我们无法从中解脱的东西。如果有了自己的生命，这种第三方的消极就可能会被仔细地调谐——就像母亲和婴儿之间的追逐-闪躲模式。在我看来，将之称为第三方有些令人困惑，因为它不是在创造空间，而是在吸收空间。第三方的消极——也许应该称之为"消极第三方"（negative Third）——抹去了介于双方之间的部分，这是一个反向的镜映关系，也是一个隐藏着潜意识对称性的互补二元体。

对称性是促进互补关系双方结合的一个关键部分，它促生了施动与受动关系"一对一"的承认特征（Benjamin，1998）。事实上，在任何一个二元体中，对称性都建立在镜映和情感匹配的深层结构上（很大程度上是程序性的和意识之外的），就像双方"怒目而视"或"齐声打断"一样。当我们更多地关注程序性层面的互动时，我们开始发现潜在的对称性。这种对称性是权力关系明显对立的特征：双方都觉得无法获得对方的承认，而且自己处于对方的权力之下。或者，如戴维斯（2004；Davies & Frawley，1994）有力地证明的那样，彼此都觉得对方是施暴者（诱骗者），都认为对方在"对我施动"。

互补关系的本质（二维性关系）似乎只有两种选择——正如奥格登（1994）所说，要么服从对方，要么抵制对方。互补关系中的一个典型情况是，双方都认为自己的观点才是正确的（Hoffman，2002）——双方是不可调和的，就像"不是我疯了，就是你疯了""如果你是正确的，那我一定是可耻地错误的"。从这个意义上来说，双方都可以看到对方有什么问题，却不知道自己有什么问题，也不知该如何解决问题（Russell，1998）。

作为临床医生，当我们陷入这样的互动时，我们可能会告诉自己，一些互惠的动力在起作用——实际上，我们可能充满了自责。在这种情况下，表面上对责任的接受并不能真正地帮助我们摆脱被他者控制的感觉；或者说，我们别无选择，无能为力，只能被动接受。我们可以将之归咎于自己实际上削弱了一个人作为一个负责任的自主体的意识。

在施动与受动模式中，一个主动伤害他者的人会感受到"非自愿"，处于一种无助的状态。严格地说，当我们与"受害者"在一起时，我们作为主体的自我意识被掏空了，而受害者也被体验为受害对象。解决僵局的一个重要的相关理念是，恢复主体性需要承认我们自己的参与——这通常包括顺应我们对责任的抵抗（这种抵抗源于对指责的反应）。当作为分析师的我们试图抵抗难以避免的对他者的伤害时（当我们在游离状态中撞到他们的瘀伤或在缝合伤口的过程中戳到他们时，以及当我们否认用自己始终如一的准确性锁定他们的投射过程时），就必然会陷入互补二维性。

我们一旦从内心深处接受了自己在双向参与中所做的贡献，并承认其不可避免，这一事实就变成了一种生动的体验。这种体验可以被我们理解，并且能让我们感觉不那么无助。从这个意义上来说，我们在互动中顺应了相互影响的原则。这种体验使负责任的行为和自由给予的承认成为可能，也使外面不同的他者进入视野（Winnicott，1971a）。它打开了第三性的空间，使我们能够就差异和联系进行协商。从互补或二维性的分裂中幸存下来（不仅是分析师，每个人都为他者幸存下来）的经历，以及随后的沟通和恢复对话对治疗行动至关重要。这种破裂与修复的原则（Tronick，1989）已经成为我们思考的根本。由此产生了一种更高级的第三性形式，它以对现实的共享交流为基础，并且可以容忍或接受差异。当双方都能更自由地思考和评论自己和对方时，这种共享交流就能在人际关系中得到实现。

第三方的观点

最初，"第三方"的概念通过拉康（1975）引入精神分析学。拉康的主体间性观点源于黑格尔的承认理论，并被法国黑格尔学派作家科耶夫（1969）推广。《雅克·拉康研讨班一》最清楚地告诉我们，拉康认为第三方防止了两个人之间关系的崩溃。这种崩溃可以表现为合并（同一性）、消除分歧的形式，也可以表现为分摊分歧的形式——权力斗争的两极对立。拉康认为，主体间第三方是通过言语的承认而构成的，它允许观点和兴趣的差异，把我们从只有一条正确道路的权力斗争（"杀或被杀"）中拯救出来。

在许多分析性著作中，理论或解释被视为与母亲／分析师交媾的象征性父亲（Britton，1988；Feldman，1997）。不仅是拉康学派，克莱茵学派也认为，这可能导致以下几个方面被赋予优先地位：分析师与第三方的理论关系、分析师作为认知者的权威（尽管拉康警告不要把分析师视为全知的主体），以及过分强调第三方的俄狄浦斯情结内容。不幸的是，拉康的俄狄浦斯观将第三方等同于父亲（Benjamin，1995c），认为父亲的"不行"、禁令或"阉割"，构成了符号第三方（Lacan，1977）。拉康将第三性和二维性之间的区别等同于父性象征界（法则）与母性想象界之间的区别。母亲心中的父性第三方，开启了符号第三性的理智世界（Lacan，1977）。

我们不得不承认，在某些情况下，个体全然接受"母亲有她自己的欲望并且选择了父亲"这一现实的打击，这确实有可能构成对第三方的顺应（Kristeva；1987）。我很看重布里顿（1988；1998）的观点，阿隆（1995）对其进行了调整——孩子和另外两个人（不一定是父亲和母亲）的三角关系组织起了一个主体的主体间位置，这个主体在相互作用中观察另外两个人。除非二元体中已经有了空间，而且第三者也与孩子有着二元的联系，否则他不能成为一个真正的第三方。他变成了一个迫害的入侵者，而不是一个符号功能的代表、一个同性的形象、一个母亲和孩子都喜爱并分享的他者。

唯一可用的第三方在概念上是共享的。因此我认为，第三性并非真正地建立在作为第三者的父亲（可以是其他人）之上；它不可能起源于弗洛伊德式的俄狄浦斯情结——在这种情况下，父亲似乎是禁止者和阉割者。最重要的是，母亲或主要照顾者必须能够保持自身主体性、欲望、意识与孩子需求之间的张力，并由此来创造那个空间。我将更多地谈论这种形式的母性意识——它作为一种主体性形式，有助于在两个具有不同需求的主体之间建立不同的关系。

同一性的问题

正如我们早就知道的那样，母亲的主体性问题与批判发展理论有关，这些理论假设母亲和婴儿之间的初始状态是同一性的（Benjamin，1995c）。拉康（1975）对客体关系理论的批判观点引人入胜。他反对巴林特的"原始爱"的观点，并指出：如果主体间第三方从一开始就不存在，如果母亲与婴儿的配对仅仅是同一性的关系，那么母亲可以毫无保留地完全认同婴儿，但是当她饥饿时，没有什么能阻止她转动桌子和吃婴儿。[①]

实际上，孩子受到父母保持主体性的各方面能力的保护，这样能够让孩子中止自己的需求，并且能在不消除"我"与"你"之间的差异的前提下支持孩子的即时需求（Buber，1923）。斯洛克韦尔（1996）认为，在给患者治疗时，分析师必须有意识地承担痛苦的知识，而不能让患者承担分析师的主体性。

这种保持内在觉察的能力，在调谐"我"与"你"的同时，维持"我"和"你"的需求之间的差异张力，进而形成了分化第三方的基

---

① 拉康（1975）声称，爱丽丝·巴林特把某些原住民描绘成这样，这让我们很震惊。

础。分化第三方的互动原则体现了对他者共同人性的承认和尊重，而非服从或控制。分化第三方也是道德第三方（moral Third；创造符合伦理价值的关系的原则）和符号第三性（symbolic thirdness；包括叙述、自我反思及对自体和他者的观察）的基础。分化第三方类似于一种呈现孩子未来发展的能力（孩子作为一个独立的主动中心的独立性）——洛伊沃尔德（1951）在关于治疗作用的著名论文中将其称为父母的功能。持续的差异张力有助于创造第三性的显性符号层面——在此，我们承认他者和自己有不同的意图或感受，有不同的主动性和感知中心。分化第三方的例子是，母亲能够持续地意识到受苦的孩子的痛苦（如过度分离）会过去，并保持对这种痛苦的共情；也就是说，她能够保持自己的视角和孩子的视角之间的张力，以及对孩子的认同和作为成人的观察功能之间的张力。我相信，在某种程度上，孩子一定能感受到照顾者第三性的心理空间。它通过象征性和抚慰性方面的功能，可以被孩子或患者承认和认同，然后被使用。

分析师的安抚（帮助调节患者的唤醒水平）只能达到保持第三性位置的程度（在投射性认同理论所理解的意义上，不要被对患者状态的认同淹没）。从这个意义上来说，同一性是需要用第三性来修正的。这种第三性需要足够近且容易接近，能够潜在地向患者传达一种共享的感觉。只有这样，分析师才不会从纯粹互补性的立场（那个他所了解、治疗和负责的人）共情。否则，患者会觉得因为分析师给了他什么，所以分析师就拥有了他。换句话说，分析师可以"吃掉"——也就是"塑造"——患者，以此作为回报。患者会觉得他必须抑制自己的差异，宽恕（spare）分析师，参与伪互动，或者以嫉妒的方式反抗分析师的力量。由于缺少一种共享的分化第三方的感觉，患者没有任何东西可以回馈，也没有任何能够改变分析师的影响或见解。

缺乏第三性的另一面是，分析师会像母亲一样，觉得自己作为一个人的需求以及自己的分离企图可能会"杀死"患者。于是，他无法分辨自己什么时候是在用一种有利于患者成长的方式维持框架，什么时候是在伤害患者。那么，分析师如何才能牢记患者需要安全地依靠自己，同时让自己摆脱必须在患者的需求和自己的需求之间做出选择的感觉呢？类似的冲突可能发生在焦虑的患者在周末反复打电话时，或分析师离开时。

【临床案例：罗伯】

下面的案例将说明患者的世界服从于在被他者吃掉或"杀死"他者中做选择所激发的动力。

罗伯是一名40多岁的患者。他一直都是母亲最爱的孩子，也是一个为了满足母亲的期待、她的完美主义要求、她的未实现的野心而活的人——简而言之，为她的欲望而活的人。罗伯的妻子是一个致力于成为完美的、自我牺牲的母亲，但抗拒性生活的女人。因此，罗伯永远无法作为一个独立的人来实现自己的欲望，他和妻子也无法以调谐的同一性的方式，将两个身体结合在一起。

在工作中，罗伯对一个女人产生了深深的依恋。在考虑离开妻子时，他独自住进了自己的公寓。他的妻子要求他对着《圣经》发誓，在他考虑这个情况的6周时间里不要联系这个女人，否则，她就不会再接受他了。罗伯服从了这个要求，但觉得很困惑。实际上，他不知道真正的第三方，也不能区分道德原则和权力运作。他觉得自己受到了承诺的束缚，也受到了强迫，但同时他害怕失去妻子或心爱之人。他告诉自己的分析师，他想自杀。

在这个节骨眼上，罗伯的分析师也陷入了可怕的紧迫感。她是一名正在接受监督的候选人，觉得自己必须保护和拯救患者。但她即将短暂离开——度过一个计划已久的一周假期。她发现，自己担心自己的离开可能会杀死患者。分离意味着谋杀。她感到分裂：一方面感到被强迫，不得不与她的患者绑定在一起；另一方面感到深深地担心，害怕离开，同时觉察到她被一个活现所束缚。她无法体会那种母亲知道自己孩子的痛苦会过去的感受。她想成为一个好母亲——有用且能够治愈的，但如果不在某种程度上遵从罗伯的想法（罗伯认为，他只能通过放弃所有的依赖来独立），她就无法做到这一点。她将被罗伯强迫，就像罗伯被他的妻子强迫一样。

因此，患者和分析师正在重演这样一种关系：孩子必须服从想将他吞噬的母亲；而离开的母亲会毁掉孩子。这里的第三方是被扭曲的，从对真理的承诺或对共享原则（道德第三方）的自由同意（如"我们需要给我们的婚姻一个机会"）变成了一个强行索取的承诺（"服从我，否则你就完蛋了"）。患者的妻子威胁说，他会因为离开她而下地狱，从而表达了一个道德世界——在这个世界里，善良反对"自由"；只有在魔鬼统治的道德混乱的世界里，"自由"才是可能的。道德第三方的扭曲伴随着"杀或被杀"的互补性，并标志着缺乏对他者的分离性、允许欲望的空间及接受丧失的承认。

在咨询中，分析师意识到，她必须为想要分开和拥有自己的生活而承担自己的罪疚感，就像患者必须承担他的罪疚感一样。她必须找到一种方式来区分两个方面：一方面，她对患者害怕被抛弃深感同情；另一方面，她在患者紧急、强行索取的行为中，服从他对分析师献出自己的生活的要求。在督导提供的观察位置上，我们能更清楚地看到互动是如何被这样一种信念贯穿的，即分离和拥有自己独立的主体能力和欲望等同于杀戮，而留下意味着让自己被杀。

在接下来的一个小时里，分析师受到启发，想办法和罗伯谈谈她如何承担离开他的罪疚感，因为他必须承担自己的罪疚感。这驱散了会谈中"要么做，要么死"（do-or-die）的紧迫感，以及一个人必须做错事或者伤害（破坏）他者的强烈二维性。

三中之一

我想在这里解决的一个重要问题是，我们如何看待人类实际上发展出分化第三方的方式。在这里，我与拉康（1975）分道扬镳。将父亲视为第三方代表的俄狄浦斯观的更深层次的问题是，它忽略了第三方在母性二元体中的早期起源。拉康告诉我们，言语的第三性是谋杀的解药，是"你的现实"和"我的现实"的解药，但他的言语思想错过了对话的第一部分。这是婴儿观察者在我们的思想中留下的不可磨灭的一部分。在我看来，承认最初不是由言语构成的；相反，它始于早期与他者分享一种模式、一种舞蹈的非语言经验。因此，我（Benjamin，2002）提出了一种新的、充满活力的第三方形式——不同于母亲心中的第三方。它存在于母亲和孩子之间最早的姿态交流中和被称为同一性的关系中。我认为，这种早期的交流是一种第三性形式。我们可以使用术语"节律第三方"来表示情感调谐和适应的原则，以共享了解这种交流的模式——我以前称之为"三中之一"，这意味着第三方的那一部分是由"我"与另一个人合二为一的感觉经验构成的。

对于观察来说，分化第三方的关键功能实际上是作为一个真正的第三方（而非像我们在罗伯的案例中看到的那样，作为一系列反常或迫害的要求）在运作的。它要求对适应／调谐一系列共同创造的期望的能力进行整合。这种适应所假定的主要内容有模式的创造、对齐和修复，以及基于情感共振的联结。在对婴儿期研究的讨论中，桑德（2002）将这种共振称为节律性（rhythmicity），并将之视为人类互动的两个基本原则之一（另一个是特异性）。因此节律第三方的名称是受他的作品启发而来的。有节律的经验有助于构成第三性的能力，而节律性可以被视为创造共享模式的合法性原则的隐喻。节律构成了人与人之间相互作用的一致性以及有机体内各部分之间协调的基础。

桑德（2002）的研究表明，按需喂养的新生儿比按计划喂养的新生儿能够更快适应昼夜节律，这说明了特定的承认和适应的价值。当重要他者是一个承认并顺应婴儿节律的人时，一个共同创造的节律就开始了演化。照顾者适应了，婴儿也适应了。这种相互适应的基础可能是内在的对称反应、匹配和镜映的倾向。实际上，婴儿和母亲的相互匹配，就像一个人松开手以放开别人一样。

这可能被视为符合相互适应原则的互动的开始。这是一种硬连接式的牵动，会使两个生物体协调、镜映、匹配或同步，而不需要模仿。桑德的研究表明，这种连贯的二元系统一旦开始运行，似乎就会自然地朝着更深层次的现实法则（在这种情况下，就是昼夜法则）的方向运动。在使用这种合法性概念时，我试图捕捉第三方（至少是隐喻性的）在超个人或能量方面的和声（harmonic）或音乐维度（Knoblauch，2000）。我也称之为活力第三方（energetic Third）。

合法性的这个方面同样被俄狄浦斯情结理论所忽略了。该理论将法则视为边界、禁令和分离，因此经常忽略合法性的对称或和谐因素。这种理论未能抓住第三方最初或原始的经验（同一性、联合、共振）的起源——它实际上由两个存在组成，这两个存在与第三种存在模式相一致。母婴面对面游戏的研究（Beebe & Lachmann，1994）显示了成人和婴儿如何与第三方结盟，并且建立一种共同创造的节律——这种节律不能简化为一种行动–反应模式，即其中一个主动，另一个被动，或者一个主导，另一个跟随。行动–反应是互补二维性体验的特征，具有单向性；相比之下，共享第三方被体验为一种合作性的努力。

正如我以前说过的（Benjamin，1999；2002），调谐游戏的第三性类似于音乐即兴创作。在这种游戏中，双方都遵循一种结构或模式。他们同时创造和顺应这种结构，并通过非语言互动中同步接收和传输的能力来强化这一结构。共同创造的第三方具有同时被创造、被发现的过渡性质。"是谁创造了这个模式，你还是我？"这个问题的答案是个悖论——既是你和我，又不是你或我。

我认为，就像早期的睡眠和哺乳节律一样，一个有组织的系统能够被创造出来，首先依赖于成年人的适应能力。这个系统有自己的节律，以合法性为标志，并与某种更深层次的结构——"律动"（groove）——相协调。正如斯特恩（1985）所言，在"严格意义上的主体间性"中——在婴儿10个月大的时候——伙伴的一致性变成了"直接的主体本身"（Beebe et al., 2003b）。换句话说，我们相互承认的品质，即我们的第三性，成为快乐或绝望的源泉。理解这种对齐和适应的意图的基础，似乎在于我们的"镜像神经元"（Gallese, 2009；Ammanti & Gallese, 2014）。毕比和拉赫曼（1994；2002）描述了在执行他者行动时，我们如何在自己身上复制他者的意图。因此，从深层含义来说，我们适应了适应本身（我们爱上了爱）。

共享第三方

如果我们把第三性的创造理解为一个主体间过程——这个过程是由早期的适应、相互性以及（承认他者并被他者承认的）意图的前符号经验所构成的，那么我们就能理解从建立一个共享第三方的角度来思考有多么重要。关于主体间第三方的概念，一部分人使用第三方概念来指观察能力和分析师与他自己的理论或思考的关系，而我们对临床过程的观点与此截然不同。

当代克莱茵学派认为，第三方是一种俄狄浦斯情结构造、一种观察功能。他们将分析师的第三方设想为理论上的关系，而非与患者共享、共同创造的体验。布里顿（1988；1998）从父母关系的俄狄浦斯情结这个角度对第三方进行了理论化。他解释说，患者很难容忍作为分析师采取的观察立场的第三方，因为理论代表了分析师心中的父亲。分析师与之进行精神对话（实际上是性交）的父亲闯入了已经不稳定的母子二元体。事实上，一个患者对布里顿大喊："别想了！"

在讨论布里顿的取向时，阿隆（Aron & Benjamin，1999）指出，他对他与患者工作的描述显示了一种对反应的调整、一种调谐，这与创造节律第三方的认同方面的概念相符。布里顿（1998）认为，患者必须在分析师的心中找到安全的庇护所，这可能依赖于分析师的分化第三方与二元体之外的观察位置的联系。但是，患者体验到的是母亲（她也有一个分化第三方）和她的婴儿之间适应的不对称。当我考虑到两个第三方是如何相互关联的时候，我将回到这一点。目前，我的观点是，这种适应允许或邀请患者进入一个共享的节律第三方——它主要基于他对情感调谐和承认的需要。

分析师在本质上把第三方视为主体间共同创造的产物，它提供了一种替代知晓者和被知者、给予者和被给予者的不对称互补的途径。相比之下，当分析师将第三方视为分析师内部的相关事物时，核心配对可能会将患者排除在外，而非由分析师和患者共同构建。我认为，这种第三方的观点中有医源性的成分——因为患者觉得自己被排除在外，所以会攻击它。在将第三方视为另一个人或另一种理论的观点中，它是固有的——尽管我接受布里顿的观点，即由于缺乏一个好的母性涵容者，分析师与他者的关系可能象征着（甚至可能感觉像是）对其与患者的关系的威胁。

但我认为，最常见的是，与分析师交谈的另一方可能是患者的另一个部分，即与孩子部分（Pizer，2002）相反的患者的共同父母或已发展的部分——成人部分。这个部分经常与分析师及其思想合作，并且会卷入其中。当自体中受到更多创伤的、被抛弃或被憎恨的部分出现时，这个被背叛的孩子会将合作者体验为出卖者。"好女孩"或"好男孩"的虚假自体必须和患者所爱的分析师一起被抛弃。因此，创造一个共享第三方要求我们持续地关注部分自体的多重性。

【文献中的案例】

费尔德曼（1993）关于僵局的描述很好地说明了将第三方用作一种观察功能的效果。在这种观察功能中，患者感觉被排除在外，因而表现出攻击。在费尔德曼描述的这个案例中，患者谈到了童年时期的一件事——他为母亲买了一桶冰激凌作为生日礼物，选择的是他自己最喜欢的口味（p. 321）：

> 当他递给她时，她说她认为他希望她给他一些。他将其视为一个例子，以说明她从来没有全心全意地欢迎他为她做的事情，并且总是怀疑他的动机。

显然，费尔德曼没有探索在那一刻是什么导致患者重复这样一个故事，以暗示他母亲的"习惯性反应……没有思考，也没有给他自己的想法或感受留出任何空间"（p. 323）。费尔德曼认为，患者的动机是重新获得安慰、重建心理平衡（这被视为非分析性的需求）。而且，当患者没有得到安慰时，他需要强调这一事件有多么伤人。费尔德曼注意到患者出现了退缩，而且感到受伤和愤怒。我猜测，患者试图传达分析师在假设他已经理解不了的情况下错过的东西（例如，其安慰需求被拒绝所引起的羞耻）。

分析师将自己的理解告诉了患者：患者不能容忍母亲有自己的独立观察（患者同样认为分析师不应该如此——注意这里的镜映效应）。

相反，这位母亲通过使用与一个内在的第三方的联结，以自己的方式思考她的儿子。费尔德曼坚持说，他既没有"切合"（fit in with）患者，也没有批评患者，而是表明他能够在压力下保持自己的观察能力和思考方式。他认为，困扰患者的主要问题在于，患者"有时能够承认自己讨厌发现我在独立思考"（p. 324）。作为互补性分裂的症状，费尔德曼发现自己无法保持自己的思想，除非通过抵抗"活现良性宽容关系的压力"（p. 325）或以其他方式切合（安抚和调节）患者。

值得注意的是，费尔德曼很有见地地承认了对于"分析师认为自己的'令人放心的'这个角色设定可能会给患者施加压力，迫使其接受自己认为不可容忍的观点"（p. 326）的坚持。费尔德曼准确地描述了患者所陷入的僵局："被迫纠正这种情况"（p. 326）和坚持反抗压力。[①]他没有识别出自己对第三方（我称之为一个没有节律同一性的第三方）的看法是如何促成这种活现的。他的案例叙述表明，第三性不能简单地存在于分析师的独立观察中，也无法持续存在于抵抗患者压力而未对其做出反应的姿态中。也就是说，没有承认和缓解与羞耻、拒绝等有关的痛苦。实际上，这是一个互补情境的例证。在这种情况下，分析师的抵抗（他努力保持内部的、理论上有根据的观察，仿佛这足以产生第三方）导致分析师和患者之间的主体间第三性的分裂。

我分析这个案例的方式与费尔德曼的方式相当不同。我的意思不是说，我在紧要关头可能感受不到他所感受到的压力和阻抗，而是说，我会在回溯性自我监督中以不同的方式看待这一情境。患者对费尔德曼优先考虑的"观察"或"思考"做出反应，坚持认为分析师的行为像他的母亲；换句话说，他正确地理解了费尔德曼拒绝塑造、适应、表现理解及给他自己的感受以空间。冰激凌是主体间第三方的隐喻，这是患者努

---

① 之后，费尔德曼（1997）讨论了分析师如何通过参与投射和活现而无意识地形成僵局。

力表达的他在治疗中想要（这是童年已经想要的）分享的一部分，这很可能是他对情感现实的感知。母亲（分析师）无法将冰激凌视为一个可分享的实体——在她的内心世界里，一切要么是为了她的孩子，要么是为了她自己。如果它被分享，那么它就不是礼物；只有当它被放弃时，它才是礼物。

当母亲带给患者嫉妒和衰竭感时，这种动力是如何发挥作用的呢？母亲有多喜欢和她的孩子分享东西呢？在一个没有共享第三性的世界里，不存在合作和共享的空间，一切都是我的或你的——尤其是对现实的感知——只有一个人能吃，只有一个人是对的。

在这种情况下，分析的任务是让患者建立（修复）一个共享和相互性的系统。在这个系统中，就像母亲和自己年幼的宝宝一起吃饼干一样——你一口，我一口。蹒跚学步的孩子有时可能必须坚持"全是我的"，但妈妈咬一口饼干或假装咬一口以及开玩笑地把饼干抢走所带来的快乐，往往是一种更大的乐趣。费尔德曼的患者试图告诉他，在他们共同创造的系统中，第三方是消极的，他们之间不存在这样一种能够一起吃、品尝并将正在进行的事情作为一个共享项目进行解释的主体间第三性。为了修复费尔德曼所描述的破裂，分析师和患者必须能够分享他们的感知和观察，而不是简单地相互对立。

在我对这种互补性对立的理解中，如果分析师从患者的现实出发，觉得有必要保护自己的内在观察第三方（observing Third），那么这通常是合作理解和调谐系统中已经发生分裂的迹象。分析师需要分化的方面，但这种"独立思考"实际上不能通过"拒绝切合"和"拒绝妥协"来实现。为了接受患者的意图并重建共享的现实，分析师需要找到一种方式来切合、适应，而不是感到强迫（将他的反思能力与节律第三方认同的冲动结合起来）。在我看来，临床上强调建立共享第三方是对早期的、通常是迫害性的理想化解释——即使是那些经过修改的解释——

的一种有效的解毒剂（Steine，1993）。这一立场承认分析师适应患者感到被理解的需求的必要性，但认为它对心理变化的贡献不如获得理解大。

关系观点不把理解（即第三方）看作一个需要获得的东西，而是把它看作一个创造对话结构的互动过程、一个共享第三方、一个体验相互承认的机会。这种共享第三方、对话，为作为与他者的内部对话的思考创造了心理空间（Spezzano，1996）。

整合：同一性的分化与道德第三方

为了构建共享的主体间第三方的概念，我把两种第三性的体验结合在一起：一是分化的方面，其影响适应、共情和共振的同一性；二是节律的方面，其影响共享的反思、协商和破裂的修复。现在，我想简单地表明，我们如何从在亲子关系中观察到的发展中来理解这些内容。我们需要区分母性心理的第三方（这更像是分化原则）与"一中之节律第三方"（the rhythmic Third in the One，即适应原则）。

我认为，虽然母亲认同婴儿的需求至关重要（例如在调整喂养节律时），但母亲对睡眠以及自己独立存在的需求所造成的二维性是不可避免的。对许多母亲来说，这被体验为真相到来的时刻，更像是拉康的"杀或被杀"的时刻。在这里，第三方的功能是帮助超越这种威胁性的二维性——不是通过培养母婴一体的幻觉，也不是通过自我牺牲；不对称适应的原则应该产生于顺应必要性的感觉。母亲需要感到这是对婴儿天性的接受，而不是对专横的要求或压倒一切的任务的服从。

如果一个母亲过分强调自己的过度劳累和自我否认，那么她可能会削弱对自己极限的认识以及区分必要的不对称性与受虐狂的能力。同样，母亲需要牢记，许多婴儿的痛苦是自然和短暂的，这样她才能抚慰孩子的痛苦，而不会陷入焦虑的同一性之中。

正如福纳吉等人（2002）所强调的，婴儿研究的一个重要贡献在于，其解释了母亲如何表现出对婴儿消极情绪的共情，并且通过一种"标记"（夸张的镜映）向婴儿表明，她表现的不是她自己的恐惧或痛苦。福纳吉等人提出，母亲被驱使着显著地标记她们的情感镜映表现，以区别于现实的情绪表达。婴儿感到安慰的是，母亲自己并不痛苦，她只是在反映和理解他的感受。母亲的这种行为及其姿态和情感张力水平之间的对比被孩子感知到了。我认为，这种互动构成了一种原始的符号交流，并因此成为后来关于彼此心理的符号交流的重要基础（例如"我知道你对此感到不安，但我认为结果会好起来的"）。

对标记的研究表明，对行为的感受和对行为的分享和沟通是不一样的。姿态表征和事物（感受）之间的初期分化有助于建立一个共享的符号第三方。它依赖于母亲与分化第三方的关系——她能够将自己的痛苦与婴儿的痛苦区分开来，并将其作为关系的一个必要组成部分，而非她心中失调的紧迫感。它是自体调节和相互调节的交会处，能够通过共情实现分化，而不是造成投射性混淆。因此，我们看到了调谐功能、节律第三方与分化第三方的涵容功能的协同作用。我想强调：这不仅仅是一个分化的问题，因为母亲需要认同的是节律第三方，而不仅仅是关于"什么是正确的"的抽象观念。如果没有在联结中对孩子的紧迫感和解脱感、快乐和喜悦的情感同一性，第三方就会退化为纯粹的责任。

下面我引用了斯蒂芬·米切尔作为一名父亲所写的一段话。它代表了一个关系理论奠基者的声明，强调了在创造一个共享第三方时适应他者节律的原则的重要性。米切尔（1993）强调了服从职责与顺应分化第三方（三中之一）之间的区别（p. 147）：

> 在我的大女儿2岁左右时，由于她新获得的行走技能和她对户

外活动的强烈兴趣，我兴奋地期待能与她一起散步。然而，我很快发现这样的"行走"慢得令人痛苦。我认为，散步意味着沿着道路或小径轻快地运动。而她的想法完全不同。有一天，当我们在路边遇到一棵倒下的树时，这种差异的含义触动了我……剩下的"行走"时间用来探索树上、树下和周围的菌类和昆虫。我记得，我那时突然意识到，如果我坚持自己关于散步的想法，那么散步对我来说不会有什么乐趣，而只是一种父母的责任。当我能够放弃这一点，顺应女儿的节律和关注点时，一种不同的体验向我敞开了大门……如果我只是简单地将自己束缚在职责之内，我就会将这次散步体验为一种顺从。但我能够成为我女儿心目中的好伙伴，并且找到了对我个人而言意义重大的另一种方式。

因此，父母接受了必要的不对称原则，把适应他者作为产生第三性的一种方式，并通过向共同的快乐敞开心扉的体验而发生转变。米切尔提到了一个问题：我们如何区分对他者需求的非本真的（inauthentic）服从和本真的（authentic）改变？换句话说——我们如何区分二维性的顺从和第三性的转化学习？对我来说，很明显，在这种情况下，内在的父母第三方发挥了反思的作用，反思的内容在这种关系中创造了联结，并允许顺应和转变。这种联结的意图及其引起的自我观察和对合法事物的接受与"它是怎样的"相一致，产生了一种道德第三方的感觉。这种感觉指向一个更大的合法、必然、正确或善良的原则。

我们可以简单地说，第三性的空间是通过顺应、接受简单的存在、停下来看菌类生长而打开的（这并非不真实）。但我一直在努力展示、区分顺应与服从的含义——澄清顺应和纯粹共情理想之间的常见混淆，即融合或同一性可能倾向于非本真和对自体的否认，最终导致"吃或被吃"的互补选择。例如，一些作者对分析师真实性的想法提出了警告，认为这似乎意味着将分析师的观点强加于人，扭转了过去不愿披露和强加于人（Bromberg，2006）以及随之而来的共情失败的局面。这种将共情和本真对立起来的观点分裂了同一性和第三性、认同和分化，并构成了互补性的分析二元体（其中只能涵容一个主体）。

我发现，那些以强调共情调谐的方式深入研究患者的分析师，经常会在排除观察第三方的基础上寻求帮助——观察第三方现在似乎成了一种破坏性的外部力量和威胁治疗的杀手。这个问题至关重要，因为对"做一个乐于助人、善解人意的母亲"的理想的顺从，会逐渐转变成一种被耗尽能量、失去共情能力、被吞噬的迫害体验。正如一名受督导者所说，她开始觉得自己动弹不得，以至于想象自己被包裹在一个类似避孕套的"收缩膜"里。

关系视角不是指分析师应该要求患者承认分析师的主体性——这是斯托罗洛和奥林奇对主体间性的关系立场的误解（Stolorow，Atwood & Orange，2002；Orange，2010），他们强调了使自己的主体性去中心（decentering）所发挥的重要作用。更确切地说，分析师学习如何区分真正的第三性和自我牺牲的同一性理想，并且作为第三方的迫害拟像（simulacrum）而遭受痛苦——这阻碍了真正的自我观察。分析师需要克服自己对责备、不良和伤害的恐惧——这些会使患者和分析师都陷入困境。

作为一名督导，我经常发现自己在帮助分析师创造一个空间。在这个空间里，我可以在不破坏第三方的情况下接受造成或遭受痛苦的不可避免性，成为"坏的"。我观察到，二元体的两个成员都参与了一个对称的舞蹈——每个人都努力不成为坏的一方（一个吃而不是被吃的一方）。然而，在这场舞蹈中，无论分析师站在哪一边，站位本身都只是延续了互补关系。

第三性的概念为这种舞蹈制定了一个替代方案——将分化第三方添

加到适应和共情第三方的节律中。其目的在于区分对所需他者的顺从和对必要的不对称的接受（Aron，1996）。然而，这种必要的不对称并不意味着母亲的纽带只涉及父母对孩子主体性的单向承认。这种观点与主体间发展理论不相容，后者承认相互理解的快乐和必要性。单向承认忽略了认同的相互性，而相互性认同是我们知道他者意图的方式。如果将自我反思的领悟、被他者理解和理解他者分离或对立，我们就错过了创造一个共享第三方作为相互理解的工具的过程。

因此，我的论点是，即使在以同一性为目标时，我们也需要分化第三方。也就是说，如果没有第三方，同一性就是危险的；而如果没有共享第三方中的节律性连接，第三方就无法正常工作。我们（Aron & Benjamin，1999）已经谈到，与他者紧密相连的深度认同感是发展观察第三方的积极方面的先决条件。如果没有这种认同的基础和情感调谐的新生第三性，基于三角关系的更精细的自我观察形式就只是第三方的拟像。换句话说，如果患者不觉得自己被安全地带进了分析师的心灵，第三方的观察位置就会被体验为进入的障碍，并导致顺从、绝望的沮丧或受伤的愤怒。正如肖尔（2003）所提出的，我们可以从大脑半球的角度来思考这个问题：分析师关闭右脑与自己的痛苦的联系之时，也切断了与患者的痛苦的情感交流。分析师解离地进入观察和判断的左脑模式，"关闭"并简化为解释"阻抗"（Spezzano，1993）。

通常，一个缺乏节律第三方的乐曲和互惠认同的观察第三方不能创造足够的对称或平等，以防止理想化堕落为对个人或理想的顺从（Benjamin，1995d）。这种顺从可能会遭到蔑视和自我毁灭行为的反击。过去的分析师们特别倾向于将患者的顺从与自我观察或领悟的成就混为一谈，而且将反抗与阻抗混为一谈。在心理治疗中，最常见的困难之一是患者可以通过分析师的观察或解释感到"受动"。这种干预引发了自责和羞耻——曾被误称为"阻抗"（尽管它们可能确实反映了对分析师投射出的伤害患者的羞耻或罪恶感的主体间阻抗）。换句话说，如果没有同情的接受（患者可能很少经历这种接受，也从来没有内化过这种接受，这与应该发生的相反），观察就变成了判断。

当然，分析师们会对自己进行同样的批判性审视，而本应是自我反思的功能变成了自我鞭笞的"糟糕的分析师"感觉。实际上，这些分析师会产生在同事面前受到羞辱和指责的幻想，于是，共同体和它的理想变成了迫害而不是支持。

分裂与修复

在分析工作中，克服这种羞耻和责备的最重要原则可能是：承认在持续地破裂，第三性总是分裂为二维性，我们总是在失去和恢复主体间视野。我们必须不断提醒自己，分裂和修复是一个更大过程的一部分，是参与双向互动的必然结果。正如米切尔（1997）所言，这是因为，成为问题的一部分就是成为解决方案的一部分。从这个意义上来说，分析师的顺应意味着深深地接受卷入活现和僵局是必要的。这种接受会成为新的第三性的基础，它鼓励分析师诚实地面对我们的羞耻、无能和内疚的感觉，容忍自己可能与患者建立的对称关系，而不放弃否定的能力——简而言之，建立一种不同的道德第三方。

在关系转向之前，许多分析师似乎满足于将解释看作构建第三方的主要手段。解决困难的概念仍然是分析师在理论支持下坚持观察立场的某种版本，因而他们会在面对僵局时进行阐述和解释。关系分析师倾向于将解释视为行动。如米切尔（1997）指出的那样，他们承认坚持解释可能使其旨在解决的问题永久化。例如，当一个分析师解释一场权力斗争时，患者也经历了这种权力运动。

关系分析师尝试了各种方式来与患者合作探索或交流看法。例如，为了打开第三性的空间，分析师可能会要求患者帮忙弄清楚发生了什么，而不是简单地提出自己对刚刚出错的地方的解释（Ehrenberg，1992）。后者似乎是一种防御性坚持——坚持将自己的思想作为现实的必要版本。

布里顿（1988；1998）清楚地考虑了观察第三方被感受为不可容忍的存在或某种迫害时，"我的现实"和"你的现实"的互补对立在分析关系中被激活的方式。布里顿说，这种感受就好像只有一个心理现实的空间。我一直试图在这种互补动力中强调双向效应——在这种对称中，双方都无法在不放弃自己的现实的情况下认可对方的现实。当患者心中的分析师意象对分析师自己的自体感具有破坏性之时，分析师也可能会被淹没。例如，当患者的现实是"你是有毒的，会让我生病、发疯、无法工作"时，分析师通常会发现，如果不失去自己的现实，那么他几乎不可能接受这一点。

我相信，分析师被他者有害（malignant）情绪现实侵犯的感受可能反映了患者早期的经历，即自己的感觉被父母的现实否认和取代。父母认为孩子对独立或养育的需求是"不好的"，这种反应不仅使需求无效，而且使孩子远离父母的心灵。正如戴维斯（2004）所表明的：同样重要的是，父母也使孩子受到羞辱和不良行为的侵害，这也危及孩子的心灵。

在这种恶性互补占据主导地位的地方，投射性认同的"乒乓球"（指责的交互）往往太快而无法停止，甚至无法被观察。分析师不能共情地工作，因为与患者的调谐现在感觉像是屈服于勒索——这部分是分析师对患者解离的自体体验（创伤在其中重现）的非自愿反应。在这一点上，无论是患者还是分析师都无法把握住现实。拉塞尔（1998）称之为"危机"（crunch）——它通过"我疯了，还是你疯了？"这个问题所表达的感受发出了信号。

陷入困境的分析师感到自己无法做出真实的反应，并且感到被强迫，潜意识或有意识地在患者的现实面前为自己辩护——这并非其所愿。分析师在感受、暗示或说"你在对我做什么"时，会不由自主地反映出那个觉得对方不好的、对你有所作为的"你"。所以，坚持认为自己是"你"的"我"越多，成为"你"的"我"越多，"我们"的边界就越模糊。"我"拯救我的理智（sanity）的努力反映了"你"拯救你的理智的努力。有时，这种自我保护的反应以微妙的方式表现出来：分析师拒绝适应；谈话中出现了痛苦的沉默；一个源自"三中之一"的分离的评论传达出分析师退出了相互情感交流的节律。患者会依次记录下这些反应，并且认为："分析师选择了自己的理智，而不是我的。她宁愿让我觉得自己疯了，也不愿承认她自己有错。"

这种互动的恶化还不能在对话中被表征或涵容。符号第三方（解释）只是看起来像分析师为了保持理智而做出的努力，所以谈论它似乎没有帮助。某些类型的观察似乎放大了患者对绝望的羞愧和对分析师的愤怒的内疚。正如布隆伯格（2000）指出的那样，努力用语言表达正在发生的事情并使用象征性的方式，可以进一步促进分析师对患者所面临的威胁深渊的解离性回避。在回顾这类督导会谈时，我们发现，正是通过"捕捉"分析师解离的一个瞬间（也许是在微妙的疏离焦点中可见的，其改变了会谈的基调或方向），活现的性质才得以缓解，并且可以得到有效的解释。

布里顿（2000）描述了分析师在恢复自我观察的条件下恢复第三性：如此，"我们停止做一些在与患者的互动中可能没有意识到的事情"。关于这一点的一种描述与肖尔（2003）的看法一致：分析师重新获得自体调节，并能够走出解离，回归情感共振涵容。另一种描述是：分析师需要改变——正如斯莱文和克雷格曼（1998）所言，在许多情况下，关键在于使患者相信改变是可能的。虽然这种改变没有秘诀，但我认为，顺应（而非服从）的观点让我们能够唤起"通过放弃来使现实运转起来的决心"并准许这个过程。我们只有找到一种不同的方式来调节自己，才能做到接受丧失、失败、错误和自身脆弱性。我认为这一点直到最近才得到澄清，而且受关系和主体间视角影响的文献（Bromberg，2000；Davies，2002；2003；Renik，1998a；1998b；Ringstrom，1998；Slavin & Kriegman，1998；Schore，2003；Slochower，1996）还没有得到充分的评论。正如雷尼克（1998a）所主张的，我们即使不能一直自由地与患者交流，也必须经常如此。

在用"分析师作为负责任的参与者"的主体间观点来取代我们的"全知分析师"（the knowing analysts）的理想时，也许最关键的是认可我们自己的斗争（Mitchell，1997）。能够认可失去或失败并感受和表达遗憾的分析师，创建了一个以对过去和现在所失去的东西的认可为基础的系统。在一些情况下，患者的对抗和分析师随后对失误、贯注、失调或自己情绪的承认是关键的转折点（Renik，1998a；Jacobs，2001）。正如戴维斯（2004）所述，患者可能需要分析师通过承担不良行为的负担来表明其愿意容忍这种行为，从而保护患者。分析师对伤害负有责任，尽管如此，其行为代表了一种不可避免的活现。为认可这种责任创造安全空间的二元系统也为安全依恋（在这种依恋中，理解不再是迫害、外部观察，也不再被怀疑为替罪羊）提供了基础。这种相互尊重和认同的感觉有助于分化第三方的发展。

作为分析师，我们努力创造一种二元体，使双方能够走出对称的指责交流，从而免除自我辩护的需要。实际上，我们告诉自己，无论我们做了什么事而使自己处于错误的位置，情况都没有糟糕到无法承担。当我们把自己从羞耻和责备中解放出来时，患者的指责就无法再迫害我们，而我们因此不再处于无助之中，不再服从于患者的现实。如果不再有诸如"哪个人是理智的、正确的、健康的、最明白的？"这样的问题，而且分析师能够认可患者的痛苦而不陷入不好的境地，那么第三性的主体间空间就可能被恢复。我的观点是，从无助中走出来通常不仅涉及一个内在的过程，还包括关于自己反应、失调或误解的直接交流或过渡性交流。我们通过为第三性争取潜在空间而呼唤它，让它成为现实。

这种改善行为可以被认为是一种加强分化第三方的实践——不仅是节律第三方的简单情感共振，也是"一中之母性第三方"。父母可以涵容灾难性的感觉，因为他们知道它们不是全部。我也将之视为道德第三方——只有通过体验这种承担痛苦和耻辱的责任才能达到。在承担责任的过程中，分析师结束了患者一直以来的推诿责任的体验，也就是说，结束了双方都试图把坏事强加给对方的乒乓球游戏。分析师说，实际上，"我会先行一步"①。在面向责任的道德第三方时，分析师也展示了摆脱无助的途径。

在谈到道德第三方时，我认为临床实践最终可能建立在某些价值观上，如接受不确定性、谦逊和同情——这些构成了精神分析过程的民主或平等观的基础。我也希望纠正我们对自我披露（disclosure）的理解，它是一个通过被动发展来对抗匿名观点的概念。在我看来，许多被误解为披露的东西更适合从其功能的角度来考虑，即认可分析师对主体间过程的贡献（通常由患者所感知），从而建立一个基于承担责任的二元系统，而非否认它或在中立的幌子下逃避它。

我用斯坦纳（1993）提出的一个例子进行简要说明。这个例子触及分析师感受到被责备的困难。斯坦纳的论述似乎有些过分："……有点儿批评的语气，我怀疑这是因为我难以涵容自己的感受……我对她的焦虑，可能还有我的烦恼感到负有责任、内疚和无助"（p. 137）。在督导和阅读中，我看到许多这种例子——分析师认为他已经管理了抑制自

---

① 杜希拉·康奈尔（2003）将南非乌班图的原则解释为"我会先行一步"。

己现实的不适，并通过解离性地试图插入它来做出反应（Ringstrom，1998）。尽管他的同事们不这么认为，但在实际活动中，斯坦纳（1993）认为患者对他的反应是投射，因为他觉得"我对患者的问题和自己的问题都负有责任"（p. 144）。他似乎没有考虑到他的反应和患者的反应之间的对称性。在这种反应中，患者倾向于感到受到迫害。因为她觉得，斯坦纳暗示她（也就是说，只有她）"应该对我们之间发生的事情负责"（p. 144）。因此，他没有"披露"自己确实感到有责任，而且做得太过分了，而是拒绝证实患者的观察，即"在谈论责任问题时，她觉得我有时会采取一种陈述语气，这使她觉得我拒绝检视我自己的作用……接受自己的责任"（p. 144）。

虽然斯坦纳接受了陷入活现的趋势，以及分析师为了从患者的反馈中得到帮助而保持开放的思想和询问的必要性，但他坚持认为分析师必须依靠自己的理解来应对，就像他坚持认为患者最终只有通过理解（而非被理解）才能得到帮助一样。分析师和患者都坚持依靠个人领悟（没有"一"的第三方）的标准，而不是依靠相互但不对称的涵容（Cooper，2000）。斯坦纳对涵容的定义排除了共享第三方（创造一个二元系统，通过互动中的相互反思来涵容）的可能。因此，他拒绝使用主体间场域将围绕责任的冲突转化为共享第三方———一个共同反思的对象。他否认了认可自己责任的价值，因为他认为，患者会把这种开放性视为分析师无法涵容的迹象，而分析师既不能进行"使患者焦虑的简单的坦白，也不能进行患者认为具有防御性的虚假的否认"（Steiner，1993，p. 145）。

但是，患者为什么会变得焦虑或认为这是软弱而非力量呢？（Renik，1998a）患者为什么不知道分析师能够涵容自己的弱点，并因此有足够的能力道歉并承认自己对患者受到的伤害负有责任呢？在我看来，分析师们必须改变态度——接受分析师不可避免地要参与这类活现，就像斯坦纳所做的那样，这也意味着他们需要参与式的解决方案。顺应于不可避免的事物可以成为初期相互适应和与道德第三方的对称关系的基础——承担责任的原则（"如果你愿意接受打击，我就愿意接受打击"）。

适应、共同创造和修复

我将在一个分裂成互补性的例子中说明这种共同责任如何产生。在一个长期的僵局中，任何第三方似乎都会破坏关乎生命的同一性。

【临床案例：阿莉扎】

患者叫阿莉扎，她的童年期为她提供了被理解和安全抱持的体验。在分析中，她开始转变为与创伤相关的状态，担心一切误解（或任何解释）都是有害的，会将她推入疾病、绝望和悲伤之中。阿莉扎是一位成功的音乐家。她童年时逃离了东欧，遭受了一系列灾难，她的家人几乎无法应对，以致阿莉扎的母亲把她留给了几乎不会说她的语言的陌生亲戚。在沙发上躺了几年后，阿莉扎感受到了"我"深深的抱持和音乐般的调谐。一系列的不幸催化了灾难性焦虑的出现，"我"的存在开始变得不可理喻、危险，甚至有毒。当然，任何深入的分析都会暴露出被投射处理的羞耻区域，将早期他者引起的失败和创伤戏剧化——这些必须被活现出来以寻求解决。因此，节律第三方的调谐被扰乱了。在这种情况下，外部事件让这些"破裂"更加可怕，进而对我们共同建造的涵容者构成了更大的威胁。阿莉扎更需要"我"，但也因此更害怕"我"。她混乱依恋经历的重演导致了我的错误，使我们双方都不稳定，就好像我遗失了一直指引着我的真相——我们的第三方。

阿莉扎认为，我反思这一转变的努力是"思考"，是对她绝望的否认，是危险的自我保护，是逃避责备（实际上，是排斥而非涵容她的投射）。我对传统的第三方——分析性相遇的规则——的坚持，开始变得（甚至对我来说）像是对专业角色的滥用，以使我远离她的痛苦并作为一个人而退缩——这实际上是解离性地将患者排除在我的心灵之外。任何解释这种可怕转变的努力（通常是在阿莉扎紧急要求我这样做的时候）都可能成为把责任推到她身上的一种手段，或成为打破我们早期关系调谐的愚蠢的理智化——从右脑向左脑转变的一个例子（Schore, 2003）。由于阿莉扎经常试图通过证明她可以是一个完整的成年人来反驳她的羞耻，问题变得更加严重了——她可以很好地和我谈论她遭受创伤的孩子自体，但随后，那个自体会感到愤怒和被排斥。曾经在主观上有帮助的第三方现在似乎建立在解离或责备形式的观察上，而不是建立在情感共振和包容上。

我开始被互补分裂的经典感觉所压倒：一方面感到无助，想要捍卫自己的现实、感受和思考的完整，保护自己不被羞辱；另一方面感到了相应的恐惧，害怕这种羞耻会使我受到责备，从而毁掉我的患者。当阿莉扎反对我过于理智的表述时，我想起了布里顿（1988；1998）对不稳定的母性涵容者受到思考威胁的描述。但对我来说，打破以前安抚人心的母性二元体的似乎不是"父亲"，而是一种剥夺理智的可怕的否认，它代表了阿莉扎母亲（Bollas, 1992）的解离、否认和"暴力无辜"——这位母亲以混乱和不可渗透的方式应对任何危机或需求。我们俩都不能容忍成为这样的母亲。我们的互补二维性是一种舞蹈，在其中，我们每个人都试图避免成为"母亲"——每个人都觉得被伤害了，每个人都拒绝成为伤害另一个人的罪魁祸首。

与此同时，从阿莉扎的角度来看，责备的感觉是我的问题。她担心的是，她真的觉得自己好像要死了，而我不在乎这些。我开始担心她会离开，这样我们就会重温一段打破依恋的漫长历史。我和一个同事商量后得出结论，我会告诉她，她要我给她的东西没有错也并不苛刻，但是我可能给不了她。在这一事件中，我自己也很惊讶。我为会谈做了准备，试图接受阿莉扎作为我关心的人的脱落，以及我作为分析师的失败。我认为，当我们创造了一个深度调谐的二元体时，我们充满希望的开始最多会被我们的结束所掩盖。我知道，我们都感受到了彼此的爱。我能理解她正在经历的痛苦，以及我的沮丧、无能和失败的感觉。

按照计划，我首先告诉阿莉扎，她的需求没有错，但我可能无法满足她，如果她愿意，我会帮助她在其他地方寻求帮助。但我发现，自己是完全自发地告诉她，无论她做什么，都会永远在我心中有一席之地，她不能打破我们的依恋，也不能破坏我爱的感受。这种对我的爱的不可破坏性和我愿意承担责任的重申极大地改变了阿莉扎对我的看法。然而，这也改变了我对她的接受度，因为我接受了自己找不到解决办法的事实，这缓解了我的无助感，使我能够回到分析的承诺——不去"做"任何事情，只是去接触我和她的深层联结。作为反应，她恢复了与我之间的联系，感受到了我分享自己失去对她的价值的意义。这种转变让我们打开了通往恐惧和孤独的解离状态的大门——在这种状态中，她觉得我不能忍受她——并且重温了我们以前从未接触过的童年记忆和场景。然而，我们仍然被破坏母亲的阴霾所困扰。经过一段时间的高强度重温，阿莉扎说，她永远不会完全恢复对我的信任。她选择离开是为了保护我们的关系，因此，一个令她无法想象的第三方会活下来。

在2001年9月11日的恐怖袭击后不久，阿莉扎回来参加了一些会谈。在此期间，她与另一名分析师一起工作。她报告说，她已经觉察到自己的愤怒及被那些拒绝承认自己与灾难的关系的人所包围的感觉。我相信，她是在评论我和她的关系并把这和她过去对我的经历联系起来。我指出：

我说的每一句话似乎都是在疏远自己。我又一次在你那里看到毫无表情的脸。灾难降临时，他们表现得好像什么坏事都没发生过一样。无论何时我告诉你我看到了什么，这都不是我对同样的灾难的主观反应，而是我在你强烈的反应中看到了一些可耻的东西。

阿莉扎随后谈到对责难我感到内疚。我回答说，她当时对此感到不安，但忍不住这样做了。她说她"欺骗"了我，从我这里得到了一些让她感到疏远和愤怒的陈述和解释。同样，她经常要求我告诉她我的感受，但如果我这样做，她会很生气，因为那是"关于你的"。

我承认，在被卷入这些互动时，我确实经常感觉很糟糕，好像我失败了。我对她说，在我看来，重要的是，尽管她知道这种情况正在发生，但她觉得如果让自己认可任何责任——一种"失败者承担一切"的情况，她就必须接受责任和所有的责备。在我看来，这似乎与她离开的原因有关。我问她是否觉得我也不能承担责任——无论我必须承认什么才能让我们继续下去，我都无法承受；我不愿意为了不让她发疯而承担这些。我建议："你不能指望我足够关心你的理智，并为你承担责任。"

阿莉扎回答说："是的，我看你就和不会那样做的父母一样，他们宁愿牺牲孩子。"我们探讨了我为承认自己在互动中的角色所做的每一项努力——它们都被阿莉扎的感觉所污染。在这种感觉中，她被要求安抚对方。她确信，她必须为她母亲（其他人）承受无法承受的痛苦，同时向她保证对她"好"。我似乎没有办法在不要求免责的情况下承担责任。因此，对我们来说，任何形式的披露或认可的界限都变得很清楚。

在后来的会谈中，我们解释了这种"无能为力"。我们看到了阿莉扎的母亲在患者童年早期遭遇的可怕事件中的戏剧性行为方式。我能够说出之前说不出的话：阿莉扎意识到自己在目前和女儿相处的过程中在某种程度上复制了她母亲的行为，这令她相当痛苦。但我也不可能承受做母亲的负担，否则我会对她构成可怕的威胁。

阿莉扎听完我对她困境所做的描述后做出了反应，她震惊地意识到这是多么真实，也意识到这阻碍了我的一切行动和尝试理解的举动。她也对我能忍受和她处于如此可怕的境地感到很惊讶。此外，我之所以能重申我的悲伤是因为我无法避免唤起与一个否认自己所作所为的危险母亲相处时的感觉。阿莉扎的反应是自发地达成一个强烈的信念。她必须不惜一切代价，承担起内心存在一个破坏理智的母亲的重担。了解到我那段时间和她在一起是多么困难后，她觉察到一种深深的悲伤。

事实上，她如此强烈的反应让我感到一阵担忧——我是不是在强迫我的患者做什么？两个月的暑假过后，阿莉扎又过了一年才回来找我，她谈到了自己是如何改变的：在那次会谈后，她变得如此强大，以至于她经常会惊叹，怀疑自己是不是换了个人。现在她体验到自己的爱经受住了我们的互动、我的错误和界限带来的破坏。

随着共同回溯和补偿过程的继续，阿莉扎和我重新创造了一种早期的适应模式，这种模式发展了我们先前和谐相处的经验。她能够重新组合崇敬和美丽的经历，在这些经历中，我的出现唤起了她童年时对母亲面容的爱，这种狂喜和喜悦证实了她对我和她内心善良的感觉。我们创造了一种第三性，一种对称的对话。在这种对话中，我们双方都基于宽恕和慷慨的立场做出反应，在我们之间和我们各自的心里建立一个安全的地方以承担责任。我们的共享第三方的转变让我们都超越了羞耻，走出了幻灭，接受了我的分析的主观局限性。

我希望这个片段足以暗示一个共享转变过程的复杂性，进而清楚地表明这项工作的风险和可能性。我试图阐明，披露不是万灵药，分析师只能通过在破坏性和失去引起的深切痛苦中工作来实现对责任的认可。

道德第三方的概念与接受不可避免的分裂和修复相互关联，这使我们能够将对患者的责任和过程置于见证同情的背景下。对我来说，这个概念似乎内在地包含了主体间的必要性，即参与双向互动的关系必要性。如果不能避免参与互动，那么我们就更有必要遵循某些责任原则。这就是我所说的道德第三方：接受（希望在我们的共同体中）某些原则并将之作为分析第三性的基础。这是一种对互动的态度，让分析师诚实地面对活现和僵局引起的羞耻、不充足和内疚的感觉。从这个意义上来说，分析师的顺应意味着接受参与一个过程的必要性，而这个过程往往超出我们的控制和理解。因此，这种顺应有其内在的必要性，而非来自他者的需求或要求。在这一必要性原则成为我们的第三方的过程中，我们只能根据某些"合法"的形式积极地塑造自己。在某种程度上，我们也使自己与他者相互适应，保持一致。

最近几十年，关系或主体间取向正在推翻旧的正统观念，反对用单向行动和封闭思维的理论来利用我们自己的主体性。现在我们有必要在一个可行的学科背景下构建一个框架，更注重保护和完善分析主体性的运用。正如米切尔（1997）所主张的那样，当分析师停止尝试一个通用的、未受污染的解决方案，转而为特定患者找到专门的解决方案时，转变就会发生。这是一种有效的途径，正如戈德纳（2003）所说，它揭示了"分析师自身工作过程的透明度……他在分析规则的必要性和本真性之间的真正斗争"（p. 143）。因此，患者在分析师身上看到了一种治疗方式中的内心挣扎意味着什么。患者需要看到自己的努力如何反映在分析师相似但有差异的主体性中，这就像对婴儿的跨模态反应一样，构成了转化或代谢消化。患者检查分析师是真的在代谢，还是仅仅停留在内化的第三性、超我内容和分析声明上。

我经历了关于这种需求的一个特别戏剧性的例子。（这种需求是联系分析师并被其本真的主观反应所镜映。）这个患者对她父母杀伤性攻击的高度解离的经历变成了对我的死亡威胁。我告诉她，为了能让我们继续安全地推进，有些事情是她绝对不能做的。在这之后，她给我发了一个电话留言，说她实际上想让我有界限地面对她，因为她从来没有过这样的经历。实际上，她在寻找符号第三方——拉康（1975）认为它是阻止我们杀戮的话语。这个第三方必须有一个让我可以在情绪上参与的示范来支持，也就是说，我可以认同并经受住她纯粹的恐惧的感觉。

患者在她的信息中补充说，她需要我能够出于自己的本能这样做，而不是出于对治疗规则的遵守。我开始意识到，她的意思是我需要活现一个真实的人，对规则和界限有着自己的主观联系。这显然是基于对恐怖和虐待现实的个人对抗，而不是基于对它的解离性否认。她需要感受到第三方不是来自一个非个人的、专业的身份或对权威的依赖——就像她从自己成长的教会中感受到的那样，而是来自我与第三方的个人关系，以及我相信什么是合法的。我当时觉得，分析师的努力那么不稳定，她对我的信任存在很大风险：我真的能触及自己并且足够诚实地面对这种信任吗？

所有患者都以各自的方式将他们对治疗过程的希望寄托在我们分析师身上。对每一个患者来说，我们必须以不同的方式利用我们自己的主体性，努力找到一个具体的解决方案。但是，这种特殊性和它所基于的真实性不能自然而然地产生。根据两个参与主体的主体间观点进行的分析工作需要一门基于第三性结构条件方向的学科。我希望，这种对共同创造的主体间第三性的临床和发展的视角能够帮助我们走向责任和更严谨的思考——使我们的精神分析实践变得更具真情实感，更具有自发性和创造性，并且能给予我们的患者和我们自己更多同情心和自由度。

第二章

我们在底比斯的约定：
认可、失败的见证和对伤害的恐惧

因此，我们最终通过失败获得了成功。

——温尼科特（1965，p. 258）

在本章中，我旨在提出一个认可理论，并进一步探索创造第三方的过程和失败的见证的关系。在我写这篇文章的时候，在僵局或冲突中面对分析师自己角色的斗争这个议题还没有得到很好的阐述。因此，我特别想大声讨论一下，分析师如何能够将他们的能动性意识从僵局和许多活现中，从令人羞耻、充满责备的邪恶召唤中解放出来。本章原稿写于2005年，是对第一章主题的延续和发展，尤其是对道德第三方的观点的发展。

我们不能充分利用分析的能动性的一个主要原因是，我们有意识或无意识地害怕造成伤害。费伦齐首先阐述了这样一个悖论：由于患者以活现的形式向我们展示其需要治疗的创伤，我们经常发现自己处于"受伤的医治者"的位置。我们的任务应该是促进分析师和患者之间共享第三方的创建。这个第三方可以控制调谐和失调、分离和团聚之间的振荡，也能够让我们处理一对矛盾关系——用伤害来治愈。这一努力要求分析师保持一种临床精神，使我们能够维持矛盾并承认我们的患者（这颠覆了温尼科特的格言），也能够（并且经常能够）在我们的过失、解离和脆弱性的破坏中存活下来。

对温尼科特（1971a）观点的这一修正强调了精神分析中互惠生存的必要性，并且对应于我们的觉察，即双方及其投射和解离的过程共同创造了承认和分裂的辩证关系。

在我的主体间性模型中，分裂被理解为二维性，即"施动和受动"

的互补性。施动和受动就像凹槽中的球（ball-in-socket）一样紧密相关，彼此对立又互相依赖。这种二元体结构的典型特征是施动和受动之间的快速振荡，即"乒乓球"（拉克尔）动力学——将互惠行为锁定在他者可能出现的反应中。在刚性互补二元体中，运动通常限于在两个对立面之间来回切换，而这两个位置就像坐在"跷跷板"（拉康）上。在我最初提出的"超越施动和受动"（Benjamin，2004a/2010）中，我试图澄清，这种结构不允许个体作为具有发起者身份（authorship）和能动性的主体而参与。发起者身份和能动性失败的原因在于，个体会感受到被动而非自由地表达意图，感受到责备而非负责，感受到被控制而非被承认。维持一个我们可以表达发起者身份和能动性的状态依赖于承认关系或"第三方"的存在。我使用第三方来指定关系的位置或原则。具体地说，它表征了我们用来打破互补性的相互锁定的潜在关系。

正如阿隆（Aron & Benjamin，1999）在对第三方的观点的早期共同构想中所建议的那样，我们可以将互补结构视为一条直线——两个位置没有改变关系的空间。然而，第三方可以被视为在几何意义上创建三角或其他形状的空间开口的起点（Aron，2006）。从封闭的二维性结构到广阔开放的第三性的运动是我们主观上体验到的一种感受和心灵的解放。这种相互影响的主观体验作为自由（而非强迫）的领域，对责任和能动性的发展至关重要。

相互影响的自由和强迫之间的区别，是我对主体间性的特殊构建的核心（Yeatman，2015）。他者作为强迫的客体，不能被视为在相互承认中与我们合作的主体。因此，相互承认的观点与互惠影响是有区别的，因为它意味着一个新的坐标系——自由与强迫。在强迫中，他者被视为合作的主体与控制的客体。

当然，无论我们是超越还是陷入互补性，相互影响和共同创造都是二元系统的一般属性。但这正是我们进一步区分第三性的状态的原因。

在这种状态中，双方能够识别出各自都是影响另一个他者的主体，并且承认彼此处于一个共同创造的过程中，而不是处于二维性的状态中。在二维性的状态中，一个人会感到无法影响他者或者被他者过度影响，从而陷入无助状态。这种状态也必然在相互影响的条件下发生，但行动者主观上并不会感知这种相互作用，而会感知"受动"。同时，只有拥有第三方位置的外部观察者才能感知双方的能动性、责任和主体性。

我认为（或者说我们应该相信），向第三方求助依赖于某些动力学原则，尤其是破裂和修复原则（Tronick，1989）。我认为，"第三性"是一个实践原则的体验过程，例如，在相互承认的情况下渡过分裂。这种体验反过来又加强了第三方作为二元体的原则以及每个合作伙伴创造它的信念。在与失败或存活的持续斗争中，人们对共同创造的程序性模式的信心不断增长，这种模式使双方都能存活下来，并识别出彼此对互动的贡献。通过这种方式，我们确认了合作伙伴的能动性和意志的价值，以及自己真实的自我接受的价值（Safran，1999）。

在这里，我将简要重申之前说过的关于第三方的含义以及它在分析中的作用。合法世界的意义始于主体间的共同创造模式：这些模式的原则是第三方，并且依赖于第三性的互动经验。想要对违反这些模式的行为进行纠正，就需要一种认可来恢复第三性的经验，从而将第三方确立为我们坚持的原则，并使我们通过中断来保持乔尼克（1989）所谓的破裂和修复的动力——这在早期发展中至关重要（Beebe & Lachmann，1994；2002）。由于婴儿期的互动模式开始于程序性层面，并在同伴之间创造节律，我用节律第三方来指代它，即相互适应带来了联合或同步的感觉。这一适应原则总结了最早的合法联结和相互调节或相互承认的程序性版本，有助于共同创造预期模式的调谐行动。

在这个程序性的基础上，我发展了"分化第三方"的概念，它反映了我们表达自己意图的能力——承认他者是一个值得尊重的相似主体。

理想的状态是，我们在不诉诸强迫的情况下依赖于他者，并与他们一起承担实现我们意图所必需的这种相互依赖的脆弱性。我们认为分化第三方是符号化的观察功能的基础。在这个意义上，符号化与分化有关，因为程序性与调谐或适应有关。分化第三方通过以下能力而得到发展：保持心智的差异，承认另一个心智是独立且实在的，从而创造一个位置，使多个主体性、现实或观点可以共存。可能存在的意义不止一个，我们可以保持不同意义之间的张力。

这些持续分裂的节律第三性和分化第三性的体验必须得到修复。换句话说，我们有时会陷入互补性的分裂时刻——不协调或不一致，在这种情况下，我们觉得只有"我"的方式有效，只有"我"的体验重要，他者在对"我"做一些事情，等等。当我们恢复第三性时，这些时刻就被克服了，无论是在节律层面还是在符号分享层面。通过认可分裂来恢复第三性，这可以发生在内隐的程序性层面或外显的（言语）符号层面，我认为这个部分是动力性第三方，即道德第三方的关键。道德第三方取决于对干扰、失望和违反预期的认可，从广义上来说，取决于对那些挑战了公平原则及对人格尊严的尊重的伤害及创伤的认可。

我要强调的是克服违反"合法性"的观念，即预期的调谐模式。它开始于节律第三方层面，即前符号互动的内隐程序性沟通。因此，"道德第三方"的意思不是指"更高"的认知功能或关系水平，而是指一种道德秩序感——源自身体和情绪互动的早期发展水平的融洽或可预测的联系。照顾者如果能够认可并"标记"（Fonagy et al., 2002）对预期的严重违反，人际安全就会得到恢复；接下来，放松能够使感受和思考的能力得到恢复。我们发现，在人际关系中，对认可的反应可能会引起深刻的生理、动力学和容貌变化——双方甚至无须开口或在开口前就会觉察到这种变化（Bucci, 2003）。我们已经开始理解，道德第三方如何通过承认小的中断或更大的破裂，以及重新联结的必要性，来维护对合法关爱世界的预期。这与情感唤醒的心身联系和神经生理学密切相关。破裂与修复观点的这种表述（Tronick，1989）表明了认可对在主体间性的早期形式中锚定道德第三方有何帮助。

认可、活现和不良举止

破裂和修复的发展原则与相关的一个临床基本原则相符，即在治疗中为通过活现的工作赋予巨大的重要性。在这种背景下，我将试着对分析师在活现中的作用乃至与分裂相关的认可功能做出一些一般性的评论。我希望具体地讨论分裂的相关方面，包括分析师的主体性及其对二元体分裂为互补性的记录方式和对互补性的贡献。我将强调分析师对失败的羞耻感和对造成痛苦或可耻的内疚感，以及真实的认可如何对共享第三方和互惠存活做出重要贡献。分析师为自己的贡献承担责任是她对相互动力学形成见解的一种方式，这也有助于调节二元体中两个成员的情感。

我认为，早期精神分析主流对披露的拒绝明确地将患者关于分析师的"发现"作为重点，从而错误地"发现"了这个问题。更重要的是，当分析师通过认可患者的感知来确认感觉不对的地方时，会出现对活现和内隐调节及抚慰的明确解析（explicit parsing）。"这确实发生了"——这种确认肯定了面对和接受得到双方赞同的现实的价值，并将痛苦的真相（绝不是最终或绝对的真相）结合在一起——这是道德第三方的重要组成部分。

分析师能够（应该）如何使用认可——无论是否涉及披露——与破裂的两人的观点以及我们对互补结构的理解有关。互补关系往往会导致基于羞耻感的僵局（Bromberg，2006）——斗争围绕着各种指责展开：谁是坏的、疯狂的、难相处的，谁会坦白、认错（Russell，1998）。在强调对患者的阻抗和防御进行分析的精神分析版本中，一个理想的患者对责任的接受（以前被称为领悟）很可能涉及抑制对独自承受不良感觉的抗议。因此，它容易助长早期神秘化的经历的重复。正如戴维斯（2004）所表明的，这些重复调动了关系双方对孩子的认同——这是一个让承受着羞愧的父母无法承受的巨大痛苦。每个人可能都希望否认这种不公平的不良行为，并且会体会到莱恩（1965）最早强调的"疯狂"与坏并存的感受。

　　莱恩的作品突出了神秘化的问题。在这个问题上，父母的稳定性要求孩子承担疯狂或坏的位置，从而牺牲其现实感，这实际上损害了孩子的心理功能。莱恩将其命名为"超个人防御"，其目的在于通过阻止他者代表自己对现实的感知采取行动来调节自体。当然，当分析师与一位经历过与否认责任的成年人争夺理智的患者互动时，这种场景的再现可能会让双方都觉得自己的心灵处于危险之中。正如拉塞尔（1998）描述的，这样的经历是不可避免的，他称之为"危机"——关系双方都可能会感受到"我疯了，还是你疯了？"。事实上，只有牺牲一个人的心智，才能让另一个人活下去。正如奥格登所描述的，这种斗争对应于"服从或抵抗"的互补结构，它只允许验证一个现实、一个自体。在这种活现中，分析师的危机可能表现为对无法避免将责任（即指责）推回给患者的互补行为的内疚感和羞耻意识。

　　当患者认为自己总是被要求活现一个愤怒或错误的角色时，分析师的冷静理性可能会表现为对患者现实的攻击，而导致进一步的失调，引发理智的斗争。正如布隆伯格（2006）所说，同样重要的是，试图解释分析师努力达到符号第三方的过程可能导致分析师的解离行为。毕竟，患者认为分析师不想知道他解离的自体状态建立在缺少符号化的分化第三方的基础上。换句话说，自体中未被承认的部分并不"预期"被了解或成为相互接受的对话的一部分。患者满脸羞愧，感受到排斥、遮掩和孤独——他试图让分析师通过活现（曾经是潜意识交流）来了解的事情不可避免地涉及自体可耻的一部分，或者会被感受为坏的、破坏他者之爱的。暴露这一部分可能会非常痛苦，从而加剧患者的羞耻感和失调，甚至会导致分析师与符号化组织更强的"好患者"说话的努力表现为"不想知道"的愿望。

对"阴暗面"的解释未必不存在问题，因为它可以被认为是疏远和羞耻。正是在这一点上，分析师经常试图阐释自认为什么是有组织的或能够共情的，实际上却无法帮助患者找到情感安全。我们必须在特定的时刻找到一种非通用的反应——它能够体现影响并识别出被暴露的感受（Bromberg，2011）。如果我们没有找到，那么患者可能会觉得，自己为了表明需要一些东西来帮助他停止破碎并修复关系而努力发出的信号反而变成了一种伤害分析师的形式，让双方都卷入施动-受动的场景。担心修复的企图实际上会伤害到另一个人，这是父母在孩子需要更调谐、更有调节性的回应时的恐惧反应的最可怕的后果之一。

在我看来，从这个困境中得出的结论是，当患者的羞耻感很严重，而分析师（不可避免地）无法重新进行调节时，患者会将失败体验为伤害的一种形式。随之而来的是分析师的羞耻感和内疚感——这种被解离所遮盖的、在程序性层面上所感受到的失调，可能是患者重复和中断联结的关键因素。由于惧怕不可避免的解离和失调，我们失去了与破裂和修复的基本原则的联系，从而与患者一起重新体验了在分裂中存活的失败。

在我的经验中，自体和他者调节的失败以及破裂的重演，激活了分析师对伤害的羞耻感和内疚感——需要通过完全接受、顺应第三方（在此可理解为破裂和修复的过程）来消除。我们应当牢记费伦齐的观点（1932，p. 52）：

这是分析师不可避免的任务，尽管他可能会表现得正如他将……尽可能地……接受善意……将不得不用自己的双手重复之前对患者犯下的谋杀行为。

分析师对这种必然性的顺应是恢复、加强道德第三方的一种方式。这一认识可以表述为：我们觉得无法忍受的伤害和我们承诺要避免的错误感觉，可能会以不太容易承认的形式重现，即活现。此外，正是通过努力避免让患者再次受到创伤，我们才意识到互动的症结——我们被对伤害、失败、羞耻和内疚的恐惧所控制。俄狄浦斯的故事所带给我们的最重要的一个启示是，我们试图避免的命运在通往底比斯的路上与我们相遇。俄狄浦斯相信自己能够逃脱命运，避免犯下神所预言的谋杀罪，于是奔向命运。寓言《萨马拉之约》表达了类似的观点：

主人在市场上遇到了死神，并告诉他，仆人因为害怕今天早上在这里遇到死神，所以已经逃走了。死神说他知道这一点。事实上，今天晚些时候，他与仆人在萨马拉有约。

费伦齐（1933）识别出分析师不可避免的参与以及患者对此的觉察（Aron，1996），因而也识别出神秘化的可能性。分析师与原初施暴者的区别在于，他愿意认可迄今为止被否认的事实，并为难以容忍自己对患者的反应而承担责任。他补充道，"我们愿意承认自己的错误，并真诚地努力避免在未来犯这些错误。所有这些都会让患者对分析师产生信心"，并为表达批评感受提供空间。"正是这种信心建立了现在与难以忍受的创伤历史之间的对比……对患者来说是绝对必要的……对过去的重新体验不再是幻象的再现，而是客观记忆"（p. 33）。只有这样，我们才能克服患者对"他自己感觉的证明"的信心丧失，并反驳他对攻击者的认同。事实上，我们认为，两者在分析中都更有可能支持顺从，而不是真正的重组。

从这个角度来看，再创伤化（retraumatization）的一个重要方面是分析师认可的失败——患者确切地将其理解为可避免的失败。它让患者像小时候一样困惑，并保持施动-受动的争斗。这种失败可能带来的一个结果是，分析师感到被指责——实际上是被患者的痛苦"折磨"。当出现一种潜在的、似乎是解离的感觉，而有人必须承担责任时，患者的领悟可能会成为对责任的嘲弄。其自我观察会变成第三方的拟像，因为它代表着顺从于他者只审视自己的需求，即对他者的不情愿的修复。这样一来，围绕指责的互补性权力斗争可能会扭曲承认责任的过程，并改变自体和他者的权力。

羞耻感（我怀疑它来自不同的分析师）是由长期处于主导地位的理想，即我所说的"完整涵容者"所支持的。与接受活现相反，这种理想的基础信念是，分析师可以避免以费伦齐认为不可避免的方式打开患者的伤口，而且可以在不经历某种形式的"死亡"的情况下获得重生。更具体地说，分析师通过领悟和内部对话来涵容最困难的情感而不"泄露"，这一观点意味着分析师在面对患者的过度觉醒时，可以在不表现出挣扎迹象、不使用交流来创建相互涵容的情况下进行自体调节（Cooper，2000）。

拉克尔（1957）尖锐地批评了这种处于控制下的对健康地治疗疾病的预期。我们关系分析师认为，这种预期更可能以解离——否认自己被影响——而告终。另一种观点认为，分析师举例说明了内部斗争（Mitchell，1997）并模拟了超越失败的过程，正如斯莱文和克雷格曼（1998）在其开创性的论文《为什么分析师必须改变》中所阐述的那样。正如沙弗安（1999）所指出的，患者对能动性的感觉、在过程中的信念及对创伤的克服，也得以发展。他将"分析失败"的使用追溯到温尼科特（1965）和科胡特（1984）的工作，提出临床理论先驱是如何产生这种观点的。温尼科特（1965）反复强调了"分析失败"的使用——"最终，患者使用了分析师的失败，这通常是很小的失败，可能是由患者造成的……我们不得不忍受在有限的背景中被误解"，甚至被憎恨。尽管分析师进行了仔细的调整，但"失败在这一刻被视为特别重要的，因为它复制了原初伤害"并将创造新的增长（Winnicott，1965，p. 258）。

在这里，我不是反对分析师使用领悟进行自体调节或让患者实现自体调节，而是承认提供或接受领悟的主体间意义。关键的关系定理可以被表述为，"向他者表达领悟"作为一种行动构成了对一个人心理状态的责任的认可；它不仅仅是患者自体觉察转变的支点，也是二元体状态的支点。为自身行动承担责任的做法会改变他者的看法，并调节对伤害感的感知。这为表达领悟的人和接受领悟的人创造了自体状态的转变。努力背后的意图或善意（程序性行动）可能比内容更重要。在治疗二元体中，领悟的意义应该是有助于创建或恢复共享第三方的主体间交流行动。

在互补性分裂中，分析师可能会坚信：他正在保持对患者的领悟，这在他自己的心中构成了第三方，即使他不再处于共情接触中（Benjamin，2004a）。然后，分析师可能会预期他的领悟（他所看到的现实）能被接受。这实际上意味着，患者对自己的"烫手山芋"负有责任——他的疾病导致了破裂。正是通过这种方式，分析师似乎以费伦齐所指出的方式再现了原初伤害——无论分析师看起来多么"友善"和具有教育作用，他显然认为事情出了问题是因为患者出了错。为了向患者展示过去真正的原因，分析师拒绝归因或投射，这可能会自相矛盾地在现在重演过去——羞辱、污名化。从历史上看，关键因素可能是，在最初的失败经验中，孩子对问题的抗议不是修复的努力而是伤害——它导致了他者的破碎或报复。因此，承认错误作为一种真实的修复努力，构成了一种转变的经验。当然，只要这种修复的努力是在重复的背景中进行的，分析师就很可能会错过修复，因为他觉得被迫活现了创伤和虐待的互补性转变（Davies & Frawley，1994）。

因此，在对立的时刻，"本能"地收紧并转移到左脑功能区的行动，即从解离到联结的转移，阻碍了相互调节。实际上，分析师的需求与之相反：在这个时刻，对我们之间关系的顺应（即使这看起来让人很不舒服，并且与我们作为分析师的理想相矛盾）允许紧张中的放松（进入第三方的一个阶段），从而允许自体的另一部分的运作。然后，观察可能会感觉到更多的真实性，而不是防御或迫害。正如布隆伯格（Grief & Livingston，2013）所指出的那样，邀请他们一起加入"我们之间发生了什么"的共享第三方，在程序性上可能比试图自己弄清楚真相带给我们更多自由。

观察与认可

下面，我希望更详细地对优秀的新克莱茵学派分析师约翰·斯坦纳的一个案例进行讨论。这个案例显示出，当分析师坚持以下观点时会出现，或曾出现过困难：第一，将第三方作为自己来观察和处理；第二，在不认可患者的双向动力的情况下，通过领悟进行自体调节。我认为这个案例揭示了分析师难以达到"完整涵容者"的分析理想。我们之前简单提到过这个案例，它来自斯坦纳（1993）关于以分析师为中心的解释的研究论文。这篇论文代表了当时的文献对反移情的重要贡献。回顾这个问题似乎很有价值，因为在许多年后发表的一篇论文中，斯坦纳（2006）给出了几个类似的例子，并重申了他最初的观点。此外，同一学派的另一位英国分析师也表达了同样的立场，反对我对认可的辩护

（Sedlak，2009）。因此，我有理由相信，这个问题仍然非常重要。

斯坦纳提出，分析师应该通过表现理解，通过阐述患者必然正在经历的分析师的行动来缓解患者的焦虑（我们称之为调节情感）。斯坦纳认为，虽然通过理解来缓解压力可能是必要的，但它本身并不是治疗性的。他坚称，对患者而言，获得领悟比被理解具有更卓越的治疗价值。

我认为，当患者能够承担责任并为理解自己做出贡献时，她会变得更强大。这一观点绝不与关系观点相矛盾。然而，斯坦纳为了使案例得到理解而呈现的片段说明了对领悟与认可、观察与主体间承认、象征性与程序性做区分的困境。分享理解的关系体验，即主体间第三性，被认为不如个体的认知重要。这意味着节律第三性和符号第三性的分离。

实际上，斯坦纳在论文中突破了界限，为主体间知晓腾出了空间，并识别出分析师的解离问题。他表示，分析师"倾向于被推到活现中……"，不理解当时发生的事情。他还建议，分析师应该接受患者的交流以作为对其工作的纠正性批评，从而对患者提供的帮助加以利用（Casement，1991）。

在案例片段中，斯坦纳报告了一种熟悉的互动。在这种互动中，分析师努力控制患者的投射，最后通过在他自己的解释中添加所谓的"第二个关键评论"将患者（她）推回去。斯坦纳说，这是因为他"难以控制情绪……对她的焦虑，可能还有我的烦恼。她让我感到有责任、内疚和无助"。这种分析失误反映了一个常见问题：分析师在面对双方都在经历的失调时出现了解离。当他变得反应迟钝，无法涵容时，他过度解读，说了一些听起来很有批评性和令人羞耻的话。斯坦纳并没有觉察到他在涵容方面的困难，但他现在应该怎么做呢？要不要将自己现在的感受告诉患者呢？注意"她让我感到"这个用法。每当我们说有人"让我"做某事时，我们都在揭示我们的反应能力——我们无法进行自体调节，并停留在第三性的空间里（在那里我们可以承担责任，而不是感觉有什么东西强加于己）。然而，在这一点上，斯坦纳确实试图自己解决问题，利用内省进行修复，告诉现在已经退缩的患者，她担心分析师"过于挑剔和具有防御性，以至于无法理解她的愤怒和失望……也无法识别出她也想进行联系"。对于这种"以分析师为中心"的解释，他甚至补充说，患者担心分析师"无法处理这些情绪，因为它们会扰乱我的心理平衡"。

关于患者感受的见解有很多，但请注意，这是他所担心的，而不是他知道自己真正感受到的。实际上，斯坦纳并没有像他对读者那样向患者承认他失去了平衡或意识，因而伤害了她。因此，他没有将她在这一刻的退缩归因于之前的指责评论，而是归因于她前一天无法联系到他。他不愿认可——她所担心的事情确实发生了，而他并没有为此感到抱歉。

我们可能会问：为什么这样一个包含了对患者恐惧的阐述的灵巧方法是不够的？为什么不愿认可是一个问题？部分原因在于，斯坦纳详细阐述了如何对这个患者进行普遍的活现，并采取互补形式使每个人都觉得"他者应该受到责备"。换句话说，这场关于责备的斗争似乎是压倒一切的关系动力，它是未被系统阐释、已被知晓但解离的（Stern，1997）。他在一篇文章中报告说，他通常认为自己要为患者的问题以及自己的问题负责；在另一篇报告中，患者说，他让她独自"为我们之间发生的事情负责"，并拒绝"检视自己的贡献"（p. 144）。他没有注意到，他对她的感受如何对称地反映了她对他的感受。因此，关于"谁在制造"与"谁负责"的说法仍然没有联系起来。

动力关系的互惠本质、指责的"乒乓球"似乎被解离了出来，这可能会因为他明确不允许自己去做的行为——认可自己的一部分——而停止。也就是说，他可能会通过使用所谓的"以分析师为中心的认可"来打破僵局。在叙事中，他明显拒绝认可，并引入了自己的观点："坦白"（confess）是不可取的，因为它只会造成更多的焦虑。

在我看来，斯坦纳关于"完整涵容者"的理想，禁止他使用他与我们分享的见解或道歉来调节他自己和他的患者。事实上，斯坦纳重申：只有以患者为中心的对自体的领悟才是突变的（mutative）。患者似乎也和他一样，必须通过领悟来调节自己，觉察到自己的恐惧——分析师可能无法涵容她的愤怒和失望，也无法识别出她需要联结。事实上，斯坦纳向我们展示出他实际上未能通过领悟完成调节自体的壮举。他仍然担心"谁该受责备"。于是，我想知道：要求患者完成这一壮举是一个显著的反转吗？如果分析师认可错误，那么谁会感到焦虑，谁会将之视为失败呢？他在文中是否介绍了患者的领悟（因为这能重新调节分析师，恢复他在角色中的功能感，恢复他对第三方的信心）？这样问是不是太疯狂了？他会不会觉得，他可以给患者一些东西，而她选择了使用它们？出于同样的原因，难道患者不可能因为他间接承认错误并认可了她对他无法涵容自己的愤怒的恐惧而恢复正常吗？难道不是他者表达的领悟和理解帮助自体感到足够安全，从而恢复联结并改变自体状态的吗？在我看来，在没有确认其主体间现实的情况下，对恐惧内容的艺术化确实能帮助患者感到她的心理已被理解。分析师实际上并不承认任何事情——对于这一事实的默许可能归因于框架——这不能真正影响分析师的理解。

如果患者觉得自己已经能够通过抗议获得足够的理解，可以继续与分析师一起工作——直到下次他们就谁应该负责而争吵，那么这种在没有完全确认的情况下修复分裂的做法（默契地对游戏规则进行程序性接受）对患者是有利的。然而，可悲的是，在许多情况下，患者要么反抗，要么顺从——他们承受着破坏性或失望感的负担，感觉分析师已经退缩或做出报复，而没有幸存下来。

这个案例说明，分析师的解离不可避免地伴随着患者的解离，而且分析师在面对患者的无助时无法进行调节，这通常会导致他产生一些"受动"的潜意识体验，比如"她让我觉得负有责任"。患者内隐或外显的指控引发了分析师的羞耻感，因此可以说，患者的羞耻感成了分析师的问题。

事实上，如果有时是患者的洞察力使双方的平衡，即节律第三方得到了恢复，如果分析师潜在地依赖着患者对结束投射-反投射动力模式的贡献，那么问题可能是：分析师是否真的获得了帮助，并能对患者的理解表示赞赏？他们会不会像斯坦纳一样，通过"让患者承担责任并在分析师的失调和第三性的破裂中幸存"来获取帮助？虽然分析师因此可以保持"良好"和明显的安全（不明显的危险），但困境在于，现在患者必须是坏的（愤怒的、破坏性的），只有这样，分析师才能是好的（Davies，2004）。在这种情况下，分析师很可能已经"死了"。正如温尼科特所说，他没能活下来，继续维持分析的假象。破坏性幻想的危险并没有得到缓解，只是转移到了跷跷板的另一边。分析师和患者仍可能互相伤害。与其将这些知识安全地承载在一起，还不如将其与解离分开，以保护他们免于承受伤害、损伤或损坏引起的恐惧。

在实践和过去进行的经典分析中，我们常看到：具有修复性洞察力的"好患者"必须阻止真正需要治愈的患者，以抗议未被承认的"坏患者"。像费伦齐这样的医生似乎适应了这种患者，但在我进入训练时，分析师认为这是一种不妥协的态度。我开始相信一个悖论：一种旨在保护分析涵容者作为一个对所有好与坏的感觉开放的空间的立场（拒绝直接认可"真正发生的事情"），实际上可能会破坏分析功能。也就是说，它将使分析师一直是一个理想客体。在某种意义上，这对患者来说是稳定的。然而这种稳定是基于知晓分析师脆弱性的解离。同时，互补关系出现了，它具体化为一个人好、另一个人坏的分裂。因此，好的分析师会让患者感受到自己对自身脆弱性负有责任（就如同分析师对自己早期的客体负有责任一样），而且自己现在承受着成为破坏性客体的负担，孤独而未被承认。

认可和失败的见证

我认为，分析师作为"完整涵容者"的理想（我指的是一种尚未系统性阐述的信念：一个人如果无法在没有帮助的情况下做出自体调节，那么他无法成为分析师）所造成的压力，会暗中破坏道德第三方和分析师的见证功能。如果分析师认为自己能够实现涵容的理想，那么当他认可自己暴露出无法涵容的时候，他很可能无法成为见证者。正如费伦齐的警告，这可能会导致患者分不清什么是真实的，什么是过去的，什么才是现在的。于是，我们失去了既是见证者又是认可者的机会，无法通过确认某些行动造成痛苦而重新恢复第三方，而且感觉到好像违反了预期。从失败中学习可能是最伟大的学习，而我们错过了这样的机会（Jaenicke，2015）。这反过来可能会导致一种恐惧——第三方本身（负责任的联结的安全性）可能会丢失。

如果患者觉得自己对分析师失去冷静负有责任，例如，在危急关头，分析师没有说什么有用的话，那么她可能会觉得自己必须做出选择——接受破坏性行为，或是独自面对依恋安全的缺失。在这种情况下，分析师自己对失败或犯错的恐惧可能会成为一种障碍，阻断其对患者此时可能感到多么恐惧、多么具有破坏性的承认。恐惧在两个交替的方面之间触发了解离——"我让你感觉不好"和"你让我感觉不好"之间没有联系，而不处于见证的第三种位置。

对分析师来说，承担受伤或麻木的责任并不是一件简单的事情，因为患者的危险意识和对受伤的恐惧可能会让双方都感到难以承受——对受过严重创伤的患者来说，尤其如此。在活现的时刻，我们可以在受伤的感觉和实际造成的伤害，甚至是死亡之间建立象征等式；而关于破坏和被破坏的潜意识幻想变得非常活跃。我认为，当人们对危险客体的恐惧开始活现时（尤其是对有创伤或混乱型依恋病史的患者来说），更充分地关注此刻出现的一个重要特征是很重要的。在分析师明显未能共情地见证并意识到患者感受到的全部危险与实际的伤害或虐待之间，出现了一个省略——一个象征性的等式，也就是说，当分析师以某种方式解离了患者恐惧和痛苦的程度时，双方都很难从将实际上有罪的旁观者或施暴者与见证的失败区分开来。但是，正如我稍后将说明的那样，在高度唤醒的自体状态中，这种区分确实不再是可接受的。对于自体的一部分来说，谋杀的感觉似乎正在发生，并像人们害怕的那样被重复——即使另一个看似无助的人正见证着意识，并挣扎着感到情况并非如此。

在这种情况下，对正在重新活现的伤害承担责任，可能会对患者的安全以及一个分析师作为可靠医治者的身份构成无法容忍的威胁（正如所有分析师都知道的，容忍对一个人善良感的威胁是我们工作的一大挑战）。同时，这种伤害不能被解释为重复，因为在重新经历创伤的自体状态下，这似乎是对最初的伤害或虐待的否认。目前，对于分析师来说，这可能被视为一种无法解决的矛盾——"你做了就该死"和"你不做就该死"（Ringstrom，1998）。

然而，更重要的是找到一种方式来认可见证中的失败，也就是说，分析师在没有充分理解痛苦和恐惧的程度时，可以用这种方式逐渐区分未能完全在场与实际上的否认（持续的虐待）。分析师需要展示其作为被感动的见证者的声音或面部表情，而不是作为对患者的痛苦无动于衷的旁观者的声音或面部表情。毕竟，旁观者在某种意义上被正确地视为对虐待或恐怖行为负责，并对道德第三方的分裂负责。受害者呼吁："你怎么能袖手旁观，看着我受伤和害怕呢？"分析师需要移动失败见证者的位置，并由此找到一种方式来应答这一呼吁——既不否认它，也不会被它卷入。

我的问题是，分析师如何才能优雅地屈从于这种"不可避免"（有时必须笨拙地度过这种分裂时刻）？不会失败的治愈是一个虚幻的目标吗？这让我们回到分析师的顺应问题。我建议，我们需要超越根特（1990）对患者顺应的有力分析，认识到第三方需要二元体双方的顺应——这是一个不对称的交互过程。

我不想将认可规定为一种技巧，而是想展示它在更新和建立道德第三方时的作用。我想澄清的是，预期患者能够涵容或在对我们的失败有所了解的情况下幸存下来，并不一定意味着患者需要毫不反抗地容忍失败。这并不要求患者承担责任的烫手山芋并吸收关系中的所有不良因素，也不会为分析师开脱或寻求原谅。相反，第三方的概念意味着，抗议可以被赋予积极的功能，接受失败的必然性可以防止更大的失败，并让分析体现出破裂和修复的原则。这种第三性的经验提供了一种途径来评估那个质疑我们的行为或思想的人所学习和揭示的东西。它在内隐知晓（一种主体间关系）水平上为患者提供了不同的互动图式。它改变了挑战的潜在意义：不是危险的权力斗争，而是相互探索和一起修通的机会。

因此，认可的最终目的当然不是减轻患者的内省需要，而是将获得领悟的过程从责备和羞耻的框架中移除。领悟必须是一种自由的行为，而不是被索取或强迫的。由此，我们实现了第三性的观点：认可双方为互动所做的贡献，试图尽最大的努力同时看到这两个参与者。分析师对自己未能听到、见证或了解患者的经历的认可有助于程序化地恢复第三方，创造相互调节，不过这可能只是象征性地分析活现含义的第一步。

因此，治疗性认可是一种非常微妙的行动，旨在将互补的指责转变为责任，邀请患者成为共享第三方，揭开神秘面纱，让每个参与者都能自由地评论正在发生的事情。这意味着，分析师可以改变（Slavin & Kriegman，1998）。这是一种培养对道德第三方的信念的行动，因为它肯定了作为合法道德的责任，而且抵消了过去的否定经验。

通过认可成为现实

我想通过引用斯莱文（1998；2010）报告的一个案例来进一步说明认可在克服"失败的见证"位置方面的价值。该案例揭示了，当患者相对安全地在分析师的解离和不完全的见证与涵容下幸存下来时，真实性的风险意味着什么，以及给患者一个变得更强的机会意味着什么。患者叫艾米丽，其主导记忆是母亲不想抱着她。在经历了多次情感上的被抛弃之后，她重新体验了他者对自己的痛苦无动于衷的反应。她对分析师斯莱文大声喊道："你没看到我每天都离死亡更近了一点儿吗？"斯莱文报告说，他"带着一种强烈的听天由命感"回答道："在这样的时刻，我有时觉得我所能做的就是在绝望中与你在一起。"随后，他发现自己受到了鼓舞，如实向她认可："我也觉察到，我在努力处理我自己不想感受到的部分。"

第二天，艾米丽报告了一个奇怪的体验，她对于斯莱文作为一个忍受绝望的人的形象有着不同的感觉："你作为一个承受绝望的人，尽管你不想……告诉我，这让你置身于形象之中，而不是形象之外。"她不再把他看作在绝望之外试图去理解它——他正处于绝望之中，因为他不否认自己不想见证绝望和逃避绝望的愿望。

斯莱文得出结论，他对自己的挣扎的认可让艾米丽明白了他是如何在内心复制她内心的紧张的，这是斯特恩（2009）和布隆伯格（2006）

所认为的从解离到抱持冲突的转变。我相信，他模仿了对艾米丽解离部分的承认以及另一个心理的存活，他同时感受到了不要被关起来并困在其他人绝望的心灵（母亲没有爱的双臂）中的希望，但他知道被关在外面而不被抱持的痛苦。他承认，希望避免痛苦可能会被简单地视为复制了不想抱持的母亲，而这只是对伤害的重复。通过向艾米丽承认重复的这一方面，斯莱文用一种语言表明他意识到自己没有感觉是错误的，这违反了她对他的预期。对艾米丽来说，改变在于，她没有隐瞒和否认问题——认可是道德第三方的一个方面。她在身体层面和程序性层面上感觉到了这一点，因此她觉得分析师现在看起来不同了，立体化了。

我一直在辩称，对伤害的恐惧和阻止认可的内疚一方面会导致分析师产生应对内部所有冲突的预期，另一方面会因为这种预期得到加剧。但是，斯莱文展示了关系范式如何使分析师促进患者积极参与共同创造的第三性。

斯莱文认可自体中失败的见证部分想要脱离，他释放了自己的同情部分，从而允许与患者在痛苦中相处的真实时刻。我们没有必要忽略或隐藏与人"不在一起"的冲动，正如我将在第六章中阐述的那样，意义的二元性导致了两种尚未解离的需求——见证和承认见证的失败。在这一刻，斯莱文相信艾米丽能够承受真相——他的形象存活下来，她也存活下来，他们的存活是互惠的。对被解离内容的认可打破了互补结构，让分析师直面"你不会抱持我"的指控，而非逃避指责。于是，两个舞伴都试图避免陷入不良情绪的舞蹈就结束了。

我把艾米丽的话理解为："我不想感受到我快要死了，所以我把这种感受从我身上拿出来——让你拿着它！"分析师的回答打开了共享第三性的空间，并且涵容了"我想感受到，也不想感受到"的真实性所修饰的痛苦。矛盾的是，正如费伦齐所建议的那样，对痛苦和不在一起的认可正是不要重复痛苦的原始形式。斯莱文认可失败的见证，也认可患者有权要求分析师承认她的痛苦。

斯莱文能够保持与人共处和逃避之间的竞争冲动带来的张力，他相信，艾米丽能够在他确认希望摆脱痛苦后幸存下来，这让艾米丽有信心能接受他的"他性"。由此，他成了一个有自己的感受和冲突的独立主体。当然，他没有透露基于个人身份的一些特别私人的事情。

我认为，在这篇对分析工作的描述中，最引人注目的是，分析师看起来缺少强迫和全知全能的部分，而事实上，正是这些部分的缺失才让患者有发展自己主体性的空间——分析师不是全知全能的，也不是被动反应的，他没有用强迫行为来反应她的强迫性要求。分析师的举动是对解离和不同自体部分意识的非常巧妙的反应，不会给患者带来负担。

艾米丽现在开始明白，另一个人可以感受到她并与她在一起，但他不是必须这样做。在这一时刻，她可以体验两个人之间的对话。后来，斯莱文向她描述了他关于要不要推动她的冲突，她回答说："这是一段非常奇怪的关系。我们在这里理解我，但我们必须理解你才能理解我。"了解和被了解是共存的。游戏的给予与接受的节律第三方开始被同化为象征性活动，这种活动以前被感受为抽象和死亡。我们看到了一个分析师如何认可他的不确定性和挣扎，这不是一种负担，它为患者提供了自由，并为在建立具有承认特征的关系时展示共同创造提供了机会。

斯莱文在另一个报告中回答了艾米丽不断提到的问题："如果她自杀，他会如何反应？"他说，尽管他非常悲伤，但他会继续活下去。当我们在我的一个研究小组中讨论这个问题时，有人提出了嫉妒的问题。我们该如何看待艾米丽关于斯莱文可以继续活在她的绝望和可能的失败之外的感觉呢？让我印象深刻的是，失败的见证会产生嫉妒：当你被剥夺见证权而独自留下时，你会感到嫉妒——嫉妒另一个人（比如艾米丽嫉妒她的母亲）。这个人可以逃到她看似完整的世界中，而不在你身边与你一同感受，也不必忍受那种痛苦和羞耻。在我看来，嫉妒并非因为分析师的"好牛奶"（他的分析天赋），而是因为当患者被困在死亡集中营时，分析师却站在带刺铁丝网的另一边——他不需要日夜生活在绝望中。

也许我们也可以说，这种嫉妒的作用是帮助艾米丽从自己的痛苦和与那些没有感受的快乐的人（以不能抱持她的痛苦的母亲为榜样）一起回家的希望中解离出来。这种嫉妒似乎来自一个不抱持她的心灵、一个不愿意忍受痛苦的母亲形象，它被比昂（1962a）称为母亲不涵容孩子的"舒适心理状态"。事实上，这种不了解、非承认是极难治愈的严重创伤。毫无疑问，它伴有缺陷，即一种缺乏节律第三性的体验，这种不足是婴儿期缺乏对痛苦的有意义的情感认知的结果。

斯莱文持有不想感受的部分，这个部分属于母亲，而艾米丽无法确定这是不是她自己的一部分（因为艾米丽也对母亲看似缺乏需求又渴望没有需求而感到嫉妒）。能看见和看不见，能感受到和感受不到，需要和不需要的多重自体变得难以区分，直到斯莱文将两个相反的冲动聚集在一个涵容第三性的状态中，才使对立面在矛盾中得到了区分。认可的力量不仅让肯定真理能够被忍受，而且将自体状态和情感位置联系在一起。这些情感位置切断、解离、阻止了对我们自己与他者完整性的感受——即使我们是多重的。

集体创伤的解离

道德第三方建立在说话、见证和共同感受某些痛苦的基础上，而能够在承认我们没有做到这一点的情况下幸存下来，并显示出其勇气。我认为，精神分析运动致力于解离性地超越分析师的底比斯使命。这背后有许多历史原因，包括相信：只有这样，精神分析才能达到不易遭受攻击的科学地位（Benjamin，1999）。当然，要保持伤害和治愈的矛盾，就需要将那些不可避免地倾向于解离的状态联系起来。但是，随着我们对所涉及的困难的同情，我们现在或许能够考虑：通过否认自己对创伤的反应，二战后的那一代欧洲精神分析师是如何阻止下一代精神分析师（包括我自己）面对我们的历史知识、他们的痛苦和可怕的生存代价的？

自2005年我开始撰写这篇文章以来，我们看到对这一进程的反思在精神分析的社会群体内部引发了对集体创伤传播的积极反思（Aron & Starr，2013）。谈到"历史的创伤"这一主题时（Salberg & Grand，2017），当代分析师指出，未能见证自己的历史导致精神分析在面对个别患者的创伤时面临严重困难。我将举一个例子来说明过去面临的困难。代际创伤的力量以神秘的方式激活对攻击者的认同，引发解离，甚至自体的丧失——这一点直到很久以后才得到解决。

许多年前，我在德国经历了一场激烈的活现——在代际传递的创伤面前，我的见证和认可失败了。在这一活现中，受害者和施暴者发生了一次象征性的相遇；治愈的希望因缺乏开放性而破灭。作为一个精神分析团体主办的主体间性工作坊的一部分，我督导了一个案例。前一天晚上，一位正在接受培训且即将进行汇报的年轻的女分析师，怀着一种莫名的紧迫感，将她的一名男性患者最近的两个梦的文字记录递给我。这名30多岁的男子有两个梦：在第一个梦里，一名属于被鄙视和诋毁的群体的老妇人成了一名无辜的受害者，被他的家人杀害，而他惊恐地看着这一幕；在第二个梦里，他自己一直在消灭小动物（入侵性啮齿动物），然后试图用自己的被子遮住血迹。第二天，当女分析师报告她的案例时，我询问了有关患者的细节或会谈材料，但她说她没有。她呈现的患者的家族史少得出奇。

我很快就为那个看起来不太舒服的女分析师感到尴尬。带着对主体间性话题的警觉，我询问了她自己的经历以及在会谈中对这些梦的反应。她说她什么都不记得了。当我开始越来越担心让她蒙羞的时候，我也回顾了我最初的猜测（由于患者出生于二战后，而且年龄不大，我没有立即做出假设），患者的家族历史中有纳粹施暴者（当时几乎没有关于创伤代际传递的文献，因此我没有想到这一观点——患者的父母不是纳粹主义者，但他的祖父母可能是）。最后，我直接问她，患者的父母在纳粹德国时代做了什么。她说患者的父亲当时在美国，在二战结束后经历了"失代偿"（decompensation），产生了"工作服上带有危险细菌，可能会伤害他的孩子"这样的精神病性想法。在进一步询问后，她简洁地说，患者的叔叔患有精神障碍，被送入精神病诊所，然后被杀害（死于纳粹优生计划）。

在没有评论的情况下交流这些信息明显缺乏情感。工作坊的参与者也忽视了这些信息，他们只谈到了患者的父亲和他的病史，而将讨论重点放在了其他理论问题上。因此，我逐渐发现自己处于一种奇怪的状态。我感觉，我在强迫自己的心灵去对抗一团浓雾。即使在浓雾中，我也能隐约感受到一阵强烈的焦虑，感受到一种未系统性阐述但明显存在的危险。后来，我把这种感知用文字表达出来："作为这个房间里唯一的犹太人，我应该是一个谈论正在发生的事情的人……"过了一段时间，我强迫自己再次尝试解决这个问题。我说，一个人知道他的父母参与了谋杀，或者至少旁观或支持了谋杀，这本身就是一件可怕的创伤事件。对这样一位父亲的认同在治疗过程中浮出水面是令人震惊的。

我很难描述当时房间里的状况——每个人都焦虑不安，空气也很沉重。来自分析师的恐慌尤其严重。正如我后来发现的那样，这位女性分析师确实非常专注于与纳粹有关的资料，并且已经与督导讨论了她的恐惧。而督导在会谈前后指导我时，对这一点只字未提。

尽管我做出了明确的发言，但任何人都没有进一步提到如何处理过去的屠杀、谋杀或暴力的问题。我开始有强烈的反应。我感觉越来越不真实，越来越麻痹，就像在梦中——你试着跑，腿却动不了。听众问我关于治疗中的主体间性的理论问题，但我几乎无法集中注意力。我的一部分仿佛来自遥远的地方，正在思考纳粹和犹太人；我的另一部分在附近，仿佛处于迷雾中，努力接受他们的提问，但感觉无法回答。后来，我甚至自我批判地反思自己为何无法谈论主体间性，但没有找到原因。我无法将正在发生的两件事联系起来，也无法将"为什么"与我们对恐怖的"什么"的反思联系起来。

许多个小时后，我才从这场迷雾中走出来。近乎巧合的是，我的一位住在另一个城市的精神分析师朋友告诉我，在她的上一次会谈中，一位移民犹太分析师谈到了他自20世纪30年代逃离德国后首次返回故乡的事。我的朋友解释说，她自己深受影响，也越来越觉得有必要谈论"大屠杀"。在不久之后的一次会议上，她就这样做了。她的话让我感到，把我和我的体验分开的那根橡皮筋好像突然断了。我在会议上出现的感觉又被唤起了。现在，在有反应性的见证者面前，我识别出这种感觉是恐惧。我意识到，我不仅觉得自己是一场暴力的见证者——当时周围的人都否认了我对暴力的看法——而且切实感受到自己处于危险之中。这就好比否认（暴力）者自己成了施暴者。

对暴力的否认煽动了暴力的重演。"神秘化"是格兰德（2002）所说的参与者"恶性解离"的结果，它麻痹了我的心理和能动性感觉，使我无法保护自己避免这种危险。我意识到，自己曾经暴露无遗。正是这一经历让我认识到，随着伤害的发生，否认和失败的见证被忽略了。

然后，我生出一种愤怒的感觉，因为我被其他人要求独自涵容暴力的历史，而他们遭受了集体创伤，由施暴者抚养长大，并且认同施暴者，承认自己什么都不知道。我识别出，那位女分析师试图把知识转移到我身上，让我成为象征幸存者的代表，这样我就可以反过来打破这种解离，从而帮助她实现解离。然而，否认加剧了对不想要的知识的投射，暴力的解离使我麻痹，我的反应似乎是"真正的"危险。引人注目的是，这种麻痹表现为一种明显的、有意识的关注：不能伤害或损害汇报的分析师，就好像我是施暴者，她是受害者一样。她惊慌失措，没有被作为见证第三方的群体涵容，煽动了这场反转。午餐时，我不安地注意到，她在演讲之后明显地松了一口气。后来，我发现，这是一种安然无恙的解脱，仿佛她是一个被暂缓执行死刑的人。

后来，我更深刻地理解了施暴者是如何害怕受害者的。我意识到，作为受害者群体的代表，我可以成为控告者–破坏者（accuser-destroyer）。此外，我作为督导的位置让我感到有责任不伤害他者。就像分析师在活现中感觉自己像受虐的孩子，而患者像父母——我受到了挑战，要说出无法形容的话，打破面对施暴者的禁忌。但这样一来，我就会成为一个施暴者。我无路可退。

通过这种方式，我们活现了深层对称性，这是"施动–受动"互补性的基础。这种神秘的束缚与无法言说的对罪行的恐惧结合在一起。我意识中的"联想"焦虑驱动着我的外显行为，让我成为"好的"，也就是说，不伤害或羞辱他人；而我内隐的、更强大的解离性体验中包含对被攻击的巨大恐惧，这是那个男性患者梦境的复制品——在梦境中，他被家人包围，感觉自己仿佛孤身一人，恐惧地看着有人被杀。

我似乎通过渗透（osmosis）的方式接受或复制了患者的经历；在强烈恐惧导致的解离状态下，我感觉自己既是施暴者又是受害者，就像那个患者一样。我担心自己会成为一个杀人犯——通过暴露给他者（分析师和群体的联系），或者认同谋杀。我在知道和不知道的状态中漂泊。相对地，由于被这个群体暴露出无法思考，仿佛现在很虚弱，所以我感到自己有些焦虑。我还亲身体验了失败的见证者和施暴者之间的疏离———一大群人的见证的失败，强加的沉默和否认，这就像是一种真正的威胁，一种对我个人和我的心灵的攻击。

我现在可以有些遗憾地说，于我而言，即使我就这个事件给研究所成员写信表达了自己的愤怒和悲痛，活现仍在继续。他们表示很遗憾，但我只能感觉到他们对自己未能见证事件的敷衍的关切———他们没有反思或联系到这一事件对他们自己或他们的同龄人（第二代德国人和一些未表明身份的犹太人）意味着什么。①我对他们的反应中坚持将自己从痛苦中解离出来的部分做出了反应，表现得好像一件尴尬的事情只发生在我身上，而没有发生在他们身上。从某种意义上来说，我陷入了一种非常熟悉的愤怒。在这种愤怒中，人们从受伤走向判断，失去了见证的机会。这种转向政治争论或道德判断的行为可能被认为是从承受痛苦到保护自己免受痛苦的转变。虽然这种判断的飞跃是一种常见的社交行为，但它也是一种由"恶性解离"引发的常见反应，这种反应发生在社会未能维护道德第三方（认可创伤和伤害）时。

正如我在这里试图说明的那样，这种恶性解离会引起对暴力的强烈恐惧———在大群体中，它可能几乎与它所否认的行动一样暴力。我现在怀疑，创伤越强烈，解离的感觉就越强烈，思想和能动性就越麻痹，因此分析师在演讲时的感觉也越强烈。

回顾过去，随着我后来获得的集体创伤经历，我识别出自己无法对羞耻感产生共情。当一个人感觉自己被认定为施暴者、破坏者时，这种羞耻感是如此令人麻痹。我还意识到，我在工作坊期间的行为体现了一种观念，即独自为保护他者和群体免遭暴露而负责；后来，我愤怒、激

---

① 我不想给人留下这样的印象：否认是我在德国遇到的主要反应。20世纪90年代，科隆的一些精神分析师组成了一个研究犹太幸存者和纳粹罪犯的孩子的小组，就"大屠杀"的代际影响展开了一场勇敢的个人对话，其一直持续到今天（Hammerich et al.，2016）。

烈地否认了这种负责任的罪恶假设，这是一种熟悉的投射和反投射的动力模式。然而，事实上，正是我让自己负起了责任，就像在治疗二元体中一样，因为我没有说话就涵容了可耻的投射。我这样做是因为，我担心说话会对他们或我造成伤害。当时，我觉得这是一种令人震惊的现实可能性。

在面对一些可怕的暴力时，我感受到极为强烈的恐惧，但我必须坚持，而不是表现出恐惧。只有在没有见证者的情况下，我才无法涵容这种创伤的暴力；我相信自己是这个房间里作为受害者的犹太人的唯一代表，但由于没有作为代表的正式位置，我无法扮演我指定的角色，也无法通过象征性地表达创伤而得到治愈。我现在似乎可以理解，正如在一大群第二代施暴者中所发生的那样，活现如此强烈地展开，并且提供了如此强烈的创伤解离体验。

我们现在能够更深入地了解，二战后精神分析是如何通过逃离"种族大屠杀"，以及分析师对不可避免的创伤反应——包括在他者死亡的地方幸存的内疚感——的失败的认可而得到发展的。精神分析运动关于"完整涵容者"的规范可能使分析师感到困惑和羞耻。然而，它防御了分析师强大的主观感受状态和同样强大的解离状态。分析师作为失败的见证者对世界的体验被格尔森（2009）称为死亡第三方（Dead Third）。由此，共同体让每一位分析师都无法独自涵容对伤害的恐惧，反而成为迫害理想的执行者。这一理想是道德第三方的低级替代品。道德第三方源于认可伤害、见证创伤的信念——包容脆弱性，见证痛苦和灾难的合法过程。

在我看来，在通过精神分析师（例如，费伦齐做了首次推荐）的主观体验共同工作的过程中，这种失败导致分析师无法认可，进而无法使患者反思自己的内部冲突和改变的努力——这是一种真正的承认的失败。认可这种失败是道德第三方的本质，它涉及承担责任的合法行为，而不是在将责任转嫁给他者的同时承受痛苦和羞耻，以见证或承认他者的感受。当那位女分析师首先采取行动时，她给了患者一个机会，让他在没有要求或强迫的情况下承担起自己的责任，从而从受害者身份中解放出来。这也是顺应了第三方的一种方式——在必要的断裂和修复的节律、分析对话的潜力和对真理的追求中确认信念。

第三章

第三性中的转变：
相互承认、脆弱性和不对称性

　　本章基于第三方强调了发展理论，并介绍了与之相关的临床理论。2011年，我在国际关系精神分析和心理治疗学会上对《宝贝，你已经走过了很长的路》中的观点进行了最初的反思。我考虑了婴儿研究（尤其是母婴关系方面的研究）如何影响主体间精神分析——相互性或相互承认起着核心作用。因此，有必要回到另一个理论起点：从承认女性（尤其是母亲）主体性的有利角度来看主体间性。这是一种只有通过女性主义与主体间理论的共同作用才能发展的观点。最初，我问：如果母亲承认婴儿的主体性（作为另一个"我"，而不是简单的"它"）很重要，那么人应该如何发展这种能力？

　　这个问题指导了我在《爱的纽带》中采取的行动。承认女性的主体性问题与不断演化的主体间理论交织在一起，而主体间理论以精神分析和婴儿期研究为基础。我们的目的在于，开放精神分析思想，以便于我们识别出大他者的复杂性，把握两个主体的互惠行动——了解和被了解，影响和被影响，从而面对与双向性相关的问题。①

　　本章的第一节介绍了将第三方视为位置和功能的不同思考方式，涉及节律性和分化性。这是对第一章"超越施动与受动"的扩展，其目的是展示情感调节和承认之间的关系。我最初的范畴——"一中之三"和"三中之一"，以及建立一种"合法世界"的感觉——这是道德第三方的隐喻——得到了进一步的解释。我还提出，将"我们的第三方"作为

---

　　①　在批判理论方面，重点是将主体间性从社会话语（一种理想）规范模式的框架中去掉，这是哈贝马斯和本哈比（1992）这样的女性主义的追随者所提出的；相对地，把它放在一个物质发展的心理过程中并从精神分析的角度加以理解，这是对承认他者的斗争中的阻碍的辩证法的承认（Benjamin，1998；Allen，2008）。

主体间联结的个人体验。

　　第二节讨论了临床结果，以及我们如何利用自己的主体性和作为分析师的脆弱性来说明我们如何在临床工作中结合对情感调节和认可的理解，使用承认和我们的脆弱性来创建道德第三方。我还进一步讨论了存在于母性和分析工作中的顺应——鉴于在列维纳斯的意义上将对他者的责任升华为对互惠需要和相互承认的渴望的后果。

宝贝，你已经走了很长一段路

　　在写这一章的时候，我想知道用什么来作为相互性的隐喻才是合理的。我想到了一个小小的幼苗，它最初很小，比一个胚芽大不了多少，需要得到温柔的对待和大量的养分才能成为一种复杂的植物。这株植物有深深的根，展开叶子，开花并结出果实。然而，隐喻的局限性是显而易见的，因为对人类而言，芽的支持环境和专职园艺师参与了一个复杂的非线性的双向动态系统。萌芽、展开和开放是对培育者的反应，是充分发挥自身能力的必要条件。这株植物正在接受环境的培育，并且在壮大，变得更加复杂。从某种意义上来说，如果植物是具有相互性的系统，那么由两个不同的人来培育它，效果可能会更好。他们的相互适应和相互承认的植物就是他们的第三方。

　　对于一些思想家来说，"相互承认"这个术语很难与精神分析师和患者的传统理解（前者给予理解，后者接受治疗；前者是医治者，后者是被治愈者）相调和。毫不奇怪，在精神分析中，相互承认的可能性会受到质疑。人们一再提问：为什么承认需要往复？精神分析的重点不是分析师承认患者，承认他或她的需要、痛苦、能动性、自我表现吗？更先进的想法认为，虽然患者已被定性为需要我们顺应的"受苦的陌生人"，但其因为为知识做出了贡献，所以不能被简单地视为知识的客体（Orange，2011）。那么，在什么情况下，患者才有必要或希望体验相互性，或者以某种形式承认分析师的存在是一种独立的主体性呢（Gerhardt et al.，2000）？

主体间脆弱性和承认的需要

考虑到早期生活中的承认，我们会立即想到与第一段关系组织者的依赖性相关的问题。奥林奇（2010）阐述了我工作中的承认的概念，并使用了"主体间脆弱性"这个术语。[①]我们需要他者承认我们，做出反应或肯定，以确认我们行动的影响。当他者未能承认或错误承认（misrecognizes）我们时，我们可能会受到伤害。我为什么不将这种需求视为对给予者（母亲）和接受者（孩子）之间的单向关系的阻碍呢？我们为什么需要从相互性的角度思考呢？的确，对许多人来说，相互性太危险了——处于承认的接受端并不是一种可靠的体验，而给予承认往往会与服从于权力相混淆。

人类婴儿一开始确实非常不对称地依赖于强大的照顾者，而且我们的许多患者还没有找到摆脱这种不对称的可行方式。然而，这是一种有限的生活方式，可以通过分析来克服。许多后弗洛伊德思想家提出了这样的论点：分析提供了一种改善性体验，这种体验本质上是不对称的，即接受早期生活中缺乏的承认（反应、反映或镜映）。但是，得到改善的体验是什么呢？矛盾的是，似乎正是积极的不对称体验的缺乏使他们无法对称。帮助他们在不对称的关系中变得更有相互性是一项复杂的任务。向相互性的演化涉及对伤害的不对称脆弱性，因此，我们需要对这

---

① 奥林奇在最初关于"承认为"的评论中批评了我对承认概念的使用。这显然是出于她认为我将"承认"定义为"必须"——一方必须给予另一方的某种东西。她在随后阅读我的作品时澄清了这一误解（Orange，2010）。奥林奇从"承认为"的角度解析了"承认"的概念，将我们的注意力集中在作为承认的一种重要形式的"认可"上，并且提出了一些有价值的问题。

一过程的不对称负责任（Aron，1996；Mitchell，2000），这为以非常不对称的方式安全地掌握和理解过程中的发展步骤提供了一个机会。

然而，在更仔细地考虑后，我们可能会发现，缺乏可信任的不对称性反映了相互性领域中的问题，而相互性在某种程度上有助于解决这个问题。也许这个观点可以通过这样的假设来构建：即使在婴儿期非常不对称的关系中，也存在需要在分析中识别和培养的相互承认的胚芽。镜映的母亲需要镜映的婴儿，因为面部镜映是一个双向过程。在这个过程中，双方都遵循他者的情感变化方向（Beebe & Lachman，2002；Beebe et al.，2013）。孩子需要在一定程度上理解他者的心理，而非不知所措。心智化，把握他者的心理，实际上是一种与他者相关的行动，而不仅仅是一种能力。精神分析必须建立在理解发展过程的基础上，通过这个过程，人类提升了相互性，而且更加能够承认他者。在理想情况下，这种发展与更多的活力、能动性以及平衡依赖性与独立性的能力有关。

我们必须考虑到，在关系精神分析涌现之前，对相互性发展的关注是多么少，而且对婴儿期的研究也是如此之少（Benjamin，1988）。阿隆（1996）首先阐明了相互性关系之间的必要张力（布伯的"我-你"——而非"我-它"——所说的，承认对方是"你"的两个人之间的联结），以及母亲和分析师的不对称责任。分析师对相互调节、涵容者的安全、对患者需要及过程的不断调谐负有责任。正如米切尔（2000）所说，分析最不对称的方面是由这样一个事实构成的，即患者的本意是放弃对所发生一切承担责任，分析师却坚持保留这些责任。那么，相互性是由什么组成的呢？为什么承认理论需要聚焦于众所周知的不对称图形微妙的轮廓呢？

通过经典分析工作的经历和对其问题的批判性关注，我们关系分析师已经识别出，这种表现在认知、客观性和权威性方面的不对称（Hoffman，1998）也可能加剧了接受依赖性时相伴而来的控制问题。

注意力的给予者和接受者、知晓者和被知晓者的互补性可以转移，因此，一方呈现为知晓者和导演，另一方则是客体。患者在某一时刻可能享受着放弃的自由；但有时，他只有作为一个无能为力的人——就像一个对他者没有影响的孩子——才会感受到这种自由。当然，这种感受和移情的领域是一致的。关键是，责任的不对称有权力的阴暗面，可能会被卷入施动和受动的互补移情中，并因此要求我们必须努力进入第三性。

只有觉察到分析师的观点和履行不对称责任的风格如何阻碍或促进进入第三性，我们才能对这种互补性的分裂进行修复。修复的结果取决于我们如何利用主体间关系，通过承认患者对我们的影响和对正在进行的工作的贡献来鼓励其能动性和发起者意识的发展。我对在分析过程中进一步向相互性关系演化的思考方式体现在创建共享第三方的观点中。

布隆伯格从分析师的角度描述了分析工作中走向相互性的经验。他回忆说，当他能够意识到自己和患者各自独立的内心世界并感受到彼此的联结时，他的内心世界变得更容易成为一种关于他者的知识来源。这种同时存在的差异和联结使得他没有必要"自己解决问题"，因为他和他的患者现在是"比我们任何一个人都大的东西的一部分"。因此，在双方身上获得潜意识体验"变成了一个共同寻找的问题。一种相互给予和接受的方式逐渐在我们每个人的内心世界和外部世界之间建立起一座语言的桥梁"（Bromberg in Greif & Livingston，2013，p. 327）。我们可以说，"更大的东西"就是第三方，它通过给予和接受而显现出来。

从这个角度来看，不对称的责任包括将注意力集中在自体、他者和桥梁上，但不关注独自解决问题。如果分析师承诺与患者一起走到面前深渊的边缘（Bromberg，2006），他就可以感受到自己与患者"共在"的世界，即使他一直觉察着自己的内心世界——搭建桥梁（Pizer，1998）。由此，布隆伯格描述了第三性的主观体验：与他者一起成为更大事物的一部分——这是一个共享的探索过程。

　　幸运的是，临床实践和丰富的婴儿研究为这种演化提供了大量的模板和隐喻。接下来，我们将追踪相互性是如何产生的（即使在不对称的条件下），因为分析师和患者卷入了一个我认为是"构建第三方"的过程。[①]相互性包括我们在实施和感受中分享的一种越来越主观的意识：共同创造是一种共同构建的感觉体验，而不仅仅是上帝视角所假设和感知的相互影响。相互影响可以客观存在，而我们丝毫没有产生影响或被影响的感觉。更重要的是，相互影响可以由具有负面影响的紧密的反应反馈回路组成。在这种回路中，有人总是在被邀请时避免联结，又会在没有被邀请时若隐若现或入侵，就像在追逐和躲避的互动中一样（Beebe & Stern，1977）。相互承认发生在我们分享和相互了解之时。我们知道他者是，或者至少可能是与我们的意图相联结、相一致、相匹配的人——他们能获得我们的意图，他们的意图也能被我们获得。

对称与不对称：节律第三方

　　母婴互动的研究开创了一个范式的转变，其革命性的含义最初受到主流精神分析的抵制，但最终在北美被接受。婴儿与乳房的隐喻被参与游戏互动的社会婴儿的隐喻所取代。给予和接受、相互性和互惠的对称是新婴儿研究的重点（Tronick et al.，1974；Stern，1974a/b；1977；Tronick et al.，1977；Benjamin，1988；Tronick，Als & Brazelton，1979；Trevarthen，1977；1979）。斯特恩（1985）明确对比了养育的给予-接受关系，以及母亲和婴儿面对面互动的对称互惠关系。斯特恩的敏锐度得益于他对"只有了解了他者心理才能联结"的深刻理解——每个人的主体间性都知道"他者知道我知道"（Stern，2004）。"知

---

　　① 感谢伊扎克·门德尔松构建的对共同创造过程的隐喻。感谢毕比对分享的强调。

道我知道"的这种反身性以及因此作为知道的主体而非客体获得内部联结，就是我们所说的"基本的承认"的内容。

对我来说，相互承认与分裂互补性的观点首先是抽象和哲学地发展起来的。其具体形式通过安抚（满足）与了解（分享）人际交往意图之间的明显对比而呈现出来。在《爱的纽带》中，我使用这种范式变化来阐明状态共享和不对称互补关系（如给予者和接受者）之间的区别。我把基于状态共享的认同放到施动−受动关系相反的位置，即通过投射性认同的反转将一个人所缺乏的权力和能动性灌输给他者，或是将一个人所否认的无助和被动性灌输给他者。斯特恩提出的"共在"后来成为临床理论的重要组成部分（Stern et al.，1998；BCPSG，2010）。共在是一种联结形式，它改变（修改）了非对称照顾的二元关系。也就是说，我们可以以一种互补的方式或一种包括情感互惠的状态分享的方式提供照顾。超越二元关系的主体间联结是一种思考方式，我逐渐理解到，它在第三方的位置中起作用。第三方作为一种形式，在所有时刻都起作用，在这些时刻，张力通过相互性，而非互补关系中对立面的分裂，得以维持。

从这个意义上来讲，第三方在程序性上呈现了新的母婴关系——我们看到了承认的涌现。状态共享、调谐、匹配特殊性、意图和感受的瞬间一致，这些承认的形式被桑德（1991）称为"相遇时刻"，它们构成了对二元关系早期发展至关重要的预期框架，也构成了第三性早期经验的基础（我指的是第三方的互动表现）。我发现，第三性作为一种功能存在于最初共同创造的可靠预期模式，即一致与匹配或状态共享之中，它被母亲和婴儿体验为"我们的相处方式"。这种模式创造了二元体的安全依恋（Ainsworth et al.，1969；1978），也创造了相互了解的亲密关系（Stern，2004）。[①]

如果母亲或婴儿使用这样的语言，他们可能会认为这是"我们共同建立的第三方"或"我们的第三方"。这里认为，双方都有贡献，没有一方能单独决定方向；与主动-被动、施动-受动、给予者-接受者、知晓者-被知晓者的分裂互补模式不同，双方都在根据自己的能力积极创造方向的一致性（Beebe & Lachmann，1994；2002；Beebe，Jaffe & Lackmann，2013）。通过了解母亲和婴儿如何适应和创造相互调节，我们可以推断，他们被回到"我们的第三方"的元预期（metaexpectation）所引导。乔尼克（1989）根据破裂与修复原则对这种关系预期进行了概念化：在持续促进心理韧性（resilience）的过程中可以容忍和修复中断的互动模式。正如毕比和拉赫曼（1994）指出的那样，如果二元关系以这样一种方式相互调节，即从正常的预期不匹配或疏离到恢复匹配，那么婴儿对这一过程的贡献与母亲一样大。当母婴二元体进入程序性调整时，即修复疏离时，婴儿每时每刻都会增强心理韧性并让母亲对自己的能力充满信心，进而在他们共享的第三性（被体验为"我们的第三方"）中扩大协商和适应差异的空间。这种预期修复违规行为的原则非常重要，因为承认的过程涉及重复分裂、持续协商和重新组织——它们有助于实现更高级别的复杂性和心理韧性。

协商与修复中断说明了一个普遍命题，即我们每时每刻都在被他者改变（我们改变以匹配、适应、反映他者的需求）。我们记录这种改变，并在他者的能动性、影响和自体统整（self-cohesion）意识中产生相应的转变。这种内在满足的相互关系是承认的深层结构。我认为，没有它，就意味着意义的失败——在一个合法世界里，只有成为他者的客

---

① 当然，不安全依恋和非承认也可能有一种可靠的模式，其具有消极情绪效价的相倚性反应。例如，当婴儿凝视母亲时，母亲看向别处，而当母亲触碰婴儿或寻求触碰时，婴儿也看向别处。

体而不是自主体所产生的空虚。平心而论，母亲的刻意迁就是至关重要的，它为这一演变过程提供保障。如果没有她的照顾，婴儿只能自己调节，无法修复，因此不相信他者会承认他的影响。相反，我们可以想象，相互影响的体验加深了对依恋、承认过程、"我们的第三方"的信任。

承认与调节（相互影响）的区别在于：影响他者以创造意图和行动对应的感觉逐渐成为体验中一个独特且受赞赏的部分，而非我们行动的未实现的伴随物。承认本身就是目的：人类想要分享注意和意图（Beebe & Lachmann，2002）。这不仅是为了状态调节和安抚，而且与更复杂的相倚性反应一样，是分享的目的本身（Beebe, in Conversation）。承认包括了解和被了解，正如桑德所说，在"相遇时刻"，"一个人来品味另一个人的完整性"（2008, p. 169）。

第三方对应于主体间性坐标轴上的点——我们在此将他者承认为独立、平等的存在及感受中心，而非客体或"你"（Buber，1923）。我多次听人说，"第三方"的含义是难以捉摸的，这个术语不能立即被理解。因此，我将在接下来的内容中描绘我对这个概念的使用。需要注意的是，这仍然是一项正在进行的工作。我建议将第三方视为一种位置——一种关系位置，适用于自体内部和自体之间的矛盾和对立。将第三方视为一种位置与克莱茵关于抑郁位置的阐述有相似之处（在这种位置中，我们可以在自己内部接受大量二元体，包括施动-受动）。但在我的用法中，它是用来描述关系状态的，是面向真实他者的，而非对内部客体的表征。

正如我在这里建议的那样，我们可以从发展的形式和功能两个方面来看待这一位置。第三方位置作为一种形式，既指明了一种关系，也指明了其组织原则，它超越了分裂或二元论。这种关系或原则的功能是，作为与他者合法联结的基础，使我们能够承认他者，摆脱控制和服从的倾向。形式和功能的结合发生在第三性或共同创造的各种现象性经验中：共享状态、协调、通过匹配的特异性承认他者的心智（Sander，1991）、理解和协商差异——这些都表达了分化而不极化、联结而不抹杀差异的位置。

我们可以想象，第三方的位置起源于相互适应，起源于母亲和婴儿之间的协调与适应系统（Sander，2008）。简单起见，我称之为节律第三方（见第一章）。起初，我试图用"三中之一"来概念化这一位置，其意思是一种基于承认或"调协"的共同的和谐的创造（第三方）。我们可以想象一种节律——从照顾者对婴儿最早需求的承认和适应到喂养和抱持过程中不断演变的相互适应，它为共享意图（Sander，1995）和交流的出现提供支持。节律第三方的建立基础是积极的情感状态或注意的共享以及行动（如凝视、点头、向内或向外倾斜、发声、基本动作）的有意协调——它们在程序性维度上支持承认过程。节律第三方为相互作用创造了基础，使婴儿能够以更为分化的方式影响他者并由此来调节自己的状态，从而行使能动性（Sander，1991）。也就是说，我们的行动是否具备有意图的影响以及是否被承认为有意图的，是至关重要的。

如果一致性和节律第三方的发展进程足够好，它们就会产生程序性互动的稳定表征——（积极相倚的）预期模式——"我们的第三方"。行动可能匹配或违反这些模式，但明显较小的违规行为随后可能会返回预期，其本身会成为可预期的模式，这意味着在更复杂的层面上进行重组（Beebe & Lachmann，1994）。在中断与修复中，二元体可能会找到一种特定的校正形式。依赖性中的安全关系被称为依恋关系（Ainsworth，1969；Bowlby，1969），它对我们的临床理解至关重要。依恋关系取决于是否可以依赖这种协调与适应模式，以及它们是否由控制或对需求的反应构成，是否被令人兴奋的新奇事物或破坏性的方式所打破。当然，所有这些都会影响二元体的唤醒水平或相互情感调节。

这种不断调整的结果有助于构建我所认为的人类关系中的合法性，即承认的节律。在这里，我所说的合法性中的"法"不是禁令或法令，甚或外显的规则，而是在情感和感觉运动交互水平上可靠的模式及连贯的二元体组织的质量（Tronick，2005；2007），这可能被认为是婴儿对"事物的自然秩序"的观念。现在，婴儿可使用的自然秩序和系统可能会严重剥夺其能动性或使其相当痛苦。它作为一种涉及控制和病理性适应的安排，不具备用来确认一个人意图的相倚性反应的基本要素。因此，在这里，合法性意味着共享意图，这相当于婴儿的和谐存在的美学，类似于音乐和声中隐含的关系或舞蹈动作的同步性。和谐、协调的运动是严格控制和破碎（解体）的对立面，它在身体上表达了心理层面的东西。从这个意义上来说，当我们协调时，我们能够品味彼此的意向表达。

节律第三性依赖于共同创造，即通过模式的变化持续不断地相互调整，允许双方认可差异和偏差。因此，"合法世界"的表征包括共同创造中的差异与和谐。我认为，这是婴儿心智中的一个关键表征，早在他们学会讲话之前或建立符号秩序之前，这就已经是一个合法世界的基础，并让婴儿通过连贯的相互关联的感官-情感-音乐秩序来认识这个世界（Knoblauch，2000）。这不是父母的"分离法则"（Chasseguet Smirgel，1985）、父亲的法则、做或不做的法则（俄狄浦斯法则），而是"联系法则"。[①]当然，这个节律第三方将对我们以后与符号领域的关系产生重大影响。

---

① 换言之，我将"合法世界"和合法性的观点与拉康的父亲法则、父亲的"否"、禁令、禁忌和象征秩序区别开来。

情感调节与相互性

我们最初是通过婴儿研究来理解早期相互性的维度的，最近，我们对情感调节进行了理论化。在婴儿研究开始彻底改变精神分析的几年后，被引入该领域的神经科学开始证实情感调节的观点（Schore，1993；2003；Siegel，1999；Hill，2015），该观点与承认理论及依恋理论相结合。情感调节和情绪整合之间的联系似乎尤为密切。情感调节指的是保持一个既不过度唤醒也非低唤醒的范围，以便使痛苦情感和积极情感得到区分和分享。西格尔（1999）和肖尔（2003）对情绪的整合功能的阐述（Fosha，Siegel & Solomon，2012）证实了斯特恩（1985）早期的观点，并认为自体统整（Kohut，1977）来自分享和表达情感状态的能力。这一命题可以表述为：在交流行动中，他者对情感的承认促进了情感在自体中的整合功能。

从广义上讲，承认所导致的对离散的、被明确表达的情绪的整合有助于减少过度唤醒，也就是说，减少了焦虑情绪的产生，从而扩大了"情绪耐受性的窗口"（Siegel，1999；Schore，2004）。在循环运动中，我们可以说，认知、传播和交流的扩展反过来又拓宽了相互承认的领域。相对地，承认过程允许更多的情感在双方之间发挥作用，并且扩大了他们可以分享和反映的经验的范围，包括患者想要治愈，或者至少可以减少其破坏性和损害性的无法忍受的经验。因此，承认和调节是共同发挥决定性作用的。

承认和调节协同工作的命题为我们指出了另一个主体间问题：情感状态的共享是复杂的。这不仅是因为情绪本身可能超出了我们自己的耐受性——不幸的是，它可能也超出了他者的承受能力。一旦打破了耐受性的窗口，情绪就不再被（自体或他者）视为特定的情感；相反，情感会呈现出一种混乱的失调。由于没有被涵容在被明确表达的形式中，情感变得无法忍受另一个心灵，并会破坏依恋关系。它会干扰意图的相互协调，阻碍状态共享，并容易导致解离和疏离。

在典型情况中，情感可能显得危险——一般来说，说话的感觉是一种威胁，即使一个人实际上没有感受到情绪。识别出感受和情绪可能会变得困难甚至无法实现，因为正如我们在临床表现中经常注意到的那样，其传递的内容是无组织的、未成形的、亚符号的。对于无法在涵容的窗口中锚定情感而感受到无法"思考"的接收者来说，传输是太不舒服或过度刺激的。虽然特定情绪可以被鉴别为一种连贯的有组织的体验，并被分享，但它与超觉醒的分享是完全不同的。它具有传染性，但不是自愿分享的。这种体验让人感觉受到冲击，因此不是相互的，而是不对称的——这里产生了一种"有东西在使我受动"的感觉。

一个人在被认为是非我或可耻的自体状态中持有这种解离的情感，从而破坏了持续存在的"我"（Bromberg，2000）。我要补充的是，它也破坏了共同创造意义的共享"我们"。这种未系统性阐述的体验（Stern，2009）所造成的压力，在潜意识交流和解离性活现中传达出来，要求自体或他者做出承认，尽管它经常会阻碍承认。当他者能够通过理解未成形的、压倒性的、孤立的事物，即涵容来应对这种压力时，就会出现一种明显的体验，即他者作为一个独立的心灵而具有价值。这便是对他者的承认。

因此，解离和承认成为情感关系的两极——联结的正极和负极。早期缺乏承认预示着混乱型依恋和后来的解离（Beebe et al.，2010）。情感越是失调和不连贯，体验就越倾向于解离，并远离自体和他者的承认。对情感的承认越少，连贯性和涵容就越少，失调和随之而来的解离就越多。承认和调节虽然不完全相同，却是动态联结的。它们对于联结和临床上修复早期联结中的破裂或创伤而言都是不可或缺的。当出现了一种不对称的倾向但缺少反应主体的感觉时，对情感调节的关注有助于恢复承认的条件。同样，分析师在承认的失败（违背了对帮助或理解的期待）中对患者做出的认可是一种可以恢复相互调节的修复形式。

　　从承认和调节的协同关系来思考，使我们能够更好地理解双方逐渐构建节律第三方的程序性维度，并理解其治疗功能。每一种治疗关系都构建了自己的互补困境，反映了双方的依恋史。因此，每一种治疗关系都必须找到自己的第三性形式并与之交会。这些关系，无论内容如何，都会成为改变个体依恋范式的内部工作模型（这种模型可能随自体状态而变化）的媒介（Ainsworth，1969；Bowlby，1969；1973）。随着对演化中的内隐第三性的信任的增加，共同的失调会得到缓解，而情感共享区域会被创建出来。这可以转化为患者依恋范式的内部工作模型及他们对他者的表征。通过这种方式，相互承认就可以将之前未联结的、解离的经验联结在一起（Siegel，1999；Bromberg，2006；2011；Schore，2011）。

母性主体性与分化第三方

　　虽然我通过观察早期的调谐二元体来阐述节律第三方，但我最初是通过关注母亲的主体性而观察到分化第三方的。出于这个原因，我最初将这种分化的位置描述为"一中之三"（Benjamin，2004a）——如果我们将过去所谓的"同一性"视为一种类似于联合体（union）的和谐模式，那么这个第三方将分化为创造这种模式的两个合作伙伴。第三方的观点融合了对母亲和婴儿创造相互调节模式的不同部分、不同需求、不同感受的承认。而这种差异是承认他者是一个有自己心智和观点的人的基础。

　　母亲从一开始就很好地将这种觉察牢记在心中。但随着时间的推移，每个人都会做一些不同的事情来让它发挥作用。母亲主要负责让它工作，为婴儿的行动搭建支架，而婴儿则需要"一起玩"。协调和共振工作不仅需要双方相互匹配，感觉"合而为一"还需要分化第三方中对他人活现的独特角色的觉察。这种基于承认差异的对他者调节的过度关注是母亲不对称责任的特征。

虽然发展理论在考虑婴儿需求时理所当然地考虑了对这种不对称性的觉察，但我们在这里思考的是它如何出现在母亲心中。对母亲来说，她在她和婴儿正在建立的共享第三方中的位置来自她心中对这种关系的表征——它是什么，它应该是怎样的。这或许表达了第三种位置或动力学位置，替代"为你或为我"、控制或服从（和牺牲）——无论从分化第三性还是互补二维性的角度来看。重要的是，母亲是否具有一种相互性的体验来帮助她理解婴儿的角色，承认其正在萌发的主体性，以及她是否能够承认婴儿的反应——即使其反应没有她的反应那么明确和偶然——因而鼓励婴儿的能动性和共同创造，而不是为了满足她对秩序的需要而简单地试图将婴儿作为客体来管理，或反应性地适应行为的不可预测性、内部混乱和损耗。

提供承认的能力不仅取决于共情或调谐，以及她与她能认同为"相同"的事物相联结的能力，还取决于她同时区分他们非常不同的身体状态以及自体调节和抚慰的能力。如果没有这种区分能力，母亲对痛苦（僵硬、号叫、做鬼脸）婴儿的认同对她来说可能是压倒性的；她对安慰和被安慰的焦虑可能会影响对差异的承认。她的反应可能是分裂或变得僵硬、高度唤醒或停止运转，以及明显解离。在保持她自己的自体调节和学习阅读婴儿的特定交流动作和声音并做出反应之间存在着一种协同关系——帮助她调节婴儿的状态。这一重要但通常被忽视的了解差异的能力，取决于母亲镜映的质量、调谐，以及由此产生的相互承认或第三方。

我们（包括我们当中的母亲）希望好母亲不仅要尽职、服从、牺牲，还要支持游戏的相互性，并且允许每个人都有某种能动性的差异化的情感联系。此外，母亲应该能够将自己分开，并向婴儿展示符合其需要的一面。她应该能够关注自己的注意力，融入婴儿的兴奋——即使在她整晚都睡不着的时候（当她意识到自己的不同需要时）。一个母亲是如何以斯洛克韦尔（1996）所说的方式做到这些的呢？（抱持，为相互冲突的欲望创造心理空间，在多个自体状态之间移动——这样责任就不会损害她自己的活力和共情。）我们将很快深入探讨这个问题。

现在，让我们认可这一点：不对称的抚慰责任为婴儿的行动搭建支架，让双方共同创造节律，并对母亲管理自己的焦虑和冲突提出了挑战。满足这一需求进一步阐明了分化第三方的功能，即理解多个心智、需求或观点的存在。母亲必须能够与不止一件事或一个人联结，例如一次与不止一个孩子联结。一个必要条件是，认识到她自己的需要和婴儿的需要都是合法的，但知道谁的需要是第一位的。这让母亲能够理解婴儿在半夜的哭声，而不是承受一种"受动"的被迫害体验，服从于"暴君"婴儿。这就是婴儿，就是"它应该是怎样的"，而不是她在睡眠不足时希望怎样。[①]

母亲如何保持自己的善良感和自体调节与她对理想和现实之间差异的容忍交织在一起。我们应当注意，这种对必要性和差异的接受（对多元性的坚持）与第三方的关系取决于自体调节和促进令人满意的相互调节模式的能力（Beebe & Lachmann，2002；Sander，2002）。换句话说，母亲必须让她的孩子有足够的条理，从而能使她感觉到自己可以抚慰和平息这个孩子的痛苦。当然，她做这件至关重要的事情的能力取决于她是否能够在出现问题时调节自己的焦虑。在诸多相关因素中，我要

---

① 这一观点源于桑德将母性二元体视为相互适应的系统。他的视角启发我将第三方这个观念构想为双重方面——既适应又分化。桑德的研究表明，婴儿如何通过夜晚来适应睡眠，取决于母亲如何通过按需喂食来适应他们。我用它来理论化节律第三方，即一方的适应引发了另一方的适应（Benjamin，2002；2004a）。然而，正如我自己在夜间喂养一个（被打乱了昼夜节律的）新生儿的痛苦经历所显示的那样，建立这种节律第三方需要母亲自己与分化第三方的关系的支持。

强调的是她与自己的理想的关系——能够容忍她自己和她孩子的弱点。因此，她的调节取决于我们所认为的心理动力和性格属性，它们可能（可能不）让她接受冲突、多样性和失望。这些影响了她对理想的坚持程度、对良好母亲的个人"信仰"，以及当她没实现这些理想时是否会解离或分裂。她对善良的观念可以引导她平衡自己的认同与婴儿的情绪状态，并保持自己的心智；但这种观念也可能规定严格的要求，使她更加迟钝和焦虑。母亲的一些"信仰"使善与恶两极分化，并且否认了她与婴儿之间的冲突，而另一些则更富有同情心、更灵活、更乐观——这些共同构成了母亲与分化第三方的关系。

我们可以看到，母亲是如何通过分化能力来实现自体调节——即使它与适应他者的节律相关——从而创造相互调节的。节律第三性和分化第三性同样有助于协调事物的现状和我们理想中的事物状况之间的冲突，这是表达中断与修复关系的另一种方式。保持差异的能力有助于解决失调情况并防止完全破裂。例如，在早期面对面的互动中，调谐和适应取决于母亲对差异的接受程度——当婴儿注视或倾斜时，她能够后退并降低或停止刺激，并且能容忍她最初的意图和婴儿的反应之间的差异，她可以将婴儿目光的转移解释为婴儿自己需要降低刺激，而非拒绝；当她适应婴儿的节律时，婴儿便对他们共同的节律做出了贡献。接下来，婴儿不必像母亲希望的那样做出准确的反应，以使其放心；母亲也不必对婴儿做出准确的反应。两者都在通常的第三方匹配的最佳范围内工作（Beebe & Lachmann，2013）。因此，建立节律第三方取决于母亲的分化第三方，就像分化取决于节律协调的调节功能一样。作为满足了她的"小伙伴"需要的"回报"，母亲可以分享高强度的情感、快乐、游戏，并且感到能够安慰和抚慰。

分化第三方是一种位置，它有助于提高反思意识、观察和思考差异的能力，所有这些或多或少都可以以符号作为中介（Aron，2006）。这种位置经常被理解为符号功能。在我看来，将其称为符号第三方似乎更合适。然而，我相信，差异是最重要的特征，它是一条贯穿我们在前语言、原始符号和符号语言交流中创造的承认的线索。我没有对亚符号程序关系和符号关系、内隐关系知晓和外显言语交流进行切割。我建议对构成第三方位置的关键要素进行类别区分：创造和谐、适应和联合，接受差异、分歧和对立。总的来说，对心智领域中其他主体的承认的关键在于，认为他者是一个与自体相似但又不同（非自体）的感受自主体。

分离的主体，共享的现实

是什么允许个体与他者共在且共享现实的位置，却拥有自己关于共在的单独体验？在温尼科特的理论（Winnicott，1971a）中，这就是母亲的"破坏中的存活"：面对孩子对控制或绝对独立幻想的断言，她坚持下来而不崩溃或报复的能力。这创造了一种共享的外部现实感——不同于个人幻想控制下的客体的内部世界。温尼科特（1971a）认为，这与孩子发展"使用客体"作为外部他者的能力直接相关。这种能力取决于承认所爱的客体"本身就是一个实体"。这意味着客体（他者）"被客观地感知，具有自主性，并且属于'共享的'现实……主体在感受其自身外在性的时候创造了客体"（Winnicott，1971a，p. 105）。

这种作为外部他者能够影响母亲变化的体验，与好客体的幻想截然不同。它超越了镜映，因为它意味着冲突或挑战，需要通过重新承认两个不同的心灵来协商（Pizer，1998）。作为联结的一部分，这是分化的基本经验。

我和主体间系统理论家的主体间性观点的主要区别就在于这种温尼科特式的承认观。对他们来说，主体间性的概念不是指相互承认的潜力，而是指相互影响的事实（Stolorow & Atwood，1992）。他们将承认他者独立的能动性中心和创造者身份与镜映混为一谈，并且认为孩子将母亲视为独立心理中心的观点意味着孩子向母亲提供对称的镜映（Orange，2010）。事实上，在阅读了黑格尔的作品之后，我意识到母亲的分离给孩子的能动性和母亲的责任赋予了一个全新的意义，比如，"你的承认现在对我有价值，因为你的独立确认了我的独立"。当母亲（分析师）在孩子（患者）突破极限并否认其独立存在的破坏中存活下来时，她仍然负有一部分责任。在这种背景中，承认的相互性被理解为每个伙伴在他者的影响下存活并被他者改变，而不会分裂或抹去自己的主体性。这与简单的镜映截然不同。

在分析中，分析师认可、准许奥林奇（1995；2011）所说的"错误"的行为创造了一种存活形式、一种可以理解的关于独立完整主体性的声明。存活意味着分析师没有被强迫，其认可不是被索取的，而是被自由给予的。因此，患者可以感受到自己对破坏的幻想与现实发生了冲突，继而将投射和对报复的恐惧与他者的真实行动分离开来。这就是患者承认分析师在其心灵之外独立存在的意义。

在这种重复迭代中，对分析师或其他任何人的承认不是一种可以面向另一个人的需求，而是一种可以自由涌现的需求。当然，分析师的任何需求立场都会与第三性相反。可以肯定的是，这可能发生在互补性分裂的时刻——分析师可能会向患者施压，迫使其接受自己对现实的看法。但正如我们所看到的，在破坏中存活后的承认与必须顺从或修复他者恰恰相反。当孩子（患者）发现母亲（分析师）能够存活下来时，母亲就变成了一个人——让孩子可以无偿地从她那里获得真实的东西，而不牺牲自体感觉真实的东西。因此，两种不同的现实都可以存在；两个心灵都可以活下来。一个能够避免服从而不进行报复，能够自我反思、自我调节并主动做出反应的他者（分析师），既不是控制的，也不是被软弱包围的；既不是负担，也不是傀儡。

认可、标记和涵容

在母亲如何承认孩子的主体性方面，母子关系也是不对称的。这主要是通过母亲与分化第三方的关系发生的。在这个过程中，母亲的分离觉察实际上可以提升她对遭受失望或分离痛苦的责任。她在尊重、共情地承认孩子的痛苦的同时，可以保持这种觉察。我认为，母亲与第三方的关系影响了一种被称为"标记"的行为——一个调谐的母亲将添加一个便于区分的姿态，使她在痛苦或沮丧的时刻既能共情又能缓解婴儿的痛苦——以表明她自己没有失调。杰尔杰伊（Fonagy & Target，1996a；1996b；Fonagy et al.，2002）的标记概念，基于对母亲对痛苦婴儿的行为的研究，阐明了母亲通过姿态与婴儿沟通的重要性。"标记"意味着母亲识别出婴儿的痛苦，她甚至可能会感到痛苦，但她没有失调。她通过夸大对婴儿痛苦的反应来做到这一点。"哦！"妈妈做着鬼脸说，"这真是一个令人讨厌的抓伤，好痛！"这种镜映可能发生在母亲更容易理解的背景中，比如"大狗很可怕，但是，看，妈妈不害怕"，或者，当母亲下班回家看到孩子在抗议时，她可能会用它来分化情绪，而她能够涵容这种感受——通过调整她的表情来提供安慰和抚慰，即使她自己有点儿烦躁。

这种分化认可的形式传达了积极的双重信息，因此体现了第三种位置。它不仅能抚慰婴儿，而且在程序性层面上构成了早期形式的原始符号沟通。值得注意的是，分化在早期程序性互动中与在后期符号化进程中一样重要。婴儿开始学习到，不同的心灵看待事物的方式有所不同。事实上，他在了解其他心灵是如何工作的。福纳吉和塔吉特提出了心智化的观点（Fonagy et al.，2002）。理解其他心灵是独立的、不同的、能够被信任的（因为他们可以识别出"我"的心灵），这是分化第三方的重要组成部分。

关于母亲的标记或分化的认可与比昂（Bion，1962a；1962b）语言中的涵容现象——婴儿的痛苦和挫折（比昂称之为原始 β 元素）被母亲的幻想转化为符号化情绪（α 元素）——相同或相似（Ferro，2009；Brown，2011）。在情感容忍范围内提供的对痛苦感觉的认可，可以成为最终的符号化或 α 功能的基础，即对缺失或感觉错误的内容进行命名。标记和涵容概念的共同点在于，强调了节律的分化元素的重要性。

我们可能会注意到母性功能的概念化与它对关系互动的影响的一致性——通过匹配特异性进行标记、涵容、承认（Sander，1991），以及情绪整合（Fosha，Siegel & Solomon，2012）。尽管"承认"（尤其是对发生在感受层面的事情的承认）的分化姿态始于程序性标记，但它也为评论以及情感事件的象征性表达铺平了道路。孩子能够利用母亲标记和叙述的这种体验来鉴别自己的情绪，并以更具分化性的方式进行沟通。

另一方面，当缺乏标记的母亲对婴儿的痛苦无法做出反应或因此体验到自己的失败时，我们推断婴儿感觉到了错误。母亲的失调转化为婴儿的幻想——母亲被他的痛苦和对爱的需要"破坏"了。"每当我哭泣或大惊小怪时，母亲就会消失在紧闭的门后。"这样，就产生了破坏性的感觉，就像克莱茵（1952）所描述的那样，把母亲降到了"消解状态"。克莱茵将大部分原因归结为婴儿的攻击性，但也注意到外部客体的状况起了作用。他者分裂的感觉导致了一种破碎或碎片化的自体感；不仅如此，它还表现在世界分裂、破坏或破碎的愿景中——世界似乎是不连贯的，其意义是不稳定的。这就是说，不仅是"客体"母亲被破坏或变坏了，而且自体为此感觉到破坏性和内疚。"世界本身已经变得难以预测，它的善良被破坏，它的领土充满了陷阱"，这种感觉就像"人是疯狂的，生命是危险的"。

对破坏的真正修复不能简单地从内部进行。正如克莱茵所说，自我对它所造成的破坏感到恐惧。如果没有关系的修复（没有与母亲或后

来与分析师一起治愈破碎的第三方的经验），世界本身就不完整或不合
法。因此，这就是一个破碎的世界。对自体、母亲、关系和世界的必要
修复需要对方的承认。这是另一种形式的依赖，即对他者在行动中的承
认的依赖。

道德第三方

我们需要进一步思考：我们所说的关系修复是什么意思？承认如何
在创建一个连贯、合法的世界的过程中发挥作用？共情调节的认可、对
痛苦和中断（预期受到的破坏，以及婴儿肉体受到的许多小侮辱）的标
记，引发了我所说的道德第三方。道德第三方依靠节律和分化，对"是
什么"和"应该是什么"之间的差异有了具身化的承认。当孩子受到侵
犯的对事物自然秩序及合法世界的意识得到恢复时，这种承认就产生
了。道德第三方是通过承认发展起来的，它对之后的共情失败和创伤来
说至关重要。

母亲的标记有助于道德第三方的形成，这也可以被视为她对她的
前语言期婴儿的持续性叙述的特征之一。例如，当出现推挤、刺耳的
声音或其他意外干扰时，母亲会说出伴随的画外音："啊，这太颠簸
了！""哦，太冷了！"母亲表达了对合理分享预期的感觉。道德第三
方的形成不仅取决于可预测的期待，而且取决于经过修复和纠正已被确
认为"已更正"（made right）的东西。

从婴儿（患者）的角度来看，认可确认了错误、不一致或不和谐的
存在——即使它们不是那么严重，也需要补救。纠正错误就像创造美或
和谐一样，是一种动机。含蓄地说，母亲对预期和违规的肯定表明了她
对能够纠正事情、协调不同步的事情、分享损失和失望感的信心。这种
对中断、注意力和反应的缺失、解离和错过的相遇的承认，在分析中也
是必要的，甚至是更明确的。

　　早期和谐反应关系的经验以及对中断的可靠认可和修复是建立道德第三方的基础。和谐可以被视为合法性的节律的表现。合法世界的心理结构是一个与第三方观点密切相关的概念，该概念产生于破裂和修复的程序性行动，这种程序性行动是外显的、符号化的，也是修复和承认不同观点的基础。这种结构来自我们所依赖的人的反应和自我纠正，而不是对想象一个完全可预测及可控的宇宙的需求的满足。

　　这就是相互性进入画面的地方：互动得到修复的一个重要结果在于，婴儿自己涌现出能动性的感觉和对母亲的影响。母亲对婴儿带来的影响的反应又证实了相互性的经验：婴儿似乎在促使母亲发生改变并随着自己的变化做出调整。母亲不是唯一的推动者。此外，母亲需要这种互动来确认她的调整。从发展的角度来看，这种影响增强了信任感和安全感，而这种信任感和安全感始于母亲对婴儿哭声的承认。回想一下，母亲对婴儿的痛苦的反应（Beebe et al.，2010）是安全依恋的预测因子，在实践中表达并传递了一个合法、有爱的世界的原则：在一个自体具有能动性和影响的合法世界中，我被你以一种确认你有一个像自己一样的意识和心灵的方式加以承认。

　　此外，认可婴儿的不适或痛苦意味着母亲尊重她的孩子并将其视为一个值得照顾的独立身体。在合法世界中，你可以信任他者的保护，这与承认孩子的价值或者人格尊严（从一般人的角度来看）有关（Bernstein，2015）。这种尊严与自体统整有关（Kohut，1971）。有了这样的道德第三方的经验，一个人可以很好地衡量自己和他者的行为，从而在世界上有一个存在的行动平台。通过关心他者的可靠性，自体统整（存在）的感觉、自体和他者的价值以及能动性的经验得到了统一。

　　相互性从何而来？如果母亲的反应过于不对称、感到被迫或不愿意，或者过于被动、紧密匹配和僵硬，那么给予者和接受者的互补性就没有给婴儿的反应和能动性留下空间。母亲的适应只有在离开服从或控制的互补位置，并且不是出于焦虑的完美主义、责任或牺牲，而是出于她对孩子——一个有知觉的、需要她认同其需求并与之调谐的孩子——的真实体验时，才有助于创造出第三方。这使她对第三方的接受成为一种深刻的顺应体验，而不是服从体验。正如在情欲中一样，顺应第三方涉及放弃对自体的一些控制，并且通过交流来享受我们相互影响的转换效果，即"你改变我，我改变你"的主体间第三性。顺应为相互性创造了空间，即使这个空间是不对称的。

为了使抚慰和调节的不对称责任不仅是遵循规则，也不仅是"我为你做这件事"，母亲必须练习从抱着婴儿的身体、看着他的眼睛、配合他的微笑和笑声所带来的快乐中汲取活力。否则，照顾和责任的体验就会与承认他者作为自主体、创造者和反应者的感受发生解离。因此，道德第三方的位置，无论听起来多么抽象，都不是一个单纯的"理性"的位置。它建立在两个心灵的具身联结中。

在创伤的精神分析治疗和社会治疗方面，道德第三方的愿景在见证违规行为以及恢复破碎世界的某些合法性的背景中得到了应用。总的来说，承认每个人的人性（与非人化相反）是我们认可苦难的位置的伦理基础。在见证和确认所发生的事情时，我们再次声明，受害者值得被倾听，值得拥有尊严；他们的痛苦和合法世界的关怀保护应当得到承认（Gerson，2009）。

接下来，我想描述第三方发展观对精神分析实践的一些临床意义。我将回到与临床认可相关的主题：对患者遭受的疼痛、痛苦、创伤和侵犯的承认方式。我认为，承认的发展模式构成了对自体和他者之间的侵犯进行的心理修复，并且在某种程度上有助于应对之后生活中的痛苦。

责任、脆弱性与分析师对变化的顺应

如何更换灯泡：临床意义

老问题：换一个灯泡需要多少个分析师？

老回答：一个，但灯泡必须想要被更换。

新回答：一个，但分析师必须先做出改变。

正如我们在关系实践中所了解到的，也正如斯莱文在20年前从根本上阐述的那样（Slavin & Kriegman，1998；Slavin，2010），"分析师需要改变"。这就是他者可以带来的不同（Benjamin，1988）。"先行一步"，顺应优先，即首先放弃我们自己的自我保护立场，从对方的角度倾听对方对痛苦或恐惧的表达，这体现了分析师对不对称责任的假设（Benjamin，2004a）。然而，有些患者喜欢先于我们行动，在我们意识到这些之前做出改变；然后，我们努力追赶，识别出他们对改变我们的共享动力关系的贡献。当然，有时我们似乎只是步调一致，一起行动。

值得注意的是，关系转向表明了被他者改变的重要性（Slavin & Kriegman，1998）——如何使温尼科特提出的在破坏中存活的图景复杂化；通过修正温尼科特的观点，我们确认了麦凯（2015）的观点：对分析师而言，"在性格上"做出改变相当重要。存活需要分析师被改变，以使患者对其影响及适应变得明显。此外，我们强调，分析师在成功做出反应之前，往往会失败。这种反应使患者看到，分析师独立于他的投射而存在。因此，一方面，我们强调分析师在协调与适应、认可和修复破裂的意义上的变化；另一方面，我们注意到分析师的失败和错误承认将如何挑战患者。分析师必须能够忍受中断或破裂，以便更好地利用主体间的联结。因此，我们在科胡特对修复共情失败的原始理解中加入了一个概念：在这种时刻，分析师的主体性开始发挥作用，并得到了承认（Magid & Shane，2017）。如果我们承认双方都面临着"以适当的方式改变"的挑战，我们的理论就抓住了对他者的不对称责任和共同创造"我们的第三方"的相互性之间的张力。

尽管如此，分析师是这一过程的监督者。就像母亲通过共情和标记来承认痛苦或抗议一样，当张力增长时，分析师通过混合着节律和分化的方面来提供认可。在确定共同的节律或差异标记是否需要更加突出时，我们当然利用了自身主体性的不同部分。我们的反应因不同的互动内容和对象、自体状态、个体，而有所不同。这也是一个程序性的试错过程——以内隐知晓以及我们的反思为基础。这一适应过程涉及伊普和斯莱文所说的达成共情（achieved empathy），它超越了调谐，并随着时间的推移而演变，"取决于特定的精神工作……一起进行深度加工，使分析师和患者不同的自体状态同时处于张力之中"。在关系上达成共情取决于患者的参与。由此，治疗师能够达到不同类型的知晓，开始与患者一起感受到并说出早期关系中的错误。

关于我的患者温迪，我注意到我对她痛苦表达的共情似乎并不平静；我必须找到一种方式，让她告诉我感到有什么不对或无助。一段时间后，温迪能够告诉我，当我想见证和证实她的痛苦时，她变得害怕了。事实上，她似乎识别出了什么问题。此外，"错误"意味着她受到了不可挽回的损害。这意味着，她永远无法摆脱痛苦。在恐惧的持续存在中，我对共情的表达被感受为不充分的标记，进而成为她的恐惧的一面镜子。由于她无法得到我的保护，她通过无视自己的感受和我的反应来寻求保护。我只能不断地在试图与她调谐和被她轻蔑地推开时的自体调节之间徘徊。根据她的故事和我们的互动，我推测，温迪的母亲非常焦虑，情绪失调，无法安慰她，且害怕照顾婴儿。在我们的重构过程中，她的母亲似乎处于一种摇摆不定的状态——摇摆于对孩子的感受做出轻视反应和提出自己获得关注的要求之间。

起初，温迪的批评在程序性上似乎只是婴儿尽可能远离母亲，如哭泣和推开。但渐渐地，当我邀请她反馈时，她开始指导我。她认为，我应该做些什么来满足她真正的需要——通过夸张和鼓励的反应向学龄前孩子表明一切都很好。标记越多，安慰就越少。她之后变得越来越有创造力，甚至为我创造了一个叙事解决方案，展示了她称之为"坚强的妈妈"的角色。这可能是某个电视角色的衍生角色。这个角色很有同情心，但很务实且幽默，她断言："生活很艰难，女孩，但你知道每个人都有自己的破事儿要处理。"这种讽刺的语调暗示了"妈妈"在不可避免的痛苦中存活的经历，这种对称性减少了她的羞耻感，同时证实了连贯的世界仍然完好无损。我用讽刺的方式向她展示了害怕的孩子的一面——既没有分裂，也没有报复。

一旦我在程序性上表现出我的理解，并尽我所能让自己听起来像"坚强的妈妈"，温迪就可以用一种方式表达她的恐惧，让我们一起体验她对某些严重错误的恐惧。我们开始看到，我的反应需要通过姿态体现出差异感，因为她担心我（作为母亲）会与她的恐惧融合，因焦虑而分裂，变得混乱。这反过来会导致她失去自体统整。此外，如果她是安全的，我早就知道了。渐渐地，我们可以看到，任何表明"我不知道"的迹象都会让她感到害怕，并引发不信任和批评的反应。

温迪早期的要求让我很难忍受——与她的观念保持一致，就像去匹配一个孩子画出的黑白的棒状小人，成为一个没有危险情绪的标记母亲。可以让她扩展内心世界的空间很小，这也限制了我们游戏的空间。但是，当我接受她的建议并将之视为一种能动性形式和真正的贡献时，当我配合一个小小的幽默标记让她放心时，当我做得不对却不对她的抗议形式感到愤怒时，我就开始完整地从她的压力重重的愤怒状态中存活下来。我们为这个"吝啬女孩"取了一个名字，她对自己和其他人都很挑剔，并且预期我要么破碎要么生气，这是对一个让温迪感受到破坏性和孤独的母亲的反应。有时她会顺应，并且表示希望我能以另一种方式存活下去。当我这样做时，她会感激我。

我的另一个患者吉娜面临着一个完全不同的困境。她的母亲是报复性的、控制性的，有时是暴虐的、压倒性的，此外，还是反应迟钝的、疏忽的。吉娜想让我向她展示一个受惊的孩子的自体状态，我真的被她的痛苦触动了。她正在打量我的脸，观察我的情绪，寻找我与她认同的迹象。我将她的情绪困扰程度与我的脸、声音以及话语相匹配，戏剧性地表明了这样一个事实：我并非无动于衷，实际上，我与她的痛苦毫不疏远，也没有将她排除在我的心灵之外。吉娜寻求的反应需要被夸张，这样不是在要求分化，而是在要求用明显的情感做出确认：我知道她的痛苦是真实的，也知道坏事确实发生了。我认可她遭受了许多侵犯和痛苦，这将使她感到宽慰。

吉娜一再重申，她想被紧紧地抱持，但让她焦虑的是我们之间的不对称因素，这可能意味着我只是在观察，遥远而冷静。她渴望的是节律，而不是分化。理想情况下，对她来说，这种感觉应该是相互的：我应该像她一样希望得到安慰。由于我们的角色是不对称的，我们的目标应该是协调和感受到一个考虑她的痛苦和需要的心灵。矛盾的是，允许她提出这一要求（我不能总是满足）能够缓解她的焦虑；我可能会认为她的紧迫感是暴虐和苛求的，而这可能会导致我自我保护地接近她的绝望，拒绝所有关心和关注。我表达的共情和明确的认可让她放心——她的需要没有被认为会引起敌意和破坏性，即使我只是偶尔带着自发的保护性感觉与它相遇。由于吉娜相信我愿意为她"改变"，她越来越有可能考虑到并清楚地表达出自己对因要求太多而受到惩罚的恐惧。

然而，我需要作为一个独立的人存活下去，这最终设定了一个限制。我对她塑造我们的过程的需求做出反应的能力与日俱增，而这需要与我区分恐惧控制的能力保持平衡。做到这一点并不容易，当顺应逐渐走向互补的默许时，我发现自己被她的紧迫感压得喘不过气来。我也意识到，当我通过对压力做出模糊的反应来完全真实地镜映她的感受并将所有差异都排除在外时，这代表着我处理她的怀疑和恐惧的方式。因此，当互补反应加剧、适应转向服从时，我感受到了中断的不可避免。我的内疚感油然而生，我害怕吓到她，努力消化来自她警惕的部分的解离压力，而不是真正感受到她要求我与她一起感受的痛苦——我对背叛十分警惕。当这种紧张出现在我的表情、声音和话语中时，吉娜要求知道什么是错的，以及我的真实感受。她宁愿选择面对真相，也不愿被独自留在黑暗中，隐约感觉受到了威胁。在这种冲突的时刻，我们可以探索需求背后的情感及影响我情绪和反应的无法言说或无法表达的焦虑（Slochower，2006；Stern，2009），因为吉娜的一部分知道，只有她承认我的反应及她在其中的一部分，我才能诚实地继续承认她的反应。

温迪和吉娜的背景都是无助和普遍缺乏安全感，这使她们对影响我的行为产生了极大的不信任。对她们来说，问题在于，引起安慰或反应的尝试是否会适得其反，导致更多的中断（Schore，2003）。我对这种行为（不是试图控制我，而是需要认清是什么导致了恐惧，并且让她们的能动性得到承认）的反应越多，我们就越不容易陷入互补。但在活现的时刻，她们的焦虑或我的反应一旦要求我们对破裂的修复进行协商，我们就会对与母亲的原始互补困境进行模拟。接下来，我继续在活现中引出她们的意见，而不是期望"自己解决"，以使她们的努力更有效地为建立"我们的第三方"做出贡献。正是在修复破裂的过程中，我通过对警惕背后的欲望或意图的承认，将对道德第三方的责任的不对称性和她们所作贡献的相互性联系在一起。

重访顺应和第三方

我的第三方理论是在反思这种分裂和僵局后发展起来的（Benjamin，2004a；Aron，2006）。到目前为止，我在本章中已经探讨了第三方是如何运作的，但很少提及第三方的瓦解和随之而来的抛弃、伤害、被排斥或封闭的恐惧，也没有提到分析师对在自己的私密空间中发现恶魔的恐惧，这种恐惧与黑暗降临在育婴室时母亲的可怕一面有一些关键的相似之处（Kraemer，2006）。在这里，顺应于对被承认的渴望遇到了照顾无助的婴儿（脆弱的病人）的责任引起焦虑的现实。对创伤严重的患者来说，中断和修复的分析过程可能会让分析师面对自己不够善良的一面，以及母亲对不足和破坏性的恐惧（Kraemer，1996）。当黑暗降临在咨询室时，过去的客体的阴影笼罩在所有在场的人身上，我们发现自己遇到了修复失败的经验的幽灵。

认可的形式构成了见证过去的伤害，让我们在程序性层面上受到患者反应的引导，并且很可能是由承受这种伤害或失败的感受所决定的。顺应第三方是一种接受的行为——放弃我们的自我保护，转而倾听他者的痛苦。然而，顺应不是服从（Ghent，1990）。顺应作为一种与第三方的联系和强化我们之间的第三性的促进行为（Benjamin，2004a），对分析师来说是一个复杂的问题。一些人将根特的观点转化为实践，让分析师先行一步，从而促进患者的顺应（Benjamin，2004a；Orange，2011）。这些人最好回想一下，根特的观点是，个体想要"坦白"，放弃防御以暴露脆弱的真实自体，了解他者，同时被他者了解。正是因为这种想被他者了解和想了解他者的愿望无法得到表达，个体会被视为受虐狂。从本质上讲，根特将相互承认与顺应的结果联系在一起，但他知道这很容易表现为服从，即使是在分析师身上。事实上，从费伦齐和拉克尔开始，分析师在如何避免从施暴到服从的反转方面的困惑已经笼罩在我们对相互性的矛盾心理之上。在僵局和活现中，找到一种方法来协调顺应，而非服从于他者用他们的现实取代你的现实的要求，这对于分析师来说可能是相当困难的（Pizer，2003）。

实际上，正是为了达到这一目的，我开始反思拉康（1975）关于第三方的观点（Benjamin，2004a），即在涉及服从和解离的僵局和互补对立中找到顺应的位置。第三方将我们的关系与想象中的杀或被杀的关系区分开来。黑格尔将其描述为一场斗争，在其中，失败者用被奴役代替死亡，而胜利者获得自由和统治权。最近，我提出了这种互补对立的表述，在这种对立中，每个人都通过加强或捍卫自己的现实来争取承认，而不承认他者，这与"只有一个人能活"的幻想相对应（见第七章）。承认理论的一个部分是阐明这种分裂背后的动力，并为克服这种互补性的第三方位置创造物质和心理条件。

与我们对母亲和分析师的理解相关的是，无意识地想象出"只有一个人能活"的世界可能给不对称带来阴暗面。这可能与顺应转变为服从的趋势有关：在反应性自我保护中，服从要么被接受，要么被防御。"只有一个人能活"的幻想可能会在潜意识中依附于母亲的"牺牲"和"善良"的概念，并由此延伸到母亲在分析中的位置。孩子或脆弱的患者似乎只能以牺牲母亲或分析师为代价生活。在不牺牲自体的生活的情况下，如何保护或拯救易碎和脆弱的他者的生活？这一问题在理论上饱受争议，有时在实践中也令人痛苦。

在一个与残酷和痛苦有着真正对应关系的心理世界中，绝对自体以牺牲他者为代价建立自己。面对这样一个世界，一些理论家接受了列维纳斯的观点，即对大他者的不对称责任是一种解药（我们必须进一步考虑这个观点）。他的哲学在接受大他者痛苦的、绝对的、不对称的责任的行动中构成了伦理主体。这已经被当作承认观点的替代方案和解决自体与他者之间关系问题的方案（Oliver，2001；Butler，2004；Orange，2011）。然而，我想指出，通过对责任的理论化来反对承认和相互了解的互惠，最终与实践经验相矛盾。实践经验表明，互惠回路对于维持第三性而言是必要的，这反过来又有助于涵容我们在面对他者的需要时的一些复杂感受。

让我简要地说明一下我认为该如何解决这个问题。奥林奇（2011）受到列维纳斯的启发，为分析师勾勒了一种伦理，即大他者的痛苦优先于自体，这违背了精神分析的经典主题。当自体被想象为孤立的笛卡尔心灵时，他是不按指令行事的行动主体，是不被知晓的知晓者，并且能够抵抗他者的影响。相对地，当自体顺应时，在列维纳斯对"我"（宾格）的表述中，他允许他者的痛苦超越他，接受他者痛苦的影响，并且放弃了对他者的经典"我"（主格）的知晓、标记和客体化。这一反转是一个至关重要的举措，对主体间性、所有客体化和工具理性（挑战知识的统治地位）的批判而言都是至关重要的（Benjamin，1988；1997）。列维纳斯以这种方式和关系精神分析相遇了（Rozmarin，2007）。

然而，当关系精神分析的目的和我们当前对母婴关系的看法消除了互惠和承认的动力时，一个与之相矛盾的观念出现了，即提升大他者及其痛苦以将伦理主体性置于责任中。正如奥林奇所言，在面对他者和"列维纳斯式的疗法中，不对称性超越了相互性……责任往往超越了同样不可或缺的互惠……"（Orange，2011，p. 57）时，主体性实际上被抹去了。对我们来说，这意味着分析师或母亲不应该通过与他者的互惠行动来履行其角色，否则将导致给予者和接受者之间的互补关系（而不是责任和互惠之间的辩证的支持关系），其结果是阻止顺应和相互脆弱性。奥林奇将其阐述为一种关系立场。奥林奇主张"可错性"、倾听他者对现实的看法，以及一种"只有我们才有责任做正确的事情"的位置。当然，作为治疗师，我们需要向患者学习（Casement，1991），谦逊地面对他们的批评（Ferenczi，1933）——我们在某种意义上是相互纠正和修复系统的一部分。由于我们不是从事抽象思考，而（希望）是实践治疗者，我们有时需要保持坚定并在破坏中存活下来的能力，以便于我们被承认为不同的、至关重要的主体，这将比屈服于（bowing down to）他者的痛苦更有帮助。除此之外，患者还能如何体验到目前认为在治疗和早期母婴互动中至关重要的相互性呢？

正如列维纳斯在某些关键段落中的呼吁所暗示的（Baraitser，2008），承担孩子痛苦的"牺牲的母亲"的形象掩盖了这种治疗理想。正如我们所知，在我们关于主体性和母婴二元体中的第三性的发展理论中，有一个重要的相互性因素，这与在这种理想中丧失相互性是不一致的。巴莱瑟（2008）主张采用列维纳斯式的伦理作为构成母性主体性的基础，并阐明了这种有问题的对立——基于列维纳斯对陌生大他者负责的观点的母性主体性是必要的，因为母亲与作为大他者的婴儿相遇带来了损失，而且婴儿的要求是对母亲心灵的"无情攻击"。巴莱瑟对母亲（在整个少女时代都没有被婴儿包围的孤立的西方母亲）经历自体丧失的程度和母亲对婴儿破坏性的恐惧程度的承认，给我们带来了困境。

帕克（1995）讨论了母性经验的阴暗面。他基于克莱茵和比昂的传统提出，母亲在爱与恨之间的矛盾心理可能导致基于自体反思和保持对立的主体性。对巴莱瑟来说，破坏性不是像克莱茵所说的那样与爱对立，而是与责任对立。然而，责任来自什么样的心理力量或感受呢？巴莱瑟明确遵循巴特勒（2000）的观点，拒绝接受共享的生存分裂的承认形式。从表面来看，这种对分析师或母亲如何在否认中生存的理解不会认真对待破坏性，而会将其在精神世界中的作用变成"一个悲剧"。巴特勒认为，当破坏被实践为破坏性时，它就是破坏性的。但是，这种观点将真正的破坏与患者对自己否认的内部客体的恐惧幻想，或孩子对父母的挑衅考验的精神分析意义混为一谈。我认为，这是一个严重的误解。我们分析师被要求识别出患者所遭受的"真实"的破坏和虐待。然而，更普遍的是，我们被要求承认他们或我们自己在面对自己对恨的恐惧、内疚自责时，在意识到我们可能伤害自己所爱的人（包括我们的孩子）时所感受到的痛苦。我们的承诺是承认那些感觉的可怕的自体部分及其引起的羞耻感。最重要的一点是，母亲必须在自己知道拒绝或恨情绪的情况下生存。

对巴莱瑟来说，母亲没有办法像孩子那样确保孩子的生存，也没有办法保证她的破坏性幻想是不真实的，因为这些幻想会把他者看作一个可以被爱的外部存在。母亲成了这个外部存在的主体，而不是她自己的主体。母亲显然不能容忍"在幻想中破坏客体"，也就是说，她无法保持爱与恨的矛盾心理。她也不能像对待一个平等的人那样为承认而战，对温尼科特式的破坏与承认的辩证关系敞开胸怀。因此，巴莱瑟放弃了承认理论，转而在列维纳斯的对陌生大他者（母亲的孩子）的责任中让母亲成为一个伦理主体。

婴儿"无情攻击"的语言表明无助的婴儿与他性相遇，这重新激活了母亲心灵中的一种可能性，即婴儿真的可以吞噬她，或者她真的可以谋杀婴儿——在拉康的杀或被杀的世界中，"只有一个人能活"。它唤起了一种原始场景的体验，并将幻想和现实融合在"我独自负责这个生与死的情况，我必须让这个婴儿活着""要么我让你吞噬我，要么我对你的死负责"的感受中。我推测，对巴莱瑟来说，这种恐惧意味着被责任的理想所消化和涵容。"大他者召唤我来拯救她或他，使其免于死亡"这一呼吁与列维纳斯关于大他者的面孔如何命令"不要杀我！"的表述相呼应。母亲关于"你不应该杀人"的伦理主体性是对想象中的攻击和反击的一种强大的心理解决方案，这可以通过她对大他者的责任的理想来检验。

我相信这个问题实际上还有另一个解决方案，它涉及对母亲反应的不同分析。当对另一个易受伤害的人的责任打破了母亲希望看到的被自己控制的一面镜子时（拉康指出，需要这面镜子的是母亲而非婴儿），她被迫承认自己无助、破碎、气愤或暴怒、无法控制自己。攻击不是来自她的孩子，而是来自她自己。在与无法抚慰的伤心哭闹的婴儿对峙时，问题不是与大他者相遇，而是无法承认和认可"内在的他者"。正如一位母亲所说，问题不是在孩子的破坏中存活下来，也不是为了孩子而活下来，而是在知道孩子感受到"我恨你"时存活下来。帕克（1995）指出，一个人通过重新获得爱的能力并接受矛盾心理能够成长为一个更具反思性的主体，以在接受恨的情况下存活下来。

克雷默（2006）宣称，母亲对无助、脆弱的婴儿的原始和极端的矛盾心理已经导致大多数作家和思想家（包括精神分析师）变得胆小，即使是像温尼科特这样的勇者——他在《反移情中的恨》（1947）中描述了母亲的恨情绪（母亲会恨她的孩子吗？）。母亲的心理状态能够且经常会重复"只有一个人能活"的强烈互补性——在缺少道德第三方的情况下，感受到一个人必须要么被破坏要么去破坏。当责任伦理旨在对抗恐惧时，精神分析的问题是：是什么帮助母亲忍受并顺应这种对自体的认识？帕克的"母亲为了与这个陌生的、另一个版本的自己相遇而顺应"的观点，不仅是伦理责任，还是自我认识。第三方的母亲顺应将是：这是我的无助，这是我的愤怒和焦虑，这就是我的不完美，所有这一切都是我的（Magid，2008）。但是，这些也将被涵容在一种张力中，与之相对的是对新形成的他者的爱和学习。

巴莱瑟关于母亲与婴儿-陌生人的相遇如何改变她的责任伦理是模棱两可的。他没有讨论爱，只强调了母亲通过与他异性相遇而转变。这似乎排除了母亲对婴儿的认同、对需要的满足或原始表达，以及对发展中的孩子的认同。列维纳斯关于父亲（而非母亲）对儿子的叙述表达了一种更为宽泛的观点。为人父母的可能性不仅在于与陌生事物相遇，还在于以一种没有控制或客观化的方式了解他者。

　　这似乎带来了一系列问题：母亲为什么无法获得他者在破坏中的存活？在一定程度上区分破坏的幻想和实际伤害对走出施动-受动的互补性至关重要——母婴关系中真的没有这种互惠吗？正如我最初所主张的那样，母亲对伤害的感受和对原始破坏性的可怕幻想可以被她的婴儿的茁壮成长及她在与他相遇的时刻所产生的快乐所影响（Benjamin，1988）。就像分析师和患者一样，即使在非常不对称的条件下，破坏中的存活也是相互的。在有限的范围内，婴儿和母亲彼此经历着他者的存活。尽管母亲必须涵容婴儿可能无法存活的恐惧感，但事实上，她可能会发现他已经这样做了（Kraemer，2006）。尽管她可能充满了自我憎恨、绝望和怨恨，只想一个人静静地待着，但当她的宝宝微笑着和她打招呼而完全不受她内部心理过程的影响时，她的这种互惠的承认确实改变了她的破坏性感受。一位母亲自豪地报告，当她度过漫长的一天后，不耐烦地、易怒地给蹒跚学步的孩子换尿布时，他抬头看着她说："妈妈有时好，有时坏。"通过与婴儿建立第三方，尤其是中断与修复的道德第三方，母亲有机会克服她的破坏性幻想。

　　也许，婴儿研究者普遍接受这种来自孩子的对互惠和承认的需要，也是贬低互惠的症结所在。克雷默（2006）指出，当识别出需要将婴儿作为爱的客体、欲望的客体时，母亲可能会退缩。这种对剥削的恐惧自然成为孩子和患者对互惠的精神分析产生怀疑的基础。然而，承认母亲对婴儿反应能力的需求在理论上也存在困难。克雷默断言，"充分认可母亲通过婴儿对她的有用性的肯定而得到滋养的这个关键途径"（p. 780）是承认母亲主体性的一部分。事实上，母亲对婴儿的反应的互惠性的依赖正是对其主体性的认可，而这种主体性被责任伦理所否认。

　　克雷默指出，母亲的确需要依赖于这种承认。一些勇敢的分析师也愿意承认这一点。西尔斯曾说，对于一个患者来说，"我的生命取决于她能够接受我的东西"（Kraemer，2006，p. 781）。尽管内疚和羞耻与接受需求和欲望作为能够消除破坏性情绪的解药被联系在一起，一些人可能会在将放弃（renunciation）和丧失提升为母性主体性的伦理观点中发现一种更安全的解药。将需要和欲望与我们的伦理位置联系起来看似难以置信，因为这可能与利用和同化婴儿以满足自体的需要有关。然而，如果不抹去母亲的身体存在，母亲怎么可能不认同所有的吮吸、啜食、挤压、甚至是咬呢？谷口（2012）提出了一个问题：如果母亲真的承认她对孩子的情欲快感，如果我们没有忘记母亲身上的情欲——她觉得"美味……她的婴儿柔软而丰满"，如果这种充满情欲的恐惧和愉悦并没有像许多人断言的那样致命或与精神分析意识相隔绝，那会怎么样（Wrye & Welles，1994）？进一步说，如果精神分析的观点是，没有纯粹的主体性，没有无内心幻想世界的主体间性，没有不传递欲望和信息的母亲（Laplanche，1997），那会怎么样？如果不认可爱人的真实感受就没有真爱，那该怎么办？"我想要它，利用我……耗尽我！"（Atlas，2013）。

母亲或分析师不需要任何互惠性或互惠反应，这一观点使我们远离吞噬、性欲或恐惧的幻想。不需要任何东西的母亲的幻想只不过是对现实的否认，它通过"后门"引入了一个观点：主体独立于客体，不受他者的影响；无所不知的男性主体转变为服务性的、能给予一切的主体，就像一位母亲自豪地向我宣称，她不需要任何人，因为"我是母亲"（Benjamin，1988）。也许，作为母亲的女性所表现出的自足的（self-contained）个人主体的理想体现在不需要任何东西的观点上。黑格尔学派研究者泰勒（2007）批判了利他单边主义（altruistic unilateralism）的个人主义立场，认为父母对孩子的养育只有在"产生爱的纽带……每个人都是给对方的礼物，每个人都给予和接受……给予和接受之间的界线是模糊的"的情况下才能成功。

想象自己实践了这个角色——即便为此做出牺牲——所带来的满足感，可能类似于疏离的承认形式。在这种疏离的形式中，权力或控制感取代了母亲与婴儿的联结。虽然婴儿的需求和脆弱性与母亲伤害能力的结合似乎证实了关于母性主体性的看法，但婴儿的积极反应能力和母亲感受到联结的美好的能力联系在一起。这两种立场起初同时存在于我们大多数人身上，随后被解离。

否认互惠反应的需求意味着忽略了一个事实：从被婴儿拥抱的那一刻起，母亲就觉得自己需要成为善良的源泉。克雷默认为，"充分认可母亲通过婴儿对其有用性的肯定而得到滋养的这个关键途径"是承认母亲主体性的一部分。事实上，母亲依赖婴儿反应的这种互惠性正是对她被责任伦理所否认的主体性的承认。当她的婴儿无法被安慰和抚慰的时候，母亲（通常是无意识地）以某种未分化的方式认同其痛苦，并将其视为她的缺乏养育和无反应的贫乏自体的另一个版本。当她无法让她的孩子平静下来时，她自己也感到更加混乱和无助。

一些分析师会将自己的需求投射到患者身上，他们倾向于对患者未受控制的失调的部分感受到更多的恨。这是因为患者阻止他成为全能者和给予权力的人——分析师自己未满足的需求的伪装。我们不想对他者的脆弱性负责，不想暴露在我们自己的痛苦面前，因为我们精疲力竭，或者因为我们自己的需求没有得到满足——接受自体的这些部分对许多分析师来说是一个巨大的挑战。从这个意义上来讲，道德第三方对道德说教与接受的区分至关重要，它承载着未知、"非我"和"不好"，出现在我们在与他者的持续关系中面对自己的痛苦的时刻（Mark，2015）。

弗洛伊德（1923）曾说，面对患者的"消极治疗反应"，分析规则禁止我们使用自己的人格，即使这可能是有益的，因为我们会受到活现救世主或救赎者的诱惑。不幸的是，弗洛伊德没有解决这样一个现实问题：我们可能会被治愈的力量所诱惑，因为看到他者是脆弱的、需要帮助的，这会让我们感到更舒服。这些未满足的需求和脆弱性投射可能会在分析师的全部给予的诱惑或理想化中重现（Celenza；2007）。然而，感受到自己对减轻他者痛苦毫无助益是痛苦的真正来源。此外，在潜意识的层面上，婴儿和母亲都是自体的一部分，需求和痛苦在我们彼此认同的潜层浪潮中移动——这并不明显。由于潜意识的对称和认同总是在分析师和患者之间运作，我们即使活现了互补对立的角色，也不能完全从表面上活现自己的角色。

互惠承认的需要源于我们不能在某个时候否认患者的体验。它的出现是因为我们的失谐和克服共同的解离的需要，或是因为患者自己正在努力了解分析师的真正立场。就像斯莱文的患者艾米丽所意识到的——在这个特殊的过程中，有时只有理解了你，我们才能理解我（Slavin，2010）。它的出现还有可能是因为患者正需要共享转换带来的"承认我们承认彼此"的体验；或者是因为承认内在的他者、面对患者召唤出的恶魔——这可能是分析师能够以患者最为迫切需要的方式满足她的原因（McKay，2016）。

分析师必须面对的恶魔是认同（投射）他自己需要与患者一起被拯救的需求，以及与自体共在的救世主角色。这是一种补偿性的形式，很容易被不对称责任的概念所掩盖。分析师有必要觉察到这样一个问题：实现对大他者的绝对责任的渴望可能会阻碍我们意识到自己"肯定好的"和"避免坏的"的需要。通过他者的反思来纠正我们自己未觉察（解离）的倾向的互惠性需要，也表明了彼此对称的脆弱性。

这一认识使我们回到了分析的立场，即承认对欲望和破坏的恐惧，这使得不对称责任的观点看起来如此可靠。同时，它可能有助于我们释放对承认（知晓和被知晓）的更深层渴望——这是我们最有力的盟友，能让我们摆脱自我保护，接受我们需要向他者学习或与他者一同学习的东西。这种承认运动可以影响我们的责任感和我们对希望和恐惧之间转变的顺应，引导我们向他者开放。

有趣的是，我们通过假设每一个合作伙伴以非常不同的方式为他者存活并促进承认而得出的实际结论与奥林奇的临床理论是一致的。她指出，分析师应该通过面对自己对患者的反应而做出改变。无论这种反应多么卑微或令人羞耻，分析师都有责任"先行一步"，顺应于那个现实。我们也支持杰尼克（2011）在"要改变，我们必须让自己改变"（p. 14）的声明中为分析师的脆弱性所提供的理由，这表明真正的责任需要相互暴露（Jaenick，2015）。

奥林奇（2011）注意到：在费伦齐努力建立的信任和诚实的关系中，他承认分析师没有注意到患者，也没有与患者在一起，这通常是出于患者创伤要求分析师承受自身脆弱性和开放的风险所引起的解离。"当他感到自己的同情分裂时，或者更糟的是，当他的患者感到这种分裂时，两个成年人必须一起探索——什么样的逃避或解离可能会妨碍治愈被彻底破坏的孩子或成年人（他们将被践踏和破碎的灵魂托付给这位分析师）。"

我们确实需要他者采取这种行动，我们并非无所不知，而且我们容易犯错，容易受到对方的伤害。既然如此，我们怎样才能在不给他者设定互惠角色的情况下对这个共同探索的过程进行概念化呢？在我看来，共同面对这种解离的做法（尤其是否认消极情绪，通过公开的善意和同情来回避这些情绪），改变了单边责任的理想，并引起了平衡承认的观点。正如费伦齐（1933）所建议的那样，当分析师面对无法独自修复的崩溃时，她需要认可自己的失败并邀请患者诚实地接受她的感知；当患者因分析师的承认和改变意愿而松了一口气，获得了自己的效能感时，他可能会将分析师识别为一个试图理解自己的外部他者——尽管他"目前做得很糟糕"（Bromberg，2011）。这并不只是简单地颠倒活现"主体"者与活现"他者"者、给予者与接收者、知晓者与被知晓者，而且确实创造了一种以不同方式看待彼此的体验。我们现在变成了两个主体——都是（主格）"我"，承认我们在创造互动模式时是如何影响另一个（宾格）"我"的。我们步入相互承认的第三性，一起向脆弱的自体顺应。

分析师通过暴露自己、变脆弱而实践着放弃对了解和确定性的渴望，同时使患者承认她是一个容易犯错的"他者"。分析师的顺应与"我"欢迎并承载"他者"痛苦的全部影响的确存在相似之处，这个"我"拥有自己的他性和脆弱性。把对他者的承认放在我们超越客观化的斗争的中心，意味着让我们自己容易受到他者的影响。而这种脆弱性与我们对"他者"的责任之间必须保持一种张力——在他的痛苦和差异中承认他。分析的"我"密切关注并负责主体间对称的脆弱性。

我相信，我们可以像奥林奇一样阐述使用列维纳斯式的责任伦理的困难。该伦理拒绝了作为（面向一个能够接受脆弱性、易错性和为他人而改变的需要的分析师的）关系转变基础的互惠。正如奥林奇（Orange，2011）提出的那样，为了让自己像陌生人一样面对"他者"的痛苦，责任必须被一种分析的相互性形式所覆盖。在这种形式中，双方都为他者而生存（Aron，1996）。在非对称责任框架内，接受分析师脆弱性的基本的关系运动创造了一种相互性的感觉。我要强调的是，这种相互承认（通过节律性、修复性和接受差异来共享第三性）的实现具有变革性。不对称责任能够为实现这一目标提供必需的涵容感和框架。我们认为这是一种关怀的表达。而关怀本身就取决于对他者的痛苦、活力、知晓和被知晓的需要的承认和反应。在这个过程中，随着患者逐渐承担起改变我们并成为对话伙伴的主体性，分析师的见证和承认可以不断扩大。这一运动揭示了互补性和（让两个独立的心灵都能存活的）第三性之间的差异（Rozmarin，2007）。

精神分析关系中的相互脆弱性

在非对称、不平等的关系中，相互性的根本含义在于，我们相互影响，相互改变。当我们试图在自己独立的心理生活和我们与他者调谐之间暂停自己的觉察时，是什么在引导我们实现相互性呢？对母性主体性的各种解释之间的纷争部分地体现了对照顾伦理基础的不同看法。

随着破裂与修复的双向性在实践中变得越来越明显，分析师有权认可：当活现中断或出现违反预期的情况时，修通会给合作带来问题。也就是说，我们已经注意到患者在分裂后重建第三性空间的过程中所起的作用。这意味着从主体间的观点来看（见第二章），当患者表达对他自己或分析师的心灵的领悟时，这一行动让分析师的心灵得到了放松和解放——仅从治愈患者疾病的角度来描述的话，这个过程有些模糊（Hoffman，1983；Aron，1991；1996）。我认为，这种实践经验证实了治疗性互惠理论，并指向将破坏中的存活视为伙伴的一种成就。也就是说，我们可以从第三方（在分裂为互补性之后仍然存在）的角度来思考。分析师的不对称责任包括明确倾向于分裂后的恢复相互承认。

让我们回顾一下，责任并不是相互性的对立面（平等者可以对彼此负责），但它受到我们无法确定地知晓、控制或感受到的一切的限制。如果将相互承认与认知混为一谈，或与将自体或他人作为"知识的对象"的知晓混为一谈，而不是将之视为分享理解（或许是他者的差异，或许是"这就是彼此相处的感受"）的经验，那么这个观点可能会带来麻烦（Stern et al.，1998；Lyons-Ruth，1999；Boston Change，2010）。在这种松散的共同创造意义的观点中，我们预期自己在涵容患者提出的所有需求以便识别出其内心世界的关键部分（如果患者不与我们的内心世界互动，他就没有办法将之表现出来）的过程中会出现失调或某种程度的解离。自体状态中时而微小、时而剧烈的变化表达了过去与现在、恐惧与希望的混合。这种变化过于复杂和亚符号化，像谜一般，无法被追踪和绘制出来（Bucci，2008）。我们必须协商出一条双行道，让分析师的主观能动性在某种程度上暴露在患者面前，同时有希望暴露在自己面前。就像母亲因婴儿的哭闹而失调一样，分析师可能变得让自己感到陌生，可能不得不承认自己不想看到的部分。因此，我们在内部和外部与他者相遇——"解离"也是我们自己的一部分。

相互性的阴暗面是，双方都存在调节障碍和脆弱性。我们一旦接受了这个不可避免的现实，责任就为相互性设定了界限。由于某些类型的相互了解是无法避免而又令人恐惧的，所以分析师需要具有一种鉴别能力，即知道何时不能搅乱患者画出的解离的自我保护线，允许他们在知道的同时不知道。适时地越过或推动这条线将是富有成效的，而不是灾难性的。因此，相互性是不可避免的，而体现在我们仪式中的不对称原则更为重要（Hoffman，1998）。无论反映双方经验交互作用的角色处于我们觉知的前景还是背景中，我们都应接受它们，以便于向患者传达有调节作用的可吸收的东西。

我（Benjamin，2009）一直强调，相互性和不对称性都是认可的决定因素，因为这反映了一种基本责任，即揭示自己对破裂的贡献——鼓励患者表达其知道的一切。对中断中发生的事情的象征性解释依赖于通过节律进行标记，通过程序性调整进行纠正，通过创建对已解离内容的共享理解来推进。我们有责任知道在何时以及如何以这种方式向患者学习，进一步提升了解的相互性——"谁做了或说了，谁感受到或想到了这一点"。

认可的障碍往往是分析师对自己的解离感到羞耻或对自己的伤害感到内疚。患者经常清楚地看到这些反应，但这些反应对患者的影响往往是被否认的，这导致每个人体验的重要部分都被解离了。觉察到这些感受（通常阻碍了患者变得更具有调节性和可用性）和调节的相互性是承认过程的关键组成部分。从这个角度来看，我们将相互性理解为彼此的相互脆弱性。相互脆弱性是一把钥匙，它可以帮助我们打开被恐惧和痛苦锁住的大门。

实践中的相互脆弱性

下面的临床片段将说明，从失调到对自我保护的承认和对脆弱性的相互承认的运动（Cooper，2016），以及我们对他者的影响。我们将看到承认是如何导致互补性的消解和向更具韧性的第三性的开放的。我在这里提出，责任的不对称性包括认可共享失调（先行一步），这有助于涵容共享情感和未联结的自体状态的波动性。在冲突加剧的时刻，患者可能担心遭受实际的破坏，分析师可能担心无法存活，而分析师的认可有助于双方更为分化地在恢复的道德第三方中一起存活。

患者温迪希望我肯定她的痛苦，同时给予她鼓励和安慰。她经常表达出对"太大"的恐惧，害怕失控和危险，就像对母亲一样。她对他者的需求是坏的、破坏性的，是她伤害的表现。这种破坏性的感觉并不令人惊讶，任何表露我不够强大、无法不受伤害的迹象都可能成为诱因。不幸的是，当温迪说我不是在安慰她，而是在"让事情变得更糟"的时候，我对她当下的高度失调和具体性没有表现出完全的平静。接下来，在某个星期五，我们在某处共享了理解和温暖的联系，这满足了她缓解对分离的焦虑并通过完成工作来照顾自己的希望。她能够思考自己对周末的焦虑预期是如何与一种之前未说出口的信念联系在一起的。她认为我会觉得她烦人或需要太多东西。

接下来的星期一，温迪情绪激动地来找我。她无法按时完成她的工作，因为到达我的办公室这个任务"太大"了。她担心永远无法满足自己被抚慰的需求，担心我无法让事情变得更好。我对她的恐惧状态的反应似乎无法令她安心，我没能在她激动不安时表现出母性的平静。我们现在在这种熟悉的互补性中联结——我无法给予她镜映和标记的"正确"组合，她将被剥夺和指责。我知道，我给予她的"正确的东西"并非她需要的东西，但我仍然无法找到一种非评判性的方式。我能感受到我试图将愤怒而轻蔑的母亲分化掉的那个部分被激活了。我需要修复，从而让事情重新好起来。然而，我并没有意识到自己的愿望，而只是想平息自己对她指控的敌对反应，以及对自己无法涵容她的攻击的担忧。我似乎需要以一种能让我们相遇并保持差异的方式失败。

在接下来的会谈里，温迪决心处理我们混乱的相遇并进行修复。现在，她将承担责任并开始思考——不论她支离破碎的母亲如何挫败她。我在另一个心灵中感受到了类似的决心。她一开始就断言，当她感到不安时，我无法安抚她。她必须求助于更能激励她的人，这个人能够带给她一种现实感，让她知道自己可以完成工作。戏剧性的是，她补充道（为了保护她的隐私，我进行了修改）："我在漩涡（whirlpool）中，我需要你来把我拉出来。""漩涡！"我重复了一遍，因这个词和她父亲的名字（Warren Poole）的相似性而震惊。她的父亲是家庭中愤怒、激动、混乱的巨人。

当我提醒她注意这个名字时，她同意了，还借用这个隐喻来强调自己的优势。她自信地断言："当我被淹没时，你会被淹没。"我欣然认可，有时确实会发生这种情况。我自己也知道，我的确没有像我所希望的那样涵容或思考。但我补充说，我所感受到的不仅有她的淹没，还有星期一她将我"推开"了。我想知道这是否是因为她在周末感到失落，害怕在星期五失去联系后再次需要我。我说，我很难抓住与她联结的部分，然后我问："你认为星期五的温迪发生了什么？"

温迪不屑一顾。毫无疑问，周末的沮丧程度显然超出了她所能承受的范围。她独自一人，没有伙伴，被工作中不可能完成的要求压得喘不过气来。我们可能正在活现一个场景，在这个场景中，我期待她成长为一个成熟的大女孩，但是我让她一个人待着，而且从来没有帮助过她。

她在抗议，对这个可怜母亲的借口表示不满。她又一次变得太大、太具有破坏性而使虚弱的母亲很容易变成碎片。如果她的母亲无法理解和涵容，那么她该如何被理解和被涵容呢？和童年时一样，她积极地解决了这个问题，向母亲灌输了该做什么的指导：在这种时候，我如果能通过向她呈现现实来涵容她的焦虑，以及为她组织和创造一个心理结构，那么我可以尽我所能帮助她，让事情变得不那么可怕。问题是，这些修复破裂的努力很可能会让身为母亲的我变得更加焦虑和危险。

"此外，"她用敏锐的目光注视着我，模仿我的语调补充道，"我会问你为什么不抓住'星期五的温迪'。也许你在星期一无法安抚我的时候没有抓住她。然后你感觉很糟糕，因为你不是一个好的分析师，你做得很糟糕。"

"说得好！你难住我了。"我毫不犹豫地回答。我对她公开辩论、把问题（谁应该为未能保持我们的联系而负责）摆到桌面上感到高兴。我问她是否想听听我的看法。得到她的同意后，我感到足够安全，可以表露自己的脆弱性并且承认自己感到羞耻的部分。因此，我承认确实觉得自己做得不够好。我继续说，事实上我非常清楚这种感受。尽管如此，我还是在轻微地往前推进。我说，我感受到有更多的事情在发生，而她需要一个对自己的力量有信心的做好准备的人与她会谈，但我不是说……温迪打断了我，并做出反驳。她说到一半时突然停了下来，好像意识到了什么，用一种非常不同的声音说："嗯，对了。嗯，你知道你是什么时候尝试这样说的吗？你知道我当时的感受吗？我觉得你恨我，因为我一团糟而恨我……所以我立刻开始恨你！我开始告诉你，你的工作做得多么糟糕。"

我对温迪自体状态的突然转变感到惊讶，这种感觉像是从互补的指责到信任的一个非常显著的转变。某种东西打开了她的心灵，让她知道她恨自己的方式，并试图投射出她的羞耻感。但她是在试图投射自己的羞耻感吗？还是说，她试图发现我是否从内心知道这种羞耻，因为我也感受到了？我当时没有分析。相反，我的反应是对她表达的新感受的直接赞赏。我表示惊讶，我说："我们真的该在她的恨中欢迎它。这段时间它在哪里？"我证实了这种恨的真实性，这让温迪大吃一惊。当我们继续前进的时候，我运用了幽默的表演性承认策略："恨必须被消除，它必须被知道！"温迪看起来既高兴又惊讶，她在思考的时候偶尔有些不安。她没有意识到自己是多么坚持这种恨，以及感到多么被憎恨。承认恨我让她有点儿害怕……有点儿高兴，并且松了一口气。

在这承认的时刻，我们彼此的能力让我们走得更近，这让我们感到惊讶。我们都在了解自己害怕的部分，也就是在可能伤害他者的部分的破坏中存活下来。控告者和被告的互补性互动几乎掩盖了这种对称性。现在，在第三方的位置中，她的生活经历变得更有条理，就像在电影中那样：从小就独自一人，缺乏抚慰，并且为自己孩子气的需要感到羞愧；饱受无助的恨意的煎熬，努力做一个好的、乐于助人的人，并指示母亲应该做什么；当一切失败后，她应对挫折的方法是时而专横，时而激怒母亲，时而憎恨自己。我们成功地用分化性的方式表达了一场尚未成形但势不可挡的运动：憎恨羞耻和不讨人喜欢，憎恨缺乏抚慰和身处绝望之中，因为羞于倾诉和求助而在轻蔑的愤怒中将我推开。

温迪经常和我谈到"恨"，她的宿命论保证她永远得不到她需要的东西，也得不到抚慰。她意识到，她对自己和他者不断的批评是多么卑鄙。但现在，这种抽象的知识充满了情感意义。我愿意在她面前变得脆弱（只是有点儿报复性），这让她相信，我并不害怕她的恨。事实上，她努力修复和纠正我，让我成为一个更好的母亲，这甚至不会被我视为可恨的。此外，我可以抱持自己的脆弱性，让自己的心灵完好无损。我可以认可自己有失调和羞耻的倾向，而这种倾向与她自己的没有太大不同；而且我仍然愿意听她诉说对我有多生气。我让她知道我的坏与失败，使她面临相似但不相同的主体间脆弱性风险。这意味着，感受到好和坏并不是"不可想象的"。温迪从小到大一直想当然地认为一个在安全的家庭里快乐长大的人是没有这种脆弱性的，更不用说谈论这些感受了。无论她做了多少努力，都无法将这些感受传达给父母。即使以牺牲她自己的理智为代价，她也必须合理化自己不幸福家庭中的强烈绝望、混乱和暴怒，并加以掩盖。现在她发现，安全的真正意义在于有一个家——在这个家中，脆弱和痛苦可以被知晓和思考。我没有假装自己很坚强——一个严厉的母亲（Tough Mama）会成为她的需要帮助的孩子的对立面。我也很脆弱，而不需要通过匹配她的形象来帮助她找到自己的感觉。这一发现带来的解放对她的影响将超乎我们的想象。

破裂的那一刻是一个相当危险的漩涡。当温迪表现出她的羞耻和恐惧时，她确信这已经彻底摧毁了我。我的失败将重现她童年时代危险和非法的世界；她会陷入混乱，孤身一人。她对我的破坏性的愤怒，就像她和她父亲对她母亲的愤怒一样。对我来说，她实在太"大"了，所以我无法涵容和忍受她的愤怒——她也曾绝望地希望她的母亲能够做到这一点。

在艰难的协商与修复过程中，这只是许多令人担忧的时刻之一。但让温迪感到惊讶的是，我不仅在破坏中活了下来，而且识别出她需要被一个了解她的混乱、接受她的恨并认可自己的错误的人所抱持。我不必总是第一次就能做对，她也不必。那个可耻的"非我"女孩——她经常被暴力地拒绝——现在被视为另一个人想要了解的人。我们理解彼此的诚实，以不同于以往的方式活了下来，并且以不对称的方式经历了各自的敌意。我正在寻找一种方式来扩大自己以实现涵容，从而使原本看起来如洪水般的东西变成一种新的情感体验。

这是一种特殊的道德第三方，在其中，我们都遭受了痛苦的暴露。当我们一起从洪水中拯救自己并接纳了一个极度愤怒和刻薄的小女孩时，节律感得到了重建。会谈结束后，我们感受到第三方焕然一新。这是一个充满活力、节律和分化的共同创造的过程，当我们一起笑的时候，这个过程可以涵容两个主体，每个主体都是对方的他者。在这个合法的世界里，违规可以得到纠正——对温迪来说，这是一个理智的世界。

事实上，在接下来的会谈里，温迪兴高采烈地宣布："今天是我有史以来第一次来到这里而不担心会谈会损害我的心理健康，或者你可能会做一些错事让我失去理智。"温迪继续幽默而感性地阐述这种被损害的痛苦的可能，即我以"错误的方式"改变她。在这一承认的时刻之后的几个月里，温迪明显变得不那么挑剔、失调了，总体而言，也不那么恐惧了。她的生活发生了明显的变化。她面对挫折时的思考能力有了显著提升，而她的轻蔑感减弱了。因此，她可以与我分享她对周末失去联系或我缺席的感觉，还可以大声说出那些"疯狂"的想法，比如，我可能会毁了她的理智，或者我关于人们有感受的想法不可能是真的。事实上，温迪开始相信，我会履行我对她的责任，在没有她的指导的情况下活现我的角色，珍视我们共同创造的第三性以及她在塑造第三性时所起的作用。因此，当她发现水的新隐喻时，她的思想变得不再固化而更具创造性了：顺应于海洋中美丽的波浪，而不是淹没在洪水的漩涡中。

结论

我在讨论第三性的发展时，尝试唤起和思考意图及感受的共同运动，这是一种相互影响，可以进一步发展为相互承认。在这一部分中，我将重点介绍分析师如何反映患者并做出改变，这反过来会对患者产生更大的影响，从而使其体验到自己是过程的积极贡献者。正如麦凯所写的，"承认的特点是被另一个人看到并被允许进入另一个人的心灵，因为一个人身上的未系统性阐述的元素（Stern，1997）在他者身上唤起了

未系统性阐述的东西，从而使情感连贯性以一种新的方式涌现"。作为
这一过程的一部分，我们邀请患者激发我们，打动我们。我们需要的是
对反映的质疑以及与我们暴露的部分的重新联结，而不是自我保护的解
离。尽管如此，向第三方的顺应意味着接受患者有时会陷入防御性的冷
漠或必然的解离，尤其是在面对患者的创伤反应、保护患者免受主观反
应冲击时。

　　在许多情况下，分析师的不对称责任包括"先行一步"：认可、顺
应、把握自己在互动中的角色。这会产生一种互惠行动，在其中，每个
人都会为他者改变或与他者一起改变，并且更充分地识别出对方——包
括最难面对和承受的部分。从这个意义上来说，我强调了相互承认是如
何包括双方的脆弱性的：在这种亲密的联系中，每个人都知道他者对自
己有所了解，而并非一切都符合自己的理想。每一个新手母亲在面对照
顾新生儿的挑战时为承受对自己内心的揭露所做的努力既有相似之处，
也有不同之处。对于分析师来说，对暴露的顺应构成了相互承认的不安
面——这对患者来说也有些困难。

　　以这种方式来看，分析关系的维度多于保护者（理解的分析师）
与弱势者（被理解的患者）的预期互补性。在这种观点下，患者越来越
倾向于我们所说的"对主体的使用"（use of a subject），其脆弱性不
再与恐怖的碎片化、分裂或冲击相关。这种脆弱性绝不能再由患者自
身的破坏性、过剩或自我憎恨所造成，否则会使脆弱性的状态发生改
变——成为相互承认的一个方面。接受分析师的暴露并不意味着放弃承
担责任，而是增加了一个新维度——诚实的责任。这并非对患者的未言
明的、未被认可的要求——让患者独自承受关于他者的挣扎和脆弱性
（susceptibilities）的不言不喻的负担。实际上，相互性和责任通过对我
们脆弱性的认可和共享觉察加入了承认过程。当我们通过中断与修复的
循环来强化道德第三方时，这可以成为联结的来源。

关系分析发现，一旦我们认可在我们的主观性周围设置保护性障碍也可能会引起退缩，情况就会发生变化。一种重新建立互补性和反对相互性的互动位置可能是存在问题的。这并不是因为我们否认了达到极限、掌握和分析复杂主体性的责任，而是因为障碍需要有足够的渗透性，才能让我们直接识别出患者的情绪或行为的影响。如果我们能够帮助患者以自己的方式利用共享脆弱性的相互性，那么患者可以利用我们的脆弱性。这种对我们和我们的相互性的利用意味着我们正在基于合法责任和对领悟的保护创建二元系统和道德第三方。

作为分析师，我们的脆弱性将不可避免地超过自己在没有解离和自我保护的情况下所能承受的限度，正是这个问题导致我们重新进入认可、修复和承认的过程。从这个角度来看，需要解决的问题不是相互性和不对称性之间的冲突，而是主体间性中的循环矛盾。我们试图在第三性的张力中抓住这一矛盾。逐渐地，母亲开始承认孩子的不对称性使相互性成为可能；双方之间不断演化的相互性使非对称关系退化为客体的控制以及主体性的非承认。承认他者是感受到被平等主体承认的必要条件——这符合原则，但并非总能实现。

当我们深入到相互性和责任的循环矛盾中时，对他者的承认可以使我们在使用自己的主体性和被作为主体使用的互惠关系中充满活力。最终，不可还原的不仅仅是分析师的主体性（Renik，1993）。这是相互性的事实，我们必须在其所有复杂性和活力中接受这一事实，否则，双方的主体性都会丧失。我们知道，一旦我们的主体性能够自由地获得认可，我们就必须面对我们内在的恶魔，并为其承担责任。我们已经站在了一个新大陆的岸边，现在我们必须共同密切关注接下来发生的事情。

第四章

对性之谜的另一种看法：
过剩、情感和性别互补性

过剩之路通向智慧之宫。

——威廉·布莱克《天堂与地狱的婚姻》

　　本章呈现了我根据情感调节和承认理论对分析承受性欲张力所做出的努力。我在早期母婴二元体的经历中定位性兴奋立场的起源，并对这一模式在性别互补中的轨迹继续进行追踪。这项工作的关键在于，努力在主体间关系思想中为性欲建立一个位置，并进一步整合拉普朗什关于幻想的性（fantasmatic sexual）与关系主体间性的观点。本章作为论文首次发表时名为"性是怎样的主体间性？"，它提出了一个基本命题：过剩产生于无法被符号化或在心理空间被持有的东西。我打算进一步发展艾根（1981）早期的见解——我们的心理所生成的东西比其能够应付的还要多。

　　过剩可被视为与弗洛伊德心理学观点（以充满活力的经济学为基础）存在联系——但不包含驱力。我将这些想法发表在《重温性之谜》（Benjamin，2004b）一文中。几年后，我又尝试了另一个项目，并与阿特拉斯合作，发表了我们的论文《过多》。该论文诞生于2010年，并于2015年出版（Benjamin & Atlas，2015）。随着阿特拉斯和我对二元体互动在性领域临床理论的深入研究，我早期的许多理论推测得到了详细阐述和具体化。我感谢她的合作与贡献（Atlas，2015）。

　　受到两位思想家的影响，我的工作分为两个阶段：第一阶段始于对拉普朗什关于诱惑和"神秘信息"（enigmatic message）的观点的反思；第二阶段始于斯坦（2008）对过剩的进一步细化。后者在我的阐述中发挥了更大的作用。我在第一阶段的工作中强调了弗洛伊德（以及他所体现的父权文化）将被动性当作女性特质的集合并将其构造为控制过剩的方式。我在后来与阿特拉斯的工作中强调的是早期失调的临床后遗症：婴儿期未被承认的痛苦、抛弃和过度刺激对成人性欲的影响。我们探讨了无法忍受性唤起和性兴奋对"过多"的影响——早期的承认和调节问题会出现在后来的临床活现和移情-反移情中。

我在实践和理论中强调的持续性张力中的内心幻想与主体间关系可以对应于阿特拉斯（2015）所说的"神秘"（Enigmatic）和"实用"（Pragmatic）。幻想既掩盖又揭示了主体间在调节和承认方面的失败。这些幻想由用来处理神秘信息的性别隐喻所构成。通过这种方式，我试图将性幻想的观点与我之前对弗洛伊德俄狄浦斯情结中关于主动-被动分裂的表述（Benjamin，1998；2004b）的批判结合起来：男性的"主动性"被认为是对解决过剩问题的尝试。最后，我回归《爱的纽带》中的主题，试图寻找一种顺应的形式、一种第三性的形式，从而超越施暴-受虐的互补性，分享性的过剩。

过剩的问题：理论视角

弗洛伊德强调了我们如何寻求对紧张的掌控；在他的观点中，痛苦被定义为过多的紧张（Freud，1915）。过剩或"过多"的观点（Atlas & Benjamin，2010）确实可以溯源至弗洛伊德。斯坦（2008）认为，"事实上，过剩的概念为弗洛伊德服务，其作为一个调节性观点，表明生物体常年努力摆脱过度刺激"。她阐述道："弗洛伊德的早期著作中充斥着过剩的概念。过剩的刺激会造成创伤，带来积累精神能量的隐患，并在症状中表现出无法承受的驱力负荷。"（p. 50）她指出了弗洛伊德最早的思想中"当身体紧张（physical tension）不能转化为情感时，它就会变成焦虑"是如何实现的（Stein，2008；Breuer & Freud，1895）。

我们注意到，这表明了弗洛伊德对"紧张"的看法和当代情感调节理论之间的重要联系。

这引出了一个关于过剩的问题："是什么导致了过剩？"从主体间的角度来看，快乐和痛苦发生在双人关系中；它们是心理体验，与我们如何记录他者的反应以及他者如何记录我们有关。心理痛苦在其主体间方面可能与承认和调节的失败以及不充分或压倒性反应所引起的觉醒有内在联系，而他者的这种失败在婴儿依恋的内部工作模型（Bowlby，1969；Fonagy & Target，1996a；1996b）中被记录并被前符号地呈现出来（Stern，1985）。

关键不仅在于识别他者调节的失败，还在于识别他者对心灵的压倒性影响（Eigen，1993；Benjamin，1995a），或者更准确地说，在于我们所理解的过剩中对他者刺激的心理反应。如果我们把这种压倒性的不成熟心理看作对弗洛伊德（1926）观点的另一种理解，那么我们仍然在努力掌握一种原初经验，并从我们的思想史中寻找一条与过剩相关的贯穿线。这种关于"过多"的观点是对弗洛伊德最初确定的无助、焦虑及过剩的隐含角色的重新认识。我们最终将看到，在弗洛伊德的俄狄浦斯情结模型中，这种无助会转化为被动的女性位置，并且掩盖这种状态的许多主要原因。

在基于情感调节的安全依恋中重新激发并保持兴奋、欲望和情感需要有一个母亲角色（Schore，1993；2003；Fonagy et al.，2002）——理解这个背景下的"过剩"就意味着理解与欲望相关的唤醒如何对不成熟的心理产生压倒性影响。没有了外在的他者，原本无助的自体就无法处理与内部紧张或外部刺激相关的唤醒。没有母亲对痛苦和愉悦的涵容，婴儿就无法实现自体调节——但这个过程是双向的。承认理论认为，个人的内部紧张状态与主体间的分享密不可分，这是自体和他者之间的基本承认（Benjamin，1988）。需要注意的问题是母亲自己调节兴奋和焦虑的能力，以及她如何与孩子沟通或要求孩子的不良、不成熟心灵做出调节和涵容。综上所述，如果我们关注母亲的主观状态，并且认为母亲的反应不仅能够满足需求或缓解焦虑，还能分享情感状态，为情感、意图和行动赋予意义，我们就可以更深入地解读承认的失败和情感调节问题（Schore，1993；2003；Fonagy et al.，2002）与过剩的产生之间的关系。

拉普朗什提出的"广义诱惑理论"对过剩的主体间观点进行了补充和扩展。拉普朗什（1987；1992；1997；2011）关于性的工作，从某种意义上来说，为复兴弗洛伊德最初的"哥白尼"运动做出了努力：在"潜意识是外来的（alien）"观点的基础上，从自足掌控的自我中分离出来。拉普朗什主张承认潜意识的内在他性建立在外在他性的基础上（Laplanche，1997，p. 654）。我们需要根据信息的主体间概念，即成年人交流的内容，来对"诱惑"进行重塑。这并不完全是潜意识的（Laplanche，2011），也是前意识的——也许认为这是需要孩子翻译的成年人的前语言传递更为合适。"神秘信息"概念化了以下内容：孩子不成熟的心理被来自大他者（成人心理）的交流所压倒，因而被植入了太多其他东西（Laplanche，1992；1997）；这种他性被植入自体后，外在大他者的问题总是位于内在大他者之前。这种关于他性的观点最终将被视为隐含着性和人际关系的社会秩序（Laplanche，2011）。

拉普朗什对广义诱惑理论做出的修订指出，婴儿的过剩性欲始于照顾孩子的真实互动过程中来自大他者的神秘或妥协的沟通：母亲的性欲体验过大，尚未被孩子理解或代谢。因此，过剩源于诱惑的一般事实：剩余（surplus）的传递和母亲自身非意识的、隐晦的元素的植入与内隐的身体照顾相辅相成。拉普朗什认为，弗洛伊德关于"诱惑一定要么是真实的，要么是想象的"这个部分的思考过于具体，并且遗漏了信息的类别。只要母亲的性欲或成人心理的其他潜意识成分（人们可能会认为是恨或爱）在照顾孩子的过程中被传递，那么这些必然是神秘的传递，会给人类的性欲打上"过剩"的烙印（Laplanche，1987）。

性的形成通过异体植入的功能产生，这既是一种一般创伤，又是心理结构的来源（Scarfone，2015）。孩子无法将成年人的信息转化为有意义的前意识表征或意识表征，而且母亲自己也没有意识到自己的信息。这些信息导致了心理分化的需求（Scarfone，2015），并且演化为潜意识的心理部分。在拉普朗什看来，这种神秘的信息以及它对"翻译"（某种象征工作的形式）的需求，在最广泛的意义上构成了孩子的潜意识。不请自来且在心理上无法接受的、过剩的神秘信息在实际的、具体的诱惑和幻想之间搭建了桥梁。这并不是说语言的诱惑变成了幻想，而是说一个内隐而非直接的性暗示信息可能携带着成年人潜意识性欲的"噪音"（Laplanche，2011）。由此，自体内部出现了一个问题：大他者想要我做什么？这个问题必须通过幻想活动来翻译和处理。在这个意义上，诱惑的一般主体间条件是普遍的，而且与实际的、具体的诱惑有所不同。

斯坦的许多贡献（1998a；1998b；2008）表明了过剩的多重含义，它不仅与神秘信息相关，还与性的困扰（poignancy）——超越表象，进入他性和神秘的经验——相关。巴塔伊（1986）和贝尔萨尼（1977）都探讨了性的神秘和反社会效应（他性），并将其与个体化的丧失、合并、连续性的体验（Bataille，1986）和自我的破碎联系在一起（Bersani，1985；Saketopoulis，2014）。如果在承认性的原始形式、乱伦欲望以及侵犯自我边界的可能性方面出现障碍，那么性将分化为两个独立的范畴——超越或贬低（Stein，2008；Rundel，2015）。性欲与其他社会互动模式之间有着"不可通约性"，这个标记使它充其量只能部分地被同化，因此必然会产生过剩（Bataille，1986；Laplanche，1987；1992；1997；Benjamin，1995a；2004b；Stein，1998a；2008；

Fonagy，2008），而这又导致了不可避免的神秘外来信息的传播。换言之，要理解被植入的外来陌生特质，就要不断地去中心化。而这看起来可能只是走进另一个房间，指着做过某事的人——这样的观点永远无法理解外来内在力量的"过剩"。

不论如何，被理解为大他者和他性效应的"性"必然是过剩的——超过了关系维度可以帮助不成熟的心理涵容和调节的范围（Benjamin，2004b）。过剩的心理需求通常通过一种分裂的形式来得到满足，这种分裂将性的幻想过程（fantasmatic process）与其他形式的客体使用分离开来。由于隐晦和非意识的神秘信息本身不是符号化的，所以它不可避免地与其他心理过程解离。

如果我们的首要命题是"性必然会过剩于关系维度的涵容"（Benjamin，2004b），那么很明显，个体在心理和行动中抱持与处理这种过剩的能力存在很大差异。我们仍然必须追踪容忍过剩的主体间变迁，这通常源于孩子的反应或母亲对孩子的反应中未涵容和未符号化的兴奋。我的观点是，对神秘信息和相关的过剩的处理取决于个体早期发展中保持兴奋的整体能力。这种能力很早就开始于对母亲或其他照顾者的依恋——情感唤醒的互动体验。

正如斯坦（1998a）指出的那样，对父母性行为的抽象构想，即传递神秘信息的"广义他者"，在精神分析中是不充分的。我们必须确定如何结合具体的依恋和承认模式来阐述这种传播。这些模式可能不是俄狄浦斯情结所描绘的普遍结构。被转化为性的其他情感体验维度很容易被同样的错误所撕裂。

性欲的过剩与缺乏情感涵容或情感调节是分不开的，因为情感涵容或情感调节阻止了这种"外来身体"对个体心理的吸收。福纳吉说过："性唤起永远不可能被真正体验为拥有。它永远是一种强加于人的负担……除非我们找到一个人与我们分享。""性的神秘层面创造了一种邀请，它通常需要由另一个人来详细阐述。"（Fonagy，2008，p. 22）我认为，向他者提供和接受这种邀请的行为被一种体验——所有情感和身体唤醒都是危险的——所阻碍。危险不仅来自神秘性，还来自向他者提出承认和调节的真正要求。在"实用性"（Atlas，2015）互动的主体间层面存在一种错误的联结。这一弱点使主体无法满足性的需求，无法面对性固有的挑战和他性的方面。对性的恐惧随之而来，过多的感觉对掌控、可怕幻想和解离的努力造成冲击：治疗成了它自己的问题。

对性（幻想和欲望的基质）的需求困境塑造了内部心理关系和主体间关系。斯坦遵循拉普朗什早期的思路，认为当母性客体丢失时，自体性欲的客体会替代丢失的客体，而丢失的客体永远不会被重新找到。这里的观点是，最初提供"乳汁"的滋养的功能性客体已经丢失，它必须被一个幻想的性客体（"乳房"）所取代。斯坦宣称，性欲过剩的涌现及其驱动和强制性品质"受到对一个已经变成幻想和被取代的丢失的客体的追求的强烈影响"[1]。我们注意到，斯坦在这里引入了另一种过剩的意义，它与母亲的更大力量和成熟性或母亲隐晦和无意识的欲望所产生的那种过剩完全不同。

在我看来，关于所需客体消失并转化为自体性欲客体的观点似乎将幻想与理论混为一谈，并假设依恋对象的普遍丧失。它试图从已失去的原始客体的个人内部心理观点来解释性的创伤。但是，这个关于失去母性客体的观点以诱惑的主体间观点为依据，再一次铭刻了驱力的内部心理观点。这似乎处于失去的满足中，放弃了俄狄浦斯情结。我们将看到，弗洛伊德思想中推动过剩性别化（gendering of excess）的齿轮并非偶然。这就好比失去的客体取代了依恋的主体间母亲。在我们的理论

---

[1] "因此，性的客体与功能的客体不完全相同……人们试图在性行为中重新找到的客体……被取代了……因此，最终不可能重新发现（原始）客体。"（Stein，2007，p. 186）

中，这个母亲是一个具有连续性和持续联结的人，尽管她也是剩余和神秘的传播者。失去母性客体的观点对我来说是有意义的，因为它是一种特定的或变幻莫测的体验，也是一种不安全的依恋。与之形成鲜明对比的观点认为，在持续的主体间母性关系中，兴奋可以潜在地被承认和涵容。

主体间理论将与母亲的联结视为外部他者，其涉及的多种功能和互动行为与婴儿的多种状态相对应，包括兴奋唤醒、失调、被抚慰、嬉戏和好奇、凝视、拥抱等。从这个意义上讲，婴儿在停止吮吸时不一定"失去"哺乳的母亲，或者用幻想代替被照顾的乐趣。照顾的体验以各种各样的形式扩散，而其他形式的疼痛、紧迫感或痛苦可以得到缓解。被他者抱持和承认的感觉可以通过相互凝视、游戏和微笑被感受到。婴儿在饥饿状态下可能会被乳房唤醒而兴奋；当得到满足时，他应该能够将快乐唤醒的自体状态与能动性和游戏的享受结合起来。最初的行动不是将需求满足变成自体性欲的幻想，而是将之变成其他形式的抚慰和与母亲的游戏。

也许，只有当这种调节和承认的双重过程失败时，才会出现过早的自体舒缓过程，这预示了并将演变为幻想的自体性欲。这种早熟，取代了照顾经验中的调节和对联结痛苦或游戏的情感状态的承认；随后，它可能会组织出一种应对过剩的特定发展方式，使性创伤（如虐待）在特定的传递和影响神秘信息的条件下得到发展。拉普朗什使用"插入"对此进行解释："植入的暴力变体，与身体内部有关……侵入，性行为以非代谢的方式涌现，使心理机能免于分化。"（Scarfone，2001，p. 62）

在发展性创伤的临床研究中，显而易见的是，需求的功能性客体的原始满足和抚慰的不可靠性导致了"被诱惑和抛弃"或"兴奋然后放弃"的基本模板，这与神秘信息截然不同。当这种不安全、被抛弃和缺乏抚慰的模板占据主导地位时，心理结构发展的过程将无法启动，从而阻止翻译和吸收神秘信息的努力。在这种情况下，母亲所传递的潜意识信息是无法被同化的，也无法过剩，甚至不被允许作为一种令人兴奋的他性而形成性主体性（sexual subjectivity）——通常伴随着精神分析识别出的所有冲突和挫折。当情感唤醒以任何形式（不仅仅是性兴奋）被感受到危及依恋且无法被他者涵容时，即使在解离或分裂的保护性"专属领域"内，这种形式也是不能被容忍的。[①]即便自体性欲和越轨活动确实能保持兴奋，陌生、卑鄙、"反常"或对自体统整的威胁也只能在解离的范围内被感受到。当体验过直接的性创伤时，依恋的唤醒和安全性会更为彻底地分裂——程度更甚于我们所知的"普通"形式的性的可容忍的解离和他性。换句话说，无论是在亲密关系还是移情中，无法忍受性的他性及其不可避免的高水平唤醒会引起对"过多"的恐惧。临床上，这种恐惧似乎伴随着一种羞耻感（Stein，1998b；2008）、一种与无法承受过剩有关的不足感。也就是说，体验欲望而不碎裂会影响个体成为一个令人满意的"真"男人或女人的感觉。

如果像福纳吉（2008）所说的那样，性欲对每个人来说都是一种负担，需要由另一个人来减轻，那么不能使用他者的个人又怎么能承受这种负担呢？对他们来说，"过剩"在任何关系中都不能被涵容吗？对于他们来说，拥有自己潜在幻想和幻想的他者只是一种威胁。他们可能会体验到撞击、吞没、淹没和侵入。由于过度刺激，兴奋和焦虑变得难以区分。他者需要通过承认来涵容兴奋，这导致了另一种主体间困境：因他者作为一个具有自己情感的主体而存在，而产生强烈的焦虑，并将他者视为危险，而非共鸣和快乐的来源。

---

① 从关系视角来看，关于一个异己的他者自体的感觉可以被理解为自体状态的解离，但从一个自体状态过渡到另一个状态的协商能力取决于依恋和情感调节，并以承认为中介（Bromberg，1998；2011）。

关于依赖的基本问题——需要一个在自己控制或影响之外的人（Benjamin，1988）——变得严峻起来。它会转化为与更危险的外部他者之间的一种幻想关系。作为主要客体关系的结果，这导致了情感调节的失败：不能依赖他者并通过一种识别兴奋和为兴奋创造心理空间的方式来调节、适应和参与；不能依赖于他者以允许（更小的、更年轻的）自体拥有能动性和内部控制的方式来反应和承认孩子的交流。因此，他者不能成为享受性欲的需求的投射的涵容者（Stein，1998a；Fonagy，2008）。母亲失调的情感、信息和投射很容易压倒孩子。我认为，这种关于不可靠的母性涵容者的幻想令人困惑地被引入了"女性被动性"的概念中。

一般来说，性提出的要求必须具体地得到满足——在情感和身体照顾的主体间领域中，对唤醒度、强度和接近度的调节解决了这个问题。母亲传递的信息不仅包括她潜意识的性欲，还包括对婴儿的伤害、破碎、消耗或过度刺激的焦虑。母亲的皮肤和性欲、凝视和与婴儿的联结"轻轻抱着"信息并使其变得平静。过剩产生于关系体验的复杂构型，这涉及母亲的贡献，以及婴儿的努力——不仅要管理自己的情感，还要影响母亲，以调节自己的焦虑和刺激。这些试图影响母亲的行为和承认过程的努力，可能与幻想活动呈负相关——"我"越有效，就越不需要借助幻想来管理错误的承认带来的唤醒和挫折。母亲和婴儿的复杂的亚符号行为表征，影响着信息翻译和过剩代谢的方式。

神秘和神秘化

即便性的过剩和神秘的来源不止一个，它们也都集中于他性的经验，即依赖于他者来涵容、识别并组织婴儿的身体经验。错误承认的模式，例如母亲对婴儿的渴望和兴奋的不容忍，激发了她的性欲化和对自己角色的误解——这导致了翻译受阻和性的"外来"感（Fonagy，2004；Stein，2008）。成年人信息的不可避免的过剩，即"广义诱惑"，可能会因错误的承认和涵容的失败而加剧（Benjamin，2004；Benjamin & Atlas，2015）。因此，我试图对神秘的、具有心理生产力的他性和神秘化的他性进行区分。换句话说，神秘而不可通约的、成年人通常无法涵容的性，不应与神秘化的性混为一谈——后者源于不安全依恋，这种依恋充满了对基本需求和亚符号身体信号的过度唤醒和误解。

在这里，我要对两种不同视角——一般和具体——进行比较，并维持它们之间的张力。内在心理的神秘性——神秘的残留（Atlas，2015），必然是诱人和隐晦的，能够刺激幻想，并为普遍的象征创造空间，诱使我们接触到一个永远难以实现的理想和主体间的神秘化。人际调节和涵容的失败导致人们退缩到更极端的幻想形式，这是神秘化过程的一部分。在神秘化的方面，孩子无法理解、无法表达，或无法在对话交流中"束缚"的情感张力可能会在后期表现出一种源自自我的一个人的幻想创造过程（Benjamin，1995a；2004b）。当然，这可能会被视为幻想活动的一般特征。拉普朗什（1997）写道："他人的他性是模糊的，以我对他者的幻想和我的诱惑幻想的形式被重新吸收，让潜意识的他性处于危险之中……"（p. 659）但我相信，当外界的他者被感知为真实的危险时，疏离性（alienation）会进一步表现出来。

弗洛伊德将被动性位置与女性受虐狂联系在一起，因为它涉及受制于他者的驱力——这种与他者的关系引起了威胁性或过剩。如果被动性呈现出如此可怕的表象，那么这可能被视为与他者特殊关系的影响。这种关系涉及投射、权力、退化，并且会导致与自体的疏离。采取一种被动的形式既可以被视为一种普遍的文化规定的性别模板，也可以被视为成人的行动（信息）传递与孩子的性欲之间冲突的具体特征。例如，孩子被迫成为未调节和失调的父母的涵容者。我想，这种被动可能是一种不得不承受不想要的刺激或兴奋的经验，而这种刺激或兴奋是由一个无法涵容的他者以一种解离的方式表达出来的——创伤，而非普通的过剩。

我（Benjamin，1995a）之前讨论过一位叫作伊莎贝尔的患者。她非常困惑的是，该对谁的兴奋做出反应——是母亲的还是她自己的？神秘的体验被不恰当地归因，这在一定程度上干扰了心智化。于是，兴奋变得危险，并可能扰乱心理调节。越轨元素与自体性欲的抚慰和涵容相结合，使她有了一个不完整的出路——一种躁狂防御。兴奋的变化和涵容唤醒的能力通过一种复杂的方式与她母亲有意识的、令人恐惧的沟通联系在一起。

在伊莎贝尔的钢琴课上，母亲会兴奋地在房间里跳舞。伊莎贝尔对这种在任何时候都表现出的兴奋感到困惑。此外，在青春期，母亲会盘问伊莎贝尔，并在她自我披露后对她进行言语攻击。母亲似乎在试图用这种方式将自己的坏和过多的感情强加给女儿。自体和客体中坏的部分的混淆保护性地起到调节更强大的父母的作用，构成了孩子幻想中令人困惑地重新出现的关系的一个方面（Fairbairn，1952；Davies，2004）。

在伊莎贝尔的案例中，她表现出许多强迫性的性幻想和性活动，这些幻想和活动似乎使她既能自我安慰，又能富有想象力地与一个强大的、保护性的、她愿意服从的人交往。她担心自己的强迫性行为会损害她的脏器，或使她生病。她表达的愿望是，她会敞开自身，涵容他者的兴奋，而他者反过来给她一种被组织、控制和管理的感觉。换言之，他者会接管她母亲所缺乏的调节功能。与那些抑制欲望和恐惧兴奋的患者不同，伊莎贝尔对受到冲击的失调的客体做出了反应，采用被动的"女性气质"位置来吸收无助感。她服从于性兴奋，表达了希望被控制和保护的愿望——也许是希望免于遭受自己幻想中的破坏。

　　伊莎贝尔的愿望是让分析师涵容她的过剩，尽管她认为这是不可能的。即使她觉得自己被迫成为母亲的涵容者但失败了，分析师也无法处理她母亲面对焦虑时的躁狂反应（这种反应在伊莎贝尔体内以大他者的形式呈现，并且与危险物体的入侵有关）。作为女儿，她对母亲断然拒绝了这种被动位置，却在长大后对男人一再采取接受的态度，这招致了母亲的愤怒。为此，她现在期待我的谴责。她选择了一种方式来掩饰自己失去了母亲并且渴望母亲。此外，为了取悦父亲的需要，她创造了父亲希望她活现的角色——涵容困难的母亲。她对这些行动进行了整合，但试图通过成为一个早熟的性感女性客体来摆脱它，以涵容和取悦男性。

　　当伊莎贝尔开始拒绝这个顺从的角色却无法涵容内心的巨大紧张时，她寻求分析。她在关于"女性受虐狂"的阐述中识别出了自己——她允许自己成为主人的奴隶，被拥有，被控制。让人困惑的是，在她那失去母亲的婴儿自体和她被父亲了解的愿望之间存在着一种几乎无法识别的联系，因为结盟的任务是控制脆弱母亲的溢出。随着她努力与男性建立起一种修复过的、充满爱心的母婴伴侣关系，这种与父亲的联系逐渐显现出来。

　　伊莎贝尔意识到，她需要的不是施暴-受虐的满足感，而是缓解过剩的痛苦。这一点很难实现，因为她担心需要或依赖于一个危险的母亲，而且她感到自己也很危险。她确信，自己对任何分析师来说都过多和过强了，她的过剩欲望太疯狂了，以至于无法被理解或被涵容。她开始认为自己是可耻的、危险的、神秘化的，因为她已经吸收了父母两人转移到她身上的一切攻击、无助和失调。在真实的互动中，她不可能区分出自己的过度刺激和她母亲的过度刺激，她不得不积极地推开母亲，即使她渴望被母亲抱持和涵容。

　　在与这种形式的欲望相遇时，我们确实可能会质疑：我们是否应该仅在性表征中理解这种过剩体验？确切地说，这种体验应该被视为更复杂的构型——包括努力调节焦虑和刺激、管理与母性依恋相关的人际攻击。伊莎贝尔对历史的重构揭示了一种母子二元关系，在这种关系中，过剩（兴奋和攻击的融合）是通过性欲化得到处理的。她最初的贯注表明，幻想明确地将身体作为"无法忍受"的涵容者。在缺乏一个转化、调节的他者的情况下，情感涵容的失败加上过度刺激可以被改写并转化为性紧张，从而被释放。人们可能会（也可能不会）反思来自他者的一些明确的性传递。正如斯坦（1998b）所说，"人类有机体似乎有能力（利用性欲化）来应对过剩……换句话说，性欲化是一种能力，一种积极的成就……"（p. 266）。因此，性幻想取代了外部他者的情感调节功能，成为内在大他者的另一维度。

在解决身体兴奋和调节问题时，我们总是容易触及性过剩的矛盾：性本身可能是过剩的，并且创造了刺激和紧张的体验。它作为一种调节自体和他者的方法，不仅可以通过释放得以实现，还可以通过涵容与重要他者在一起时未被表征的、未心智化的体验得以实现（Benjamin，2004a；Atlas，2015）。我认为，许多形式的性行为的主要原因不是吸引他者或引起他者的反应，而是抚慰或调节自体。在这种背景中，性欲释放意味着使用身体来解决心理过剩的问题。也就是说，无法在对话创造的心理空间中被抱持的情感内容被转移到生理唤醒的语域中，并在该层面上得到解决。

性起源于隐晦的非符号化的形式，而它的功能是涵容与重要他者在一起时未被表征的、未心智化的体验。在幻想中，身体接触可以借助隐喻等同于进入他者的心理——一种被承认或抱持、入侵或排斥的体验。我们可以思考到达他者的欲望、与进入的沮丧和绝望相伴的迫切的释放需求，以及进入或被进入愿望的变化——从希望被安全地抱持到被强行闯入的冲动，从希望被知道到希望被用力打开。我们可以认为性欲是一种表达需要的方式——让我进入你，或者让你进入我；但反过来，我们也可以认为兴奋的体验会产生或加剧进入的需要，比如，"帮我涵容这种紧张；让我把这种紧张放在你身上"。

因此，我们有一部完整的经验词典，涉及未被涵容的性兴奋和难以管理的性唤起的因果关系。在这部词典中，我们很自然地将性视为一种长期动机（驱力）和一种表达方式。正如斯坦（1998a）总结的那样："性欲适合作为不同层次和内容的心理交换中最强大的硬通货之一。"（p. 254）分析师们现在朝着两个方向努力，一是"发现非性表征背后的性主题和性动机"（p. 254），二是发现性行为中的其他动机。

过剩与身心分裂

如果性行为提供了一个处理紧张和管理过剩的替代语域，那么它在替代外部他者或替代沟通过程和符号时，只能借助于自体的分裂。最重要的是，通过分裂心理和身体，自体可以活现两个角色——身体是心理无法进行符号化处理的经验的涵容者。身体可以作为自己的另一部分来保持和释放与重要他者的分裂经验的张力。在交流对话中，未被处理和表征的痛苦情感和压倒性的兴奋可以在性幻想中表现出来，然后在身体上得到释放。

越轨性行为也可以作为一种包容痛苦和创伤的形式，并能够创造一个见证和涵容的环境。因此，对于伊莎贝尔来说，自体性欲活动和幻想最初被用来处理她母亲的神秘信息，而性高潮可以抱持和见证她内心的"过多"。伊莎贝尔很早就感受到，自己被母亲的心拒之门外。她试图回到家里，寻求关注。因此，她明确地将自己对主人和奴隶的幻想与母亲对她吐露秘密的虐待式反应联系起来。她描述了自己青春期的自体性欲习惯：让自己处于无法忍受的兴奋和高潮状态。在这种状态下，主人的声音说："你必须接受它。"——她做到了。她用身体的涵容复制了"过多"，这作为粉碎自我的积极版本（Bersani，1985；Botticelli，2010；Saketopoulis，2014），证明了她存活的能力（Benjamin，1988）。她用身体的服从创造了一种顺应——在这种顺应中，快乐和痛苦变得难以区分。

然而，伊莎贝尔也谈到了她是如何与爱人坠入爱河的。她在年轻时就与爱人分享了所有感受、幻想和兴奋，因为在遇到爱人之前，她曾看过一件艺术作品。在这件艺术作品中，她的爱人画了一个仙人掌，白雪正在仙人掌上飘落——平静、舒缓而神秘。她说，就是"这么一回事儿"，让她知道他可以识别和涵容她心里的东西，让她平静下来。他的身体力量表明，他有能力承受所有的兴奋和痛苦。他对过度刺激和抚慰的承认（正如他在艺术中象征性地呈现出来的那样）让她回到自己需要找到和把握的部分（Benjamin，1995a；Rundel，2015）。

在缺乏他者的主体间调节的情况下，承载兴奋性欲的身体成为一个分裂的涵容者，涵容无法被表征的痛苦和攻击。她母亲和她自己的攻击性，以及她在青春期早期所经历的愤怒使她无法反抗母亲。直到后来，伊莎贝尔才想象自己被安全地抱持在另一个人的心中，而不通过渗透或被渗透的方式来调节自己内在的紧张。伊莎贝尔经历了神秘的过剩和激情的痛苦，她在见证自己的精神痛苦后回到了自己的心灵家园——他性可以在这里栖居而不会吞噬她。

伊莎贝尔的故事说明了过剩是如何通过性欲化和幻想明确地把身体作为无法忍受的涵容者来处理的。这种性欲化的形式是施动和受动之间的互补，能够在我们所谓的一元经济的内心幻想世界中活现。这种互补性没有被承认的第三性所消除，它在很大程度上标志着母子二元体中的相互作用。一元性经济中的主要运动不是承认的交流或主体之间的情感交流，而是主动性幻想和被动性幻想的交替；不是两个心理在相互渗透，而是由一个强大的施动者的幻想——正如伊莎贝尔所说的"一个需要服从的人"——作为主导。

一元经济

在一元经济中，身体通过"释放"来对紧张进行调节。这有时是强制性的，如伊莎贝尔那样。迪门（2003）提出，释放适合单人模型。他认为，弗洛伊德的力比多经济与快乐（性欲）的观点相反，它与一种性保健（sexual hygiene）有关。在这种保健中，释放是"性和理智之间的桥梁"。我将释放与二元经济区分开来，因为释放的目的只是调节一个人自己的紧张，而不是享受他者或接触另一个心灵。当它与这些目的分离时，释放意味着使用身体来解决心理过剩的问题，而这是在对话创造的心理空间中无法被涵容的。

在主体间和内部心理的辩证关系中——包括根据性表达关系构成的关系反转（Mitchell，1988）——有一个地方可以通过性来处理共享的躯体紧张或情感紧张。生理唤醒可以变成性唤起并在幻想中被表征出来，继而通过主体间交流促进紧张的传递、调节或承认。婴儿研究者桑德指出，承认的更大特异性允许二元体涵容更多的复杂性（Sander，1991；2002）。如果遵循这一逻辑，我们可能会得出一个结论：对幻想的阐述也允许涵容和处理更多的紧张。这可以通过满足欲望、治愈和补偿的共享幻想来实现。我们不需要将内心幻想的创造视为释放的一元经济的一部分。共享的内心幻想可以作为共享情感、相互调节或性快感的基础。

正如阿特拉斯（2015）所说，我们思考的角度可以是互动的内部心理和主体间的二元经济系统——其中同时包含神秘和实用方面的使用。换句话说，在一个共同创造的幻想中，我对你做了一些事，或者你对我做了一些事——这可以作为共享主体间状态的基础。"我进入你""你进入我"可以是令人兴奋和产生联结的，并且能够将过剩的痛苦转化为快乐。共享幻想的基础是拥有欲望且在身体里保持兴奋。这种能力往往因为与女性被动涵容者的混同而被贬低。在接受他者的同时，拥有自己的感受是可能的。

我的论点是，过剩现象即便仅仅是个人内部心理的特定产物，也应该在想象中与导致"过多"体验的原始主体间二元系统的特征联系起来。我们可以说，主体间经济中一些承认和相互调节的失败导致了需要将紧张（通过身体符号化的内容来疏散）释放给他者，而他者被无意识地感知为纯粹的客体–涵容者。例如，他者缺席或缺少他者心灵可能会引起过剩的疼痛、损失或淹没，并形成一种对狂暴的不可渗透的他者的幻想，如阿特拉斯的患者利奥那样（Atlas，2015；Benjamin & Atlas，2015）。有时，母亲或父亲的行动旨在释放她或他自己的过剩——仅通过神秘的性是无法涵容他们所传递的信息的。性行为无论是否被公开，都是一种释放。在拉普朗什看来，成年人有一些方式让孩子获得性能量或性紧张，这不同于具体的诱惑，并且构成了对神秘信息的妥协——他者无法独自承受的过剩转向了侵犯。

重新审视性别，重新阐述被动性

在潜意识传递的主体间框架内阐述过剩和情感调节问题的一个目的在于，重新审视被动性和女性气质之间的历史联系。在这个构想中，我们认为主动–被动的两极互补性是释放的内部心理经济的一种结构和幻想表征：要么你把过剩的东西放在我身上，要么我把过剩的东西放在你身上。我认为，迄今为止，一切以主动性或被动性的方式定义男性和女性的心理文化模板都可以追溯到过剩的传递和加工。在性过剩的领域中，作为对立位置的主动性和被动性会产生一个破坏性循环——一方被体验为侵入的、贪婪的、控制的，而另一方被认为是封闭的、排斥的、不涵容的，这反过来又会引发侵入，如此循环往复。在传统的性别解决方案中，女性被动的一面被视为过剩的涵容者，这可以被认为是弗洛伊德理论形式的性欲神话的一部分。①

如果对这些性别立场的解构揭示了试图解决过剩问题这个根源，那么挑战这些立场就意味着对人类无法以其他方式管理紧张的观点提出疑问。因此，我们一方面可以说男女极性在管理过剩方面发挥了重要作用，另一方面可以说精神分析正在不断揭示这种客体化技术是如何分裂的——如何通过分裂产生苦难、痛苦和内部矛盾，以及产生了多少。考虑到紧张的管理、对唤醒和情感的自体调节都依赖于相互调节和承认的主体间背景，我们不能认为这种分裂是理所当然的。

诱惑在广义上可以被理解为一个人在面对过度刺激或情感失调时孤立无援的创伤经历。正如我们将要看到的，弗洛伊德（1920）怀疑创伤与刺激屏障被打破有关。我已经提出，过剩的体验可能会导致主动部分自体（阳具、心理）与被动部分自体（涵容者、身体）的分裂。正如阳具的主人在女性涵容者中释放一样，也正如伊莎贝尔所看到的那样，这似乎意味着承受其性欲身体中的过度兴奋。在这种观点中，身体不仅仅是字面意义上的涵容者，还具有象征性。这种女性气质或女性身体的建构可以被视为男性主体过剩问题的解决方案——他们保留主动的位置，否认被动性。

我（Benjamin，1998）将这种男性位置的建构与弗洛伊德（1896）的观察结果联系起来。后者认为，防御活动的强迫位置是男性处理过度

---

① 观看贝尔尼尼塑造的《阿波罗和达芙妮》这个非凡雕塑之时，我被困在永恒的恶性循环中的男性和女性的无能为力和绝望所震撼。男神表现出一种暴力的攫取；被侵犯的年轻女子为了躲避他，将身体化成树，手臂变成树枝。我们过去和现在的性神话以及男性和女性的模板是如何深刻地被这种侵入和排斥、排斥和挣扎的动力关系所塑造的？

刺激的典型手段。它将孩子从被动、无助地服从刺激的位置中拯救出来。事实上，克里斯蒂安森（1996）指出，男性气质的建构不是否认被动性，而是用防御活动取代无助。在同样的分裂行为中，男性心理将这种被动性驱逐到所谓的女性气质（吸收排出物的一个投射的客体）中。

我认为，理解这一举动是解读弗洛伊德的俄狄浦斯情结理论（Freud，1924；1926）中组织性别性欲的核心幻想的关键。这样看来，俄狄浦斯期的男孩似乎因母亲的信息的过度刺激而无法调节他尚未符号化的反应。他无法回到母亲那里寻求涵容，因为他担心这会再次刺激他的错误欲望，或者因为他必须认同父亲。他面临着父亲的双重命令：“你不能像我”和“你必须像我”（Freud，1923）。人们经常观察到，很多男孩希望以前俄狄浦斯期的方式坚持母亲的抚慰，而被父亲看不起和羞辱往往是他们想要的。孩子越不可能回到母亲身边，这种唤醒及其客体看起来就越危险。因此，他必须诉诸更具幻想性的（内部心理）活动，包括通过母亲的陌生和可怕的形象来取代相互调节。过剩与俄狄浦斯情结密切相关。

弗洛伊德认为，通过对主动的父亲的认同来组织自我能够帮助孩子克服被动地被淹没和被抛弃的体验。这种丧失感，以及阳痿、羞耻和困惑，都可以通过这种认同（而非一种活生生的母亲的在场）来抚慰。这一举动进一步否认了被抚慰的位置，并且在主动和被动之间创造了分裂互补性，就好像这一对立是不可避免的。我们还可以推测，过剩（丧失、失调、诱惑及之后的抛弃）的体验越强烈，否认软弱或被动性（等同于女性气质）的主题就越可能成为一种特征，并危险地与渴望得到母亲的抚慰联系在一起。

我们回顾一下弗洛伊德（1909）的俄狄浦斯早期范例“小汉斯”。科贝特（2009）对其进行了批判性讨论，他认为，弗洛伊德强调男孩自恋地使用阳具作为理想，这有助于解离和绕过家庭中的实际关系系统：

男孩与一位殴打他妹妹的失控的母亲的关系（根源更可能是他的幻想，而非阉割焦虑）。母亲不是通用的符号客体，不是崇拜的丧失客体或广义诱惑的传达者，而是真实的人物。她的不可靠和攻击性削弱了依恋，刺激了暴力幻想。这些幻想可能并非起源于男孩对阴茎的贯注，但最终会在男孩对阴茎的贯注中到达顶峰。弗洛伊德以一种非同寻常的异想天开之举，将这个幻想体系转变为俄狄浦斯情结理论。他试图说服我们，阴茎必须象征性地包含汉斯的觉醒，然后释放攻击和兴奋（就像马的阴茎只象征着父亲的力量，而非与母亲的暴力相结合）。这就是阳具的作用。

弗洛伊德以被动的女性角色作为涵容过剩（对不想要的、无助的过度刺激的原始恐惧的经验）的具身。这个被动的涵容者成了一个令人兴奋的邀请——阳具可以对其采取行动、控制和构造。① 至少看起来是这样。这让那些支持俄狄浦斯情结性别角色的人松了一口气。虽然阳具控制意味着管理过剩的功能，但这种阳具角色有其自相矛盾之处——向他者释放过剩的紧张，虽然从表面上看是主动的，但也会变得被动。例如，早泄表达了对过剩的紧张的恐惧，意味着面对恐惧或欲望的客体时表现焦虑。通过阳具控制来抑制自己的兴奋可能很困难，如果缺乏阳具控制，那么释放的行为就意味着女性的软弱。这是一个无法达到父亲阳具控制的小男孩的涵容者自体中的漏洞。无法涵容和过度兴奋的灾难殃

---

① 正如我之前所论证的，这种女性观与经典的女儿形象（弗洛伊德坚持认为女儿必须转向父亲）相对应。在这里，我们看到弗洛伊德（1931；1933）坚持认为这种转变定义了女性气质的逻辑。当然，霍妮（1926）已经指出，在弗洛伊德的理论中，女孩的阴茎嫉羡和自卑感准确地再现了男孩的俄狄浦斯期想法。这种想法有双重作用：一方面，女孩作为被动女性客体，通过象征等式成为自体主动释放的涵容者；另一方面，她通过投射性认同，活现着牺牲受虐的自体，使性冲动指向内部。她将承担起调节和吸收无法管理的紧张的角色，就像一个控制欲更强的涵容性母亲。母亲是分裂的，她的适应方面被认为是女性的，她"肛欲控制"的积极组织方面则被重新表述为男性的、父亲的、阳具的。男孩认同母亲的男性气质，与此同时，他否认她的性取向和性器官。因此，弗洛伊德认为，对阴道的否认是正常的（Benjamin, 1998）。

及性别——它意味着阉割。

尽管女性可以活现被动角色，但围绕着否认依赖和恐惧被动性而形成的男性气质总是不稳定的。正如布伦南（1992）所说，女孩的客体化身体可以接受无助的体验并因此变得被动，而父亲的儿子也可以被塑造成过剩的被动涵容者，从而使父亲稳定而固着于镜映的位置并提供注意力。母亲和父亲都可以占据支配地位，控制任何一种性别的孩子。伊莎贝尔成了母亲的过剩的涵容者，将母亲认同为主人。男孩可能会成为父亲所投射的羞耻感的涵容者，成为被父亲鄙视的弱者。弗洛伊德不断提醒我们，要将男性气质和女性气质视为男性或女性可以承担或逃避的位置。

尽管如此，被称为男性气质的同一性意味着与防御行为、抛弃焦虑（Brennan，1992）、通过创造不幸来掌控刺激，以及涵容他者的位置相关。相对地，女性气质的同一性是对他者的适应、接受和镜映。而涵容过剩应该通过文化上可理解的、可承认的、以二元形式组织起来的性别能指-标记来发挥作用，然后将其具体化（Benjamin，1995a；Celenza，2014）。我们可以说，过剩通过这种具体化变成了男性和女性的认同问题。当这种基于幻想的同一性过剩处理失败时，羞耻感随之而来。但与小汉斯一样，关于承认的性别意义的假设使我们有可能忽略一个问题：这些能指和幻想是如何嵌入具有关键早期依恋失败痕迹的互动和幻想中的呢？看似不可避免的发展过程可能被视为一种内部心理的产物，它植根于调节和承认中主体间分裂的演变。

大卫·格罗斯曼（2001）的书信体小说《成为我的刀》生动地分析了一个被征召成为过剩的涵容者的男孩的性别幻想，他的成年男性角色"亚尔"使困境变得更为复杂。在书信中，亚尔用独白的方式讲述自己迫切地需要被理解和通过承认来调节，因为他害怕自己只不过是一个尖叫的婴儿、一只会嘶叫的驴驹、一个"婴儿怪胎"。他在书信中警告爱人米里亚姆不要靠近他，因为（注意女性的身体意象）"令人恶心的河流从他所有的孔洞中流出……他略微过度兴奋的灵魂的脱落层……"。他接着写道："我一直是洞，非常不阳刚。"当他谈到他只渴望"触摸目标，触摸，触摸一个陌生人的灵魂"时，他看到自体变成了一个尖叫者，他"用他那破碎、刺耳的声音尖叫，这声音在他的一生中不断变化"。很明显，他在对女性癔症的描述中将自己认同为涵容者——别人"不是用我的耳朵，而是用我的胃、我的脉搏、我的子宫……"理解这种尖叫。他几乎被迫成为一个涵容者，理解他人，并体验到阉割。他很清楚俄狄浦斯情结的性别二元性，但他就是不能正确看待这一点。

亚尔知道解决这个过剩问题的方法，但他就是做不到。这是为了涵容自己的阳具："我父亲会对我说，整个身体都想尿尿，但你知道拿什么来做这项工作。"在书的高潮部分，亚尔在与他的小儿子的权力斗争中试图索取阳具父亲的位置。"你会回到我身边，像往常一样爬行。"他冷冷地说。他把他的小儿子（和他的小男孩自体）关在房子（母亲的涵容者）外，直到他屈服。亚尔最终确实需要作为母亲的米里亚姆的理解和平静的干预，从而将他从被阉割的男孩阳痿或惩罚性的父亲控制中解救出来。只有她才能真正缓解最初的问题，即过度兴奋和失调导致的羞耻感和愤怒。

格罗斯曼的故事表明，一个男孩对母亲的需要、羞耻感和丧失感是如何表现为高度唤醒、过度刺激和过剩的。同时，男孩非常痛恨这样一种位置：既认同哭泣的无助的婴儿，也认同其作为能够倾听和拥抱的母亲子宫的替代者。对听到并承认孩子为母亲发出的哭声（没有被人听到的尖叫声）的子宫的认同是一种软弱的标志。被贬低、被"阉割"或被父亲视为哭哭啼啼的漏水的婴儿的威胁，使"去认同"（disidentification）成为必要。轻视母性调节的必要性会进一步损害本已不稳定的涵容者功能（Britton，1988），即接受、抱持和对自己的调节负责，从而使小男孩变得未被涵容、过度兴奋和漏水。

　　正如亚尔的父亲所说，想要抵消这种与过剩相关的被动关系，似乎只能让阴茎发挥作用，使其成为唯一的强大的涵容者（不是一个接受性的涵容者，而是一个可以向外释放的涵容者）。亚尔将这个无法实现的阳具理想作为自己"缺乏"的标志，感到自己是谦卑和柔弱的。他因羞耻而与他仍然需要的母性调节隔绝——陷入灾难性的孤立，渴望彼此触摸，但无法做到。因此，被倾听和抱持的问题，要求个体在努力逃避被呈现的同时涵容自己的过剩。这种施动-受动关系是通过性别能指对男性和女性认同的指定来表达的。我认为，女性的概念被构造成内容和涵容者，以抱持不想要的脆弱和无助体验。在格罗斯曼的故事中，男性的俄狄浦斯位置通过主动和被动的防御性分裂来涵容过剩，这暗示了前俄狄浦斯期（早期母性依恋的主体间体验）的断层。过剩被难以置信地组织在一起，但它并不能为欲望提供一个可靠的基础。

　　弗洛伊德并没有明确地接受主动性和被动性故事中的男性气质和女性气质的俄狄浦斯位置，不过他经常将防御活动和无助的被动性作为必要的形式。正如我（Benjamin, 1998）在其他地方所说的那样，他的被动性概念缺少"愉快地接受性"这个维度，并且似乎认为接受刺激、保持向内引导紧张的位置必然是不愉快的。快乐的事情是排出紧张，通过释放（而非吸收它）来疏散。但是伊莎贝尔所表达的那种快乐，那种能抓住并吸收穿透她或他的人的力量的快乐又是怎么回事呢？涵容的积极方面是什么？弗洛伊德的观点总是站在（异性恋）家长的角度，将被动的客体视为涵容者，阻挡了同性恋者的认同欲望——成为强大的父亲，或与理想化的人物相融合，并通过他的力量被涵容（Benjamin, 1995a）。

　　以异性俄狄浦斯情结二元性为基础的被动性观点并没有考虑到关于紧张的第三种位置：承认的主体间关系决定了在共同创造的兴奋和承认

空间中愉快地承受过剩的能力。我怀疑，这与弗洛伊德描述的被动性创伤经历，即面对冲击、诱惑或抛弃时的无助状态有关。在主观上，与他者一起承受紧张并没有被概念化。这必须要求释放，从而避免过剩带来的自我破碎和创伤。依恋创伤、痛苦、羞耻和脆弱表征了男性对未被识别的被动性的恐惧。它们或许会在一个幻想的兴奋语域中得到表达，并将创伤转化为性兴奋。

我曾提出（Benjamin，1988），主体间经济需要一种所有权概念，其再现了涵容和拥有内部的女性或母性功能，可以通过自我意识的反转来实现。传统观点认为，抱持源于母性自体或女性自体，在性主体的精神分析概念中，"主体权"必须被恢复和纳入。一个拥有被动性的主体可以以其快乐和脆弱性使他者被动化，而不需要借助支配的形式。这样的一个主体可以对另一个主体有欲望，而不会将其降低为没有意愿或压倒性的客体——这个客体反过来使主体在自己的冲动面前变得无助。一个主体如果与贪婪的、主动防守的阿波罗式性欲相混淆，那么它根本不是主体。

正如我们所看到的，阳具控制的另一面是一种男性性欲，它不被涵容，受客体控制，缺乏欲望的所有权。性兴奋呈现出一种解离的特点，因为主体宣称客体是如此引人注目和诱人，导致他不能为自己的行为负责。随着客体成为施动者／演员，主体成为受动者／被执行者，能动性（主动性）逐渐消解。主体拥有欲望的体验——"我渴望你"必须与"你如此有魅力"区分开来，当然也必须与被强迫性客体所征服区分开来。这并不是说，通过幻想保存的体验——"你是如此有吸引力，如此强大，以至于我无法涵容自己，一看到你就会疯狂"——在相互性关系中不可能是愉快的。但是，对幻想的相互享受是建立在拥有欲望的基础上的。兴奋需要被保持在自己体内，而不是被投射到一个被贬低的女性被动他者身上。个体能够在接受他者的同时拥有自己的感受。

所有权意味着维持紧张（而非消除紧张）——保持而非释放，顺应而非控制。它在一个充满活力的经济中发展，这种经济使自体调节和相互调节的行为在一个承认的领域中实现了同步。当然，在不坚持僵化的性别立场的情况下，发挥互补性和释放是可能的。在接受、见证和抱持的意义上，一个人不用"做"任何事情就可以承受任何兴奋和感受。在性结合的体验中，双方能够轮流或同时接收和传递信息。

"倒错"和被抛弃的孩子

我的一名患者叫詹姆斯，他是一名电影导演兼电影专业的老师。在会谈开始时，他自信地阐述了自己对电影《美国丽人》的看法，这部电影是他和全班同学一起看的。他告诉我，他现在真的明白了主人公莱斯特有多变态，因为他可以认同莱斯特。詹姆斯担心我不能真正地了解他，也不知道他在婚姻中有多像莱斯特。我对这部电影有自己的看法，他认为我不会完全同意他的看法。

我的脑海中回忆起这部电影，我拒绝用通常意义上的"倒错"来简化莱斯特对他十几岁女儿的被动和挑逗性的朋友的认同和过度刺激。莱斯特的妻子是不可穿透的，就像她完美房子里闪亮的装饰板一样密闭。他无法进入她的心灵或身体，他想进入她的愿望只能表现为攻击或混乱、侵入和恶心。在整部电影中，莱斯特都会不由自主地对女儿的朋友——一个故意挑逗他的啦啦队队长——抱有幻想。但是，当她向他透露自己实际上是一个处女，是一个得不到父母关心的、被忽视的孩子时，这种不可抗拒的刺激发生了戏剧性的变化。就像从梦中醒来一样，莱斯特突然识别出，这个女孩是一个有着自己情感中心的人。他发现，自己需要喂养和照顾她，就好像她是小孩，他是母亲，他给了她一碗早餐麦片。过度刺激的明亮灯光被关闭，被抛弃和悲伤的感受给这个女孩带来了一种认同联结。我认为，我的患者正在避开同样的认同。

詹姆斯现在指责我，认为我没有充分识别出他攻击和倒错的特质，也没有识别出他对女人的幻想的破坏性。他强烈反对我的解释，这是他对我的电影评论做出的反应。正如我刚才所说的，莱斯特实际上揭示了他对女孩被抛弃的婴儿部分的认同。詹姆斯极力反对，认为我是相信好莱坞结局的"傻瓜"，说我天真、容易上当受骗，而他（作为弗洛伊德、拉康的捍卫者对我的美国式关系分析提出了批评）比我更有能力认真审视莱斯特的性格。事实上，我现在发现自己感到怀疑，想知道自己在攻击面前是否真的有些"软弱"，害怕用破坏性来面对他或我自己。正如他所说，也许我"容易上当受骗"，而且已经准备好上当受骗了。

然而，当我听到詹姆斯的轻蔑言论时，我的直觉告诉我，我的争辩欲望不仅仅是防御。我感受到，我的患者明显在试图把一些可耻的事情强加给我，这代表了我们之间活现的一个重要部分。我提醒自己，这次会谈离我预定的缺席只有一周了。我开始了关于"吮吸者"（sucker）的思考：谁是"吮吸者"？谁是失去乳房的贫乏婴儿？我们似乎处于一种可反转的互补关系中，他努力让自己感觉自己是一个强大的人，让我成为一个天真而无助的人，这是一种明显的性别二元性。我想知道，我是不是无法面对自己对这个危险男人的恐惧。患者的极度轻蔑的父亲曾经嘲笑那些依赖女人并将女人视为一个温暖身体的男人，称他们为吮吸者。

我告诉詹姆斯，在这场辩论中，我们正在活现当下的事情——也许他认为能够容忍莱斯特堕落的"残酷"真相会让自己感觉更加阳刚和强大。我在想，当他坚持认同一个强大但倒错的父亲、轻视自己和他人的婴儿部分时，他需要让我占据这个婴儿的位置。所以，我描述了我自己的问题：我是不是处于婴儿位置的那个人——那个仍然需要母亲的"吮吸者"，那个依赖和容易上当受骗的人？他坚定地表明，自己不需要我做他的母亲，也不会感受到被抛弃；相反，他可以用他的男性气质给我留下深刻印象。当我离开他的时候，他可以克制自己的无助感，可以用自己的"坏男孩"方面的独立和叛逆来保护自己。我现在不想也不会讨论：我是不是无法成为一个足够坚强的、自我涵容的父亲，让他对被动的愿望感到安全和兴奋（Grand，2009）？我能成为他永远无法拥有的、不存在于认同的爱中，甚至不存在于情欲的幻想中的理想化父亲吗？

一时之间，詹姆斯似乎被我的清晰和转变吓了一跳。他所设想的权力的位置、他保护性自体的状态，必须以否认贫乏的婴儿自体为基础，但这个基础已经不稳定了。当这种自体状态被开放所取代时，他似乎受到了我对他的思考的影响，并在他的攻击中幸存下来。他考虑自己是否害怕面对父亲的轻蔑以及对自己无法应对存在和想要的东西过多所导致的恐惧，这是他与莱斯特共同面临的问题。当他把我看作一个能够思考的、没有被破坏的、能够抱持他的焦虑的母亲或父亲时，他遭到轻视的需求及被人安慰的渴望变得不那么可耻了。是的，他同意，他正在活现一些熟悉的东西、一些让他想起他父亲的东西，他本以为自己已经看透了。

詹姆斯和我都很熟悉这样一种感觉：他的父亲与母亲亲近因此使他感到羞耻。但这一刻在活现中又恢复了一种压倒性的恐惧感，这种恐惧感和羞耻感与他母亲经常缺席以及她对父亲专横行为的焦虑反应有关。作为故事的一部分，我们可以识别出，他父亲有多么需要抚慰（他转向酗酒来满足这种需要），这是他自己过剩体验的一部分，而詹姆斯为了他父亲不得不去涵容。很明显，在会谈开始时，他试图避免被自己可耻的需要和潜在的被抛弃所压倒，并且想通过喧闹和挑衅地宣布自己与"倒错"的同一性来获得安全感。莱斯特被谋杀掉的男性的一部分，唤起了一个情欲化的小男孩对父亲的需要，其仍然潜伏在背景中，是一种同性恋欲望中创伤和过剩的非符号性的融合（Botticelli，2015）———一种幻想的愿望，即成为一个被动的男孩（女孩），拥有一个穿透性的、令人兴奋的父亲——就像那个诱惑他的被动的女孩一样。

随着时间的推移，詹姆斯如果能够承认自己的婴儿部分有时是如此迫切且极度贫乏，致使他想象"闯入"女性身体，那么他就能够认可自己害怕被羞辱。他可以看出，对他来说，男性气质是攻击性和权力的凝结，是危险的。要体现男性气质，就要兴奋并控制强有力的阴茎，避免感受到软弱和脆弱。他可以成为他永远不想拥有的人，拥有他"宁愿死"也不愿成为的人（Butler，1997）。我们可以一起开始理解他自己的那一部分，即他继续以羞愧的心情攻击和阻拦着我们早已知道的他在失去母亲的依恋和抱持时的痛苦，以及他父亲对温柔的渴望。

在因母亲的不可预测性、过度刺激和抛弃而产生性行为的患者的临床治疗方面，早期依恋关系的经验尤为重要。后来的俄狄浦斯情结模式的支配和服从、诱惑和背叛叠加在早期经验——独自处理内部和外部刺激的经验——之上。在某些情况下，分析师被矛盾地要求在其心灵中保留孩子的部分，这个孩子担心被带回将他驱逐出去的母亲的心灵将会是压倒性的。活现中的困难在于，当分析师持有需要联结的自体状态并无意识地代表该部分提出要求时，她也会受到贬损。

此外，如果分析师没有被调谐到恐惧被唤起的原始水平，那么她在任何领域的共情都可能成为过度刺激的活现。分析情境不仅会让患者面临被依恋然后被抛弃的风险，还会唤醒患者最初试图摆脱的可耻需求。因此，阿特拉斯（2015）在她关于"过多"的工作中描述了一位患者——害怕她通过声音、表情和姿态表达出的情感反应，并责骂她："停止那种该死的感觉！"患者补充道："当你突然听起来很感动的时候，我无法忍受。你别生气，这对我的身体有影响，让我很不舒服，甚至感到恶心。"

咨询室里的恐惧和厌恶

阿特拉斯和我（Atlas，2015；Benjamin & Atlas，2015）更详细地讨论了她与利奥的工作——将早期依恋的破裂以及对性和男性气质的贯注结合在一起。在利奥出生后不久，他弟弟出生了，利奥小时候没有安全的依恋，无法通过做母亲的儿子（并且缺少一个支持他的父亲）来捍卫自己的男性气质，于是他放弃了自己的愿望。他反复梦见一个女人向他招手，然后离开。他认为，这意味着他曾经有一个机会，但"搞砸了"，失去了他爱的客体。利奥说："你必须小心，因为如果你走错了一步，你就失去了她，你爱的人就不见了。"

利奥谈到，放松和享受乳房（母性和性欲）是不可能的，因为他必须时刻准备好迎接乳房的到来，主动地通过吮吸来满足它。他说："我必须一直处于饥饿状态，随时准备行动。"我们注意到，过早放弃首先得到抚慰和满足的部分是一种被动的婴儿位置，这会让只对主动的男性有耐心的母亲感到不快。实际上，利奥必须忍受不断的失调，必须在没有帮助的情况下忍受持续的饥饿和自己内心的紧张状态。但在他心中，这种状态明确地代表了男性气质的本质："如果我不饿，那意味着我不是男人，因为男人一直都饿着。任何真正的男人都会与她发生性关系。"他表达了自己的恐惧，即女人会发现他需要她的乳房。他想吮吸乳房，并且在面对这种渴望时，他会像婴儿一样躺着。"这是何等的缺乏男性气质。"他认为，一个真正的男人不应该需要乳房，而应该控制它。

利奥将这种创伤经历塑造成一种性别斗争，即他不得不在缺乏抱持的情况下管理自己的兴奋，首先被给予乳房，然后被否认、诱惑和抛弃。顺应于性刺激的问题与焦虑有关，他需要通过自体调节避免羞耻感，其必要条件是让他者使过剩的承受成为可能。正如阿特拉斯所指出的，利奥对性爱的思考暗示了一个热情、兴奋的婴儿在面对乳房突然被夺走时所经历的羞辱。

我们认为，这种随时会被抛弃的威胁会导致控制分析师并将其作为刺激源进行管理的尝试，而这反过来会被分析师感觉为一种侵入。这种互补性的态度很容易导致僵局。让利奥感到痛苦的是，他似乎永远不会被他的分析师所爱，因为后者会被他过剩的性贯注所排斥。在分析开始时，他宣称自己被分析师的呼吸所困扰，尤其是深呼吸。"你在呼吸，"他偶尔斥责阿特拉斯，"这意味着你全神贯注于自己。"他补充道："也许你的呼吸表明你有困难，你需要空气。"后来他说，这表明他对她来说"过多了"，她很快就会设法逃离。阿特拉斯报告说，起初，虽然她知道利奥害怕被抛弃，也知道他想要逃离，需要空气，但她还是被一种侵入的感受控制得很不正常，没有喘息的空间。因此，有时她确实想摆脱他。

利奥通过迂回的方式表达了对一个足够强大的女性涵容者的令人窒息的渴望，并以责备的形式表达其愿望：有人应该能够抱持他，而不需要逃跑。然而，他也认为，自己这个孤独的婴儿对联结的渴望太强烈、太失调，这对母亲来说很危险，所以他必须找到其他的释放方式。面对这种缺乏主体间调节的情况，他转向了幻想的、自体性欲的释放位置：他可以通过对同性恋性幻想中小男孩的表征来安抚过度刺激的兴奋自体，逃离控制着满足感的诱人客体。

在第一年年底，治疗的一个重要转折点出现了。那时，利奥指责阿特拉斯试图向他证明她"有价值"。他说，她和他的姐姐们一样，有一种父亲情结，试图证明自己和男人一样好，可以像男人一样思考。听他讲述之后，阿特拉斯意识到，虽然他的观察显然包含了许多投射，并且以对男性和女性的刻板印象为基础，但他所说的有些道理。她和他的关系是防御性的，缺乏感受；和他在一起时，她是强硬的、拘谨的，而不是柔软的、温柔的。她意识到她一直在使用自己的心智来表明自己是知晓者。"我想我的行为，即他体验到的男性气质，是我和他一起生存的方式之一——没有太'女性化'、被动、贫乏，并且不会被穿透和攻击。"阿特拉斯告诉他，她想探索为什么她的女性部分不会出现在他们的关系中。当她说出这句话时，她开始觉察到，这一定是她避免害怕他的方式。在某个时刻，她也和他分享了这个想法，并问他是否也担心她可能会攻击和伤害他。

利奥回答说："是的，我也害怕同样的事情。"她允许双方都很害怕，而她保护自己的方式不太有效，因为"就像你生命中的其他女人一样，我也向你传达了我随时有可能羞辱你的信息，唯一让我不受伤害的方法就是成为你所说的'男人'"。当阿特拉斯说"我们都很警惕，因为我们都相信自己会伤害对方"的时候，利奥松了一口气。这是分析师和患者第一次都有呼吸的空间。

换言之，利奥认为，无助、贫乏和脆弱的女性位置，是双方都必须避免的，因为无论谁占据这种位置都是可耻的、不稳定的，并且会受到伤害。和詹姆斯一样，当他觉得分析师可能会把他推到那个位置时，他会退缩，试图逃离这个他无法摆脱的、令人讨厌的脆弱婴儿自体。但当他的分析师占据了易受攻击的位置时，他活现了破坏性角色，这也是一种威胁。正如我们所看到的，互补性可以围绕支配和无能为力来发展，从而导致一种僵局，让每一方都害怕受伤，害怕被抛弃，害怕被侵入或控制。双方都尽量不要太"女性化"、被动或脆弱，正如分析师在回顾自己的行为时所承认的那样。如果分析师无法认可自己的恐惧，未能反思自己为了作为男性位置的控制主体来打破僵局而采取的防御手段，那么潜在的安抚和理解需求可能就被忽略了。患者需要努力地思考分析师的体验、患者自己冒险挑战分析师的积极性，以及分析师在思考的同时吸收影响的能力。

起初，利奥对自己无法想象以阳具理想作为涵容者来补偿母亲的缺失感到懊悔，这是因为他是一个借助男性力量潜在地控制爱的客体的男人。当他想象一个真正的男人应当如何控制时，这个理想的形象就在他的幻想中出现了。随时做好准备并处于控制中，随时为乳房准备好——这似乎是拥有一个女人，而不会感到太贫乏、幼稚、排斥和羞辱的唯一办法，也是释放"过多"的唯一途径。

最终，利奥开始相信，他不必生活在这种控制的想法中。事实上，他可能会做错事，"失去接球的机会"，但他仍然是一个男人——这挑战了他的内在假设，即在某物或某人被带走之前，机会只有一个。分析师被允许呼吸以及错过"得到它"的机会。

利奥的治疗证明，我们需要将依恋与创伤联系起来，通过早期二元体中的主体间失败来解决过剩问题。这种主体间失败与性别能指的语言有关：作为一个男人或拥有一个女人的意义表明了涵容过剩的困境。最终，利奥能够容忍自己将分析师视为一个女人并将自己体验为一个拥有性欲的主体，而不会被压倒或担心激活那个被抛弃、被阉割的男孩。他能够忍受性的紧张，而不会幻想这个女人（既是那个无助男孩的投射形象，又是一个无反应的母亲）必须被抓住、服从，并且臣服于他的权力。

分析关系中的过剩

正如我们所看到的，"阉割"是努力克服压倒性和失调带来的羞耻感的表现，其形式是努力控制阳具。男性气质的幻想掩盖了自体调节和抱持的缺乏，也掩盖了在面对太多刺激而没有安全依恋来调节张力时对感受的把握。通过智力优势扭转局面和自我保护代表了一种"伪装出来的男性气质"——双方都容易受其诱惑。利奥努力用性和性别的隐喻来象征他的困境，随着他对这种符号性语言的熟练运用，分析工作有了进展。但对我们来说，还需要揭示这些象征如何促进了从主动到被动的文化二元性的逃避，以及早期母亲失败中过剩的根源。我认为，这正是精神分析坚持将俄狄浦斯情结模式作为唯一有意义的分析基础所促成的。

我认为我们应当理解利奥表达的性焦虑——原始二元系统中的主体间失败导致他无法保持过剩的性行为。在治疗过程中，这些失败必须作为破裂被重演并得到修复。他者缺席或精神缺失的体验导致了太多的痛苦、丧失或淹没，这受到分析师存活下来的体验的主动挑战，并且涵容了她在思考和感受主体性上的过剩。被涵容的过剩不尽相同。我们可以对两种信息进行区分，一种是伴随着充分照顾而传递出的神秘信息，另一种是在背景中未被涵容的充满"噪音"的妥协信息（Laplanche，2011）。

早期相互调节的缺乏导致了无法进行自体调节的困境，因此，患者对自己的无法涵容感到羞耻。过剩的羞耻感与认同需要母性照顾的婴儿部分时暴露出的弱点有关。在临床关系中修通这种羞耻感要求分析师与患者一起重温和承受痛苦的自体状态。这可能涉及将潜在的羞耻感归因于分析师，也会不可避免地损害与羞耻感有关的情感调节。患者和分析师之间的恐惧是互补的——被抛弃和被羞辱或进行羞辱和抛弃，也是未系统性阐述的和解离的。分析师必须观察自己的过剩所涌现出的自我保护和羞耻感的迹象。

利奥和詹姆斯都与他们的分析师一起活现，因披露他们的失调、对过剩的恐惧（双方都将之感知为被动的女性位置，而努力去避免）而感到羞耻。在典型的反转中，女性分析师开始体现患者恐惧的位置（被暴露和抱持着的驱逐婴儿的渴望）——除非她用（男性）思维活动进行防御。在利奥的案例中，这种思维最初是母婴关系危机的标志，后来被双方共同的思考和反映活现所改变。在詹姆斯的案例中，活现思考角色的母亲感受到了对伙伴关系的保护，并且促使双方进入了共享第三性。在这两个情境中，通过修通活现，双方可以阐明被否认的东西，即过剩，从而共同将女性的位置转变为母性抱持的主动部分。

改变对女性位置的贬低与缓解通过阳具防御来承受涵容羞耻感所引起的压力密切相关。由此，分析中的双方能够摆脱性别强化的互补性（在这种互补性中，有人必须占据羞耻位置），进入一个识别恐惧的第三性位置，允许分析伙伴面对过剩的问题及对一个舒适、可靠的母亲形象的渴望。

我们从临床上可以看到早期情感调节中理论化断层线带来的帮助——塑造了我们承受性欲过剩和他性的能力，并努力通过性别幻想而使这些断层得到修复和固化。在重读弗洛伊德的理论时，我引入了早期依恋的主体间背景，追溯了具体化的性别位置，并由此尽力掌控其他难以管理的过剩。我们可以在一个主体间框架中锚定临床分析，该框架的重点在于过剩没有被关系性地涵容，以及揭示性别幻想为补偿这种关系失败所做的努力。通过增进对依恋和情感调节的一般理解，我们能够认清神秘信息加工的重要方面，即性别能指在修复自体的共享幻想中所起的作用。在分析关系中，我们可以尝试通过幻想所组织起来的互补对立（Celenza，2014）进入涵容过多内容的相互调节和承认的第三性。

在我与伊莎贝尔的工作中，伊莎贝尔和利奥一样，无法想象我能够"接受它"；也就是说，在她的心灵中，一种信念占据了主导地位：我太软弱了，无法应对她的紧张和过多。我必须忍受她的冷漠型依恋，以及她对我的任何需求的解离，这在她心灵中是一种保护，让她免于无助地受到她那个软弱的母亲形象的信息噪音的影响。她在怀疑状态下，甚至感知到我的情感共振是边界消解的标志，并激发了对我无法抱持她危险的冲动和感受的恐惧。事实上，这种怀疑对我来说常常是痛苦的。她的恐惧的活现可以被视为对母亲将暴怒、焦虑和羞耻感转移到她身上的一种反应。然而，伊莎贝尔并没有像利奥害怕分析师的呼吸那样，触碰到自己对他者释放的恐惧，而是宣称自己的性力量来保护自己的自体。尽管她公然拒绝并反对母亲，但她的防御（也许这与她作为女儿的角色相一致）中包括了她成为涵容者的能力和承受所有痛苦、渗透或侵入的能力。因此，她要求我像她的男性理想一样强大，强大到足以穿透她。

在早期的一次会谈中，伊莎贝尔对我的反应方式表示不满，并提到一位"敏锐"的顾问，她要求我最终"说一句打动我的话，切中要害"。当我明显保持冷静并表达了我对没有人会强大到足以抱持她的恐惧时，伊莎贝拉明显变得平静了。就在那时，她受到启发，大声诉说母亲的言语攻击（她每次不得不忍受整整一夜）与她在性爱中承受极大痛苦和刺激、服从主人的幻想之间存在联系。我的承认让她有些宽慰。她开始意识到，她要求我抱持她承受的痛苦与她必须抱持她的母亲有关。然后，她能够讲述自己的服从幻想："拿走"给予的任何东西，让自己被粉碎（Bersani，1985），为了在性互动中得到修复而复制创伤性攻击。她进入了一个共享第三性的空间，这让我和她一起反思并开始理解她的性欲是如何形成的——抱持过剩的需要并且创造性地想象出修复和治愈被它压倒的自体。

这次会谈之后，伊莎贝尔再回来时第一次谈到了我办公室的环境很宁静，让她能够体验到周围非攻击性、非抛弃性的涵容空间。她沉默片刻后开始联想：

> 那一小片光明……作为一个孩子，我会去河边一个特别的地方，独自走过那些树……找到一些宁静……我的母亲从来没有平静过。我需要走很长的路才能到那个地方……或者我自己走到各种极端……这是我私人的避难所，让我不必镜映或反映我周围的人。这个平静的地方相当于性高潮。

这些联想使她回忆起男友的画中仙人掌上平静的雪。不久之后，她重申了关于安全、逃避、性高潮和平静的看法：

> 在天堂里，我不会被侵犯……就像在性爱的终极高潮中，我迷失了自我。它也可能是自我毁灭性的，就像在速度击中你的血液时逃跑。我在外部远离，又在内心深入，我不能被侵入。

起初，性高潮的过剩与自然界中独处的平静之间的联系似乎是矛盾的。失去她的心智似乎与免受侵入有关，这最终能够平息过度刺激和失调的情感风暴——也许是从她使用的解离，即"无法逃避时的逃避"，变得更接近于真正的安全。

性高潮不仅能够释放过剩，还能作为一种与自体融为一体（不被保护自己或反映他人的需要所分割）的手段，放弃去分化，为自体的创造性再生提供空间（Rundel，2015）。我们也可以将其视为从服从走向顺应的一种手段。伊莎贝尔的经历反映了根特（1990）的"顺应"概念，这表明了一种放弃掌握和控制的形式，它允许我们超越支配和服从的条件。在这种放弃中，一个人不会向他者屈服，不过可能会与他者共在。

我从她的服从幻想中识别出了她对家的向往，这促使伊莎贝尔在他者在场时顺应于孤独的空间。在这个主体间的抱持空间中，过剩被转化为对一种平和的、内外合一的自我体验的渴望。在这种第三性中，他者不必被排斥，也不必害怕侵入；没有人是主人，也没有人需要服从或接受。根特认为，服从看起来很像一种不正常的顺应。我们可以将向他者屈服想象成当他者在场时因渴望屈服于节律第三方而采取的形式（Benjamin，1988）。

在我看来，顺应依赖于第三性的空间，超越互补性，涵盖且可能反映了对过剩的恐惧。在伊莎贝尔和利奥身上，我们看到了情感平静（呼气、空间体验）和关于恐惧的象征性构想之间的一致性。通过记住这两个方面（节律的和符号的），我们创造了一个第三性的空间，并在其中与痛苦的现实相联结。通过揭示相互调节的创伤性失败，我们逐渐调整了过剩的模式、支配和服从的形式。这种互补性反过来在分析关系中得到活现。在双方修通这种互补性活现的过程中，第三性的空间得到了发展。

创伤、顺应和第三方

在第三性的空间中，当过剩被差别化地抱持和加工时，我们可以将表现为被动性的东西重新描述为顺应。在被动性的重新分配中，服从于互补的主动伙伴的内部经验转化为顺应，这是一个探索和承认的过程。当我们能够在主动性和被动性等互补位置之间自由交替并进入对称位置时，我们依赖于一种共享第三方的定向、一种共同创造的被识别为属于我们双方的舞蹈（Benjamin，1999；2002）。这种对第三方的定向改变了关系模式。顺应也是形成第三种位置的一种方式，它与主动性和被动性有关。被动性的重新整合将如何改变我们对性主体性的想象？我已经提出，在一个空间中，主动-被动互补性的反转使我们走出权力关系，进入一种第三性的形式，顺应于相互承认的过程。

如果消极的潜在创伤经历被感受为顺应于一个共享过程（而非他者），从而被抱持、享受和表征，那么会怎么样？顺应可以区别于表面上或被标记的被动性——这实际上是关于孤立或过剩刺激的创伤经历的一个特征。通过阅读弗洛伊德和格罗斯曼的作品，我认为，束缚、掌控和表征这种创伤经历的努力塑造了男性气质和女性气质的形象。临床工作为探索这些性别、性欲能指背后的经验的需要提供了支持。

与分析工作一样，在情欲生活中，当我们对与性别互补相关的性幻想敞开心扉时，我们会发现其创伤性或充满羞耻感的起源。我们有可能体验到相互承认的第三性——不是把我们精神生活中的这些部分抹去，而是能够对它们进行表达和交流。格罗斯曼的患者亚尔揭示了他的尖叫、裂缝和漏洞，找到了一个可以帮助他克服羞耻感带来的伤害（使自体陷入绝望的孤立状态）的他人。为了平息过剩，他对性错误的戏剧性想象已经融入了对承认的损耗和对疏远的渴望。他书信体的情书"治疗"试图将情欲作为性治愈的场所。

回顾对过剩及其与被动性的关系的分析，我们可以看到，当创伤、被动性和精神痛苦被整合到自体与他者的关系中时，情欲如何变得具有治疗性。电影理论家卡佳·西尔弗曼（1990）提供了一个有趣的例证。她一直在追问：当创伤剥夺了防御能力，当阳刚的男性气质无法保护男性和女性免受死亡的暗示时，会发生什么？西尔弗曼受过文学批评方面的训练，她接受了《超越快乐原则》（Freud，1920）中的创伤概念，并用它来讨论二战电影中男性气质的分裂。弗洛伊德（1920）描绘的"保护"由内部防护（心理–生理屏障）提供，而非源于别的人。西尔弗曼将这种防护的观念变成了一个与男性的盔甲和阳具自体抱持有关的隐喻。以《黄金时代》为例，这部电影描绘了一种双重创伤：从战争中归来的人经历了创伤或休克，而男性化的文化图式并没有保护他们。"阳具谎言"的结构被撕裂了，他们失败了。他们没有任何一个能够包裹住痛苦的集体表征。

这部电影展示了受伤和象征性阉割是如何导致一种性别反转的——在这种情况下，女性凝视着"男性缺乏"的景象。这个场面是情欲化的，但不同于羞辱或迷信的否认。虽然没有用恋物癖来体现和替代伤痛，但这部电影描绘了角色反转的性兴奋。女人脱掉了老兵哈罗德·拉塞尔的衣服，他实际上失去了手臂。她在取下他胳膊上的钩子后被唤醒并将与他做爱。这位经历过闪回和噩梦的前飞行员与一位凝视着他的社会替代现场的女性展开了相互承认的凝视。

我们可以思考性别反转的场景是如何从主体间过程中获得情欲释放的。对痛苦和脆弱性的承认，让男性化的阳具创伤得到释放：放弃阳具契约的破坏性幻觉——这个契约规定了禁欲的孤独和否认。在电影中，这对恋人共同面对分裂的深渊。如巴塔伊（1986）描述的那样，分裂就像另一种形式的濒死的眩晕体验，而我们可以共享这种体验。随着对丧失和分裂现实的认可，这对恋人打破了防御的主动性和倒错的被动性的循环。创伤的标志与恋物癖相反，它意味着克服否认的可能性，并代表脆弱，见证痛苦和苦难——主体间的顺应时刻。

这部电影暗示了一种愿景：将创伤转化为承认的治疗性情欲，其力量来自扭转旧有的性别对立，以及收回牺牲掉的东西。情欲开始于对丧失完整身体和理想男子气概的哀悼，这是一种对他人在场的哀悼，也是一种解决抑郁问题的方式，能够让人接受被动性、丧失和死亡。人们可以见证痛苦，从而忍受哀悼，拥有欲望，享受被动性。

这种方式促成了一种能吸收过多痛苦和渴望的关系：存在一种"声音"的合唱（不同自体状态联合起来），它既是节律第三方，也是对双方顺应的丧失的认可。在这种顺应中，他们找到了超越困境的方法。这种顺应涉及使用情欲来承受被动性、无助和脆弱性。[1]当对被动性的恐惧让位给共同创造人际安全时，每个人给他者的礼物都见证了抱持和理解，于是被动性和顺应得到了区分。这种见证保证了脆弱性不会使我们再次陷入创伤性过剩。然而，这只能通过一种压抑的意识来实现——力量不是来自否认，而是来自认可无助、损害和痛苦对心理的淹没。

---

[1]　这里的一个形式与我（Benjamin, 1995e）提出的关于情欲的观点相似。根据弗洛伊德和巴塔伊的观点，我们可以想象，是破坏帮助我们跨越了将我们分隔的死亡之海。换句话说，情欲是一种让我们维持第三方矛盾张力的形式，在这种张力中，承认占据了对自体来说太过痛苦或太具有破坏性的东西。

在更深入地理解什么是情欲生活中的治疗性和转变性时，这一愿景具有重要意义。在顺应于情欲第三方（爱之舞）的过程中，对被动性和承受过剩的整合允许我们将心理痛苦转化为隐喻，而不必通过施暴-受虐互补性将其行动化。当情欲伴侣可以超越固定的主动-被动互补位置时，过剩的无助感和对神秘信息的抱持可以通过两性对任意的性别认同（异性恋或同性恋）被容忍和整合；性别公约不再需要被用于防御，而能够作为游戏公约或表达形式被用于阐述我们对不可避免的、标志着性生活的神秘和过剩元素的幻想。

第五章

矛盾与游戏：
活现的使用

在本章中，我试图实践在不同理论领域中培养出来的观点。我将从一个充满不确定性和疑问的地方入手，因为它使一些观点无法被明确阐述。本章分为三个部分：第一节介绍了接受矛盾的观点，并引入了贝特森的双重束缚观点——林斯特伦对游戏和即兴创作的研究贡献巨大，而贝特森对林斯特伦的分析目的进行了解释。我讨论了活现和游戏是如何使承认发生在行动中的，以及两者的关系又是如何通过矛盾的观点被重新考虑的。我考虑了活现和游戏之间的移动，以及与之平行的互补性和第三性之间的转换。众所周知，活现以未联结的形式呈现解离的经验，而游戏允许对立的经验以矛盾的形式被接受。我探讨了游戏能力的发展起源，以及临床工作如何解决发展中的弱点。第二节对第一节中的一些观点进行了具体的临床说明。第三节重新叙述了关系临床理论，并将之与重视互动中符号模式或程序性内隐模式的当代理论进行区分。我对关系思想如何关注解离和主体间联结的形式的概述反过来指导我们将这种再耦合（recoupling）付诸实践。

矛盾是问题所在

我的贡献是要求接受、容忍和尊重矛盾，而不是解决它。分离智力功能有可能解决矛盾，但会以失去矛盾本身的价值为代价。

——温尼科特（1971b, p. xii）

游戏的矛盾是进化过程的特征……类似的矛盾在我们所谓的心理治疗的变化过程中是一个必要的组成部分。治疗过程和游戏现象之间的相似之处实际上是非常深刻的。两者都发生在一个被限定的心理框架（一组交互信息的空间和临时边界）内。在游戏和治疗中，信息与更具体或基本的现实有着特殊而奇特的关系……游戏中的虚拟战斗不是真正的战斗。[1]

——贝特森（1972，p. 191）

我将由转向精神分析中游戏的意义开始，对活现转变为游戏的发展进行反思。借鉴伽达默尔（1989）对游戏的思考——认为游戏是一种不断往复的运动，我们可以将游戏视为一种通过在更大的运动中包含非此即彼的两极而创建"第三方"的一切运动。将游戏视为对立的两极之间的"一切运动"，而不是在一端的停留或两极间的固定的往返，这一观点接近了问题的核心。游戏不一定是诙谐或幽默的。在精神分析中，游戏意味着游戏化地表现或尝试一种感受或观念，而不是被支配和控制。

林斯特伦（2001；2007）在其关于即兴创作和演奏的开创性论述中详细说明了取代"不，但是"（No，but）的关键即兴短语"是，以及"（Yes，and）的即兴创作本质。以"是，以及"这样的即兴方式作为反应，实际上是把"两者都"（Both，and）这一第三方形式的观念付诸实践。在这种情况下，第三种位置再一次发挥了允许转变的特质，从而超越了"我的方式或你的方式"中僵化的"非此即彼"的对立。第三方的"是，以及"蕴含着一种改变，它能够将我们从僵化中释放出来。这种僵化是在对立的二元论中产生的：努力获得对"我的路或大家的路"的控制——在这种情况下，只能有一种现实、一种正确解释。从

---

[1] 贝特森继续说，移情中的"假爱"和"假恨"是不真实的。我们可能不得不修改这一说法，使其变得矛盾——真实和非真实的。确切地说，这种游戏化的感觉涉及一个矛盾，即有些东西既是真实的，也不是真实的。这是阐述游戏和精神分析之间相似性的一次重要尝试。

隐喻的角度来说，"是，以及"意味着只有一个方向的转变——广义来说，就是我们只有一个心理生存空间。第三方指的是两个方向都有转变，即便不和谐，至少也可以协调路线。游戏意味着两个方向之间的自由转变。

二元体中的活现采取了施动和受动的互补结构——每个动作都是如此紧密地协调，以至于每个人的动作都是由另一个人预先决定和控制的。这个系统中不存在给予或"玩"、交替，也没有以适应他者为目的的协调的重新调整。

我们开始对"过程"进行思考：从互补性到第三性的二元转换与从活现到发挥作用的（渐进或突然的）过渡的并行，以及这个过程中的"两者／都"（Both/And）合作结构。在这个过程中，接受矛盾发挥着重要作用，因为矛盾是一种不能通过否认一方或简单整合来化解对立的关系形式。矛盾意味着正在发生的事情中存在着不兼容的情况，就像我们精神高速公路上的两个方向，每一个方向本身似乎都是"真实的"（Pizer，1998）。正如温尼科特（1971b）所言，通过"分离智力功能"来解决矛盾，就丧失了矛盾的价值。

从这个角度来看，我们认识到，活现本身是自相矛盾的——可能阻碍也可能推进我们的工作。大约在25年前，精神分析中的关系转向之初的一个重要进展是重新审视了活现，认为它们不是错误的，而是不可避免和适时的。正如根特（1992）早期指出的，活现是一种现场游戏，其目的是识别剧情的意义，以便"揭开一些早期无法整合的创伤经历的神秘面纱"（Ghent，1992，p. 151）。经过一些努力，人们才意识到，活现很难被准确地识别出来，因为这些未融合的经历被解离的阴影所掩盖，而这也是分析师所要面对的（Bromberg，1998；2006；2011；Bass，2003；Black，2003）。活现通过对解离的自体状态的戏剧化，揭示了我们未能系统性阐述的体验。这种体验要求分析师在困惑、羞耻或内疚中对常常让自己深陷患者思维的参与过程进行反思（Maroda，1999；Renik，1998b）。

在这里，解离性的交流能够帮助我们接受这个关键的矛盾，也有助于揭示隐藏的活现。正如布隆伯格（2011）所说（p. 21）：

> 一个解离的心理结构旨在防止对心理可能承受不了的东西进行认知表征，但它也使非符号化的情感体验能够通过解离性活现得到交流。通过活现，解离的情感体验从一个共享的"非我"之茧中传达出来。

正如根特（1992）所言，需要承认的东西被一些与自身非常相似的东西所掩盖，"需要伪装成缺乏"（p.152）。被他人见证自己的痛苦的需要可能表现为因痛苦未被别人看到或理解而抱怨。坚持一个被否认的神秘化的真理的需要可能表现为一种信念，即它会再次被否认。因此，分析师也经常会被卷入"抹黑"需求的解离中。

活现矛盾：隐藏与揭示

请注意这里的辩证观点：活现虽然会阻止在精神分析历史上具有重要地位的符号游戏，但也可以通过"表演一些东西"来实现交流。从这个意义上来说，活现本身就是一个悖论：它只是一个失误（与温尼科特关于破坏的观点类似），如果我们没有认出它，没有在游戏中与之一起工作，或者没有掌握其生成潜力，那么它很容易被忽略（Aron & Atlas，2015）。尽管弗洛伊德早期就认可了"表演"，但他反对使用语言：在精神分析中，文本交互（而非游戏参与）的隐喻占据主导地位（Benjamin，1998）。

从本质上讲，通过对无法言说的东西的游戏化或表演，我们可以将分享的非我的隐藏行为或披露行为理解为像梦一样工作。然而，活现要求分析师从内到外地参与工作，而不是像最初对梦的解释那样，从外到内地观察和解码。我们鼓励自己"活现一个角色",而弗洛伊德（1905）因为拒绝与朵拉这样做而遭到非议。"共享的解离之茧"（Bromberg，2006）孵化了非我的经验——直到它突破了自身的限制，为意义的协商和象征提供便利。游戏可以被视为一种通过鼓励我们自己"一起玩"——虽然不知道其意义——来促进从解离到帮助自己表达觉察的转变的方式。它能够使我们觉察到一些正在发生的、比我们看到的更多的东西。

矛盾的张力对精神分析至关重要，它实际上是精神分析在幻觉和现实之间工作的一种形式条件。矛盾是对我们方法的一种无形强化，也是我们使用移情的条件。事实上，它对移情观点的重要性远超人们的既有认识。正如温尼科特所言，想要实现游戏或学习游戏，我们分析师和患者就必须利用分析的矛盾空间。我们需要的最明显的矛盾是，允许游戏以一种既真实又不真实的方式进行。这会带来严重的后果：在情感上，我们之间出现了严重的虚构。

这种矛盾的位置本身是不稳定的，当情感唤醒变得令人过于痛苦或恐惧时，它们往往会分裂并选择性地保留矛盾的某一方。而现实之间的矛盾可能变得过于激烈，不再令人信服。我们可以说，这种不稳定性必然导致活现的发生（在这种活现中，患者想要摆脱已经变得太痛苦的对立现实的张力，这一愿望促使人们为解决矛盾而努力）。例如，"你是我的母亲"和"你实际上不是我的母亲"，这两种说法都可能变得太令人痛苦。在这里，我们看到分裂通过恢复或永久化解离来解决这种张力。

正如林斯特伦（1998）所说，双重束缚理论可以帮助我们更好地理解矛盾张力的分裂。一个关键的矛盾是，患者在重演过去的伤痛时，他还必须相信分析师是一个安全的、能帮助她修复伤痛的人——这两种愿景在现实中很难相容。只要二元体能够调节矛盾中重复的"拉"和修复的"推"之间的张力，事情看起来就"很好"。但当双方发生分裂时，第三性就变成了互补二维性。然后，分析师会发现自己无法通过对相互矛盾的需求做出反应来具体化治愈者和伤害者的"两者都"的角色。当"重复"占据主导地位时，患者和分析师都会感到害怕。此时，分析师——尤其是在被认为是个好的治疗者的情况下——的治疗也将受到阻碍。

矛盾的重复与修复在这个压力点被打破，从而进入非此即彼的状态。而此时，如果活现将分裂的自体状态带入游戏中，那么这种"打破"对表达患者解离的恐惧和不信任来说至关重要："如果你跟过去伤害我的人一样，我怎么能相信你，把你看作见证或理解我的人呢？"于是，患者可能会出现解离的、不被爱的状态，并且因被拒绝的感受太过真实而无法参与被分析师爱与接受的游戏。如果信任和不信任的位置对依恋而言都是威胁，那么对危险或失望的认可或逃避似乎都难以实现。在这里，我们可能会发现自己进退两难，处于"危急关头"（Russel，1998）。

如果分析师试图通过转向现实的一边来解决矛盾，告诉自己这种伤害的活现是"不真实的"且"仅仅是移情"，那么她对危险的否认可能会加剧患者的焦虑和挣扎。在这里，接受矛盾可能意味着接受明显的失败。套用温尼科特关于在破坏中幸存下来的"可使用的客体"的表述——矛盾在于，失败者恰恰是你迫切想见证其如何失败并尝试与之沟通的人。也就是说，当分析师意识到自己活现了受伤害的角色并可以承受这一事实时，她便可以回到认可的角色并提供新东西。这意味着重新开启一个更为复杂的模式，结束重复和修复的"两者都"的矛盾关系。对失败的承认所导致的矛盾的修复可以被视为（贝特森提出的）元沟通的一种形式。

在重复最初的失败时，对矛盾的不同的分析视野（无论多么微弱）

都显示出，我们正在尝试促进新经验的戏剧性出现。我们允许自己成为互补对立的一部分，这有助于披露（可能是我们心中的）隐藏自体的"真相"。我们已经发现，合作并努力解开游戏化的意义是恢复拥有旧意义与新意义的第三性矛盾空间的一部分。解构活现的紧密合作为自体状态及与之相伴的"真理"开启了一个新的空间，这些"真理"曾经使人感到无法调和或分享。

从某种意义上来说，唤起自体的一部分与在他者中相应部分发生的激荡能够强化活现，就像化学催化反应一样。活现可能会让双方更多地觉察什么是解离的，进而识别出患者（有时也包括分析师）强烈的情感体验是不连贯的、混乱的，甚至会破坏个人的自体感。为了恢复规则和条理性而阐述这种情感内容的努力能够使"非我"从不可沟通的变成可沟通的。然而，被未承认所伤害的非我，与持有未被承认的需求和欲望的非我并不相同。将对失败和需要的承认戏剧化，是为了将丧失和欲望、失望和解脱、重复和生成性戏剧这些非我体验或相关状态结合在一起。

元沟通：抿和咬

为了更深入地了解我们是如何为活现的束缚松绑的，我回到了贝特森的元沟通及与之相关的游戏能力发展的观点。游戏和元沟通都与对不止一个事实或现实观点所持有的心理有关。早期的面对面游戏或即兴演奏中除了有联结和协调中明显的节律第三性之外，还有游戏的分化方面。它对使用元沟通——评论或传达沟通意图的能力有重要影响。元沟通也有助于为游戏创造空间："让我们假装……"

贝特森（1972）的作品将元沟通和游戏联系起来，展示了两者如何传递两种不同的意义——一种意义调节和影响另一种意义的接受方式。他再次强调了对信息进行分类的非言语及前符号交流。动物和人类都通过发信号来游戏，这意味着行为的原本意义在游戏中发生了改变——这是一种不同于"咬"的"抿"。也就是说，这不是一种敌对行为，而是一种对情感或游戏的欢迎。贝特森认为，精神分析的观点是为游戏建立一个空间。在这个空间中，行动不仅会被符号所表征，还会以"虚假的（意义）形式"存在于沟通之中，让我们可以尽情地抿或爱我们内心的一切。

然而，贝特森（1972）补充道：在游戏的搏斗中，当人们过于兴奋时，他们可能会意外地冲向伙伴或用力过猛，"咬"便会发生。兴奋和攻击性交织在一起，因此它们可能会被混淆。进一步来说，增强的情感唤醒可以破坏过去和非过去的矛盾状态——由于过去太可怕或太痛苦，所以将游戏与现实混为一谈。抿不再是不咬的信号，而是过于像咬了。朋友间戏谑时戳中人心的戏弄会伤害到他人的感情。在这种状态下，共同点和差异都不存在了。这段经历不仅"像"过去，而且已经成为过去。当太多的唤醒打破了抿和咬之间的差异时，矛盾就分裂了。我们可能会认为自己在抿，而别人可能会感到被咬；或者，我们可能太害怕被咬，以至于无法适当地参与别人的抿。

贝特森从人类学和动物研究转向与家庭分析师和系统理论家的合作。他注意到，精神分裂症患者的交流反映出他们无法构建任何信息，无法理解信息应该以何种意义接收，或无法对说话者和接收者之间的关系进行分类（Ringstrom，1998）。以这种方式理解、发出信号和表意的能力部分地作用于对框架的类别和框架内事件的类别进行必要的区分——对比规则与"游戏"的内容（Bateson，1972）。如果没有这种类别的区分（如游戏和现实）和区分能力，框架内的过渡区域就不会受到保护，其内容也可能变得具有威胁性。读取类别的能力可能会完全失效，而这会不会是导致矛盾和游戏分裂的线索呢？

我们在患者身上看到了这种分裂。在这种自体状态下，他们确信我们不会关心他们，因为我们只是专业人员，而不是普通人；但在其他状态下，他们又好像希望我们真的关心他们。这种"类别"的分裂同样意味着内部与外部没有分开，也就是说，缺少用来探索内部世界的保护区，以至于一切都可以作为幻觉或"假装"来游戏（Milner，1987）。

标记和元沟通

福纳吉和塔吉特（1996a；1996b；2000）关注游戏是如何发展的，以及这与我们理解自己和他人心理的能力（心智化）之间的关系。他们的研究背景与贝特森的（发展的和精神分析的儿童心理学）完全不同。福纳吉和塔吉特（2000）分析了从现实中区分信念或思想的能力是如何发展的，这阻止了思想和感受变成可怕的现实。他们将这种分化能力与程序性沟通的使用联系起来，并称之为"标记"或标记性（Fonagy et al.，2002）。回想一下，在标记母亲对婴儿的反应时，母亲既夸大又镜映婴儿的反应，以表明她理解恐惧或痛苦，但并不认为情况严重，因为摔倒并没有伤害到孩子。正如福纳吉和塔吉特（2000）所描述的那样，母亲镜映了婴儿的情感，但母婴的情感有所不同。母亲显然理解了婴儿的痛苦（但这不是母亲自己的痛苦），这传达了"没有什么是'真正'需要担心的。而更重要的是，与婴儿的体验相同又不同的父母反应创造了产生焦虑的二级（符号）表征的可能性。这是符号化的开始……"（p.856）。我也将其视为元沟通的开始。

对分化第三性中象征能力起源（用来区分感受和现实）的看法与我们对反身性的理解以及同时持有两种意义的能力有关：抿可以替代咬，但意味着不那么可怕的东西。这与我们使用隐喻有关——隐喻是经典游戏概念的核心，正如精神分析中的幻想。福纳吉和塔吉特扩展了我们对这一重要性的理解，即将两种不同的含义与不同的心理或现实联系起来。随着符号功能在隐喻中的具体化，其应用范围更加广，而且在原型符号中出现得更加早，其标记看似相同，其实不同。重要的是，这种区分功能还为游戏活动及通过夸张或讽刺模拟的情感或态度提供支持，从而对给定信息是如何被接收或传达的做出评论。也就是说，我们通过活动进行元沟通。通过游戏进行的元沟通借助了符号化，正如我们所看到的，它植根于前符号的程序性活动的内隐领域。

在福纳吉和塔吉特（1996a；1996b；2000）的理论中，游戏和心智化最重要的区别是思想或感受与现实的分离。起初，孩子认为"假装"是一个独立的区域——在这里，事情不是可怕的，而是分离的。然而，思想和现实在精神上以"心理等同"的模式运作——不是分离的，而是一致的。如果我这样认为，那么它一定是真的，并且是由"外部"产生的。孩子只有将假装与心理等同模式分离开，才能安全地游戏。我们可以看出，这种分离是区分抿和咬的能力的基础。

总的来说，活现是以心理等同的方式出现的——"你就是我害怕的那个东西"，并暗示着使用解离来代替真实与非真实的区别。游戏是一种基于分化能力的模式，在这个模式中，假装可以作为情感表达的一个区域被保留下来，因为它似乎与现实并不等同，"它不是这么一回事儿"。有时，这部戏非常严肃，并非喜剧，它在心理上好像是真实的，却又是不真实的。从活现到游戏的转变大致相当于从心理等同到分化的转变：真实和假装的分化、我的心理和他者心理的分化，以及多重意义的分化。幻想和假装现在可以用来处理情绪，"重写"消极情绪，从而在与他者交流时调节自身的情感（Fonagy et al., 2002）。

福纳吉和塔吉特的理论与贝特森的理论都关注思考的形式，因此也关注主体间调节能力的发展。我们不仅要解决令人恐惧或痛苦的心理内容（如俄狄浦斯竞争、对依赖的恐惧），还要将包含内容的形式理论化。对这种有助于游戏的功能的详细阐述，能够让我们更好地理解温尼科特（1971a）的名言：治疗工作"旨在将患者从无法游戏的状态带入能够游戏的状态"（p. 44）。使用元沟通或标记性的分析模式的重要影响是，引入了与现实进行游戏的能力，使相互作用能够以一种有助于发展出分化和调谐所缺失的结构的方式进行。

双重束缚

我们能够看到，贝特森（Bateson，1956；1972）的双重束缚理论反映的情况是，程序性层面和象征性层面之间的差异表现为一种未被标记的神秘的矛盾形式。最初，贝特森的双重束缚理论（Bateson，1956）描述了将人束缚起来的一对相互排斥的要求——一方被满足，另一方就会被违背。想解决矛盾就需要跳出框架，但任何外部视角都被禁止了，或者都作为束缚内的原始需求的一部分被重新吸收了。

林斯特伦（1998）指出："从历史上看，解决双重束缚的办法一直都是某种形式的元沟通，也就是说，差异的消息……一个有关混淆矛盾的自发和不可预测的语言水平。"（p. 302）但这是怎么实现的呢？传统精神分析师试图通过提及患者过去的重复来解释活现，然后，分析师的反应会被认为在程序性上有"更多的相同点"，比如权力斗争的永久化，以及不尊重或否认自己心理的威胁（Mitchell，1997）。换句话说，它并不是第三性的一种可行形式，而是不带感情地观察的虚假第三方，只是看起来像元沟通。然而，束缚一旦生效，共情的理解就可以被认为是未分化的镜映，这说明他者无法思考自己的想法。分化和联合是对立的，它们分裂成互补的角色——任何一方都是威胁。

林斯特伦（1998）对双重束缚理论的贡献在于展示了此类活现是如何围绕相互排斥的重复和修复的束缚——新旧经验的载体——而组织起来的（Stern，1994）。这种束缚使临床医生尤其感到"如果你做了就该死，如果你不做就该死"（Ringstrom，1998，p. 299）。矛盾要求重复和被需要的客体（被击败的客体和幸存的客体）以一种不能同时实现的方式呈现。这样的要求应该是矛盾的，因为我们只能通过重复来修复，就像分析师只有经受住"破坏"的考验才能存活一样。但在这样的僵局中，分析师在心理等同的模式下被体验。在这种模式下，思想太真实了，所以患者的信念是真实的——她要么去破坏，要么就被破坏。我们如何让自己和患者摆脱这种束缚？这个问题至少在某些时候困扰着一些临床医生。

当一个人至少能够部分地接触到矛盾的空间时，他们可能会觉得"这看起来像过去，但这次结果会不同，我会得到我需要的"，甚至会觉得"这次我会赢"（这可能是分析师应该接受的精神）。由于解离，至少有一种自体状态处于心理等同模式下，而且这一阶段会被体验为真实的——不是"假装"，不是挕，而是咬。然而，还有一种自体状态会躲在幕后观察，因为它知道这是一种挕。解离是局部的，它可能发生在合作双方之间。游戏是一种在忽视受伤者感受的情况下引入他者较少恐惧的自体状态的方法。游戏中的元沟通有时既可以表达重复的伤害，也可以表达共同修复的希望。我所说的元沟通是在不破坏节律的情况下反映或创造差异的一种形式——在沟通中（而不是离开沟通）做出评论并在行动中做出承认。

行动中的承认与元沟通

我们如何在不使矛盾的一面失效的情况下进行元沟通？我们如何通过标记进行确认，通过找到"是，以及"的即兴位置来进行游戏？游戏提供了一种在矛盾的第三方空间中留有余地的方法，即同时从不同的位置沟通，并认可患者感觉真实的东西。当然，我们有时会优先通过碰撞或说错话来让令人恐惧的重复至少被公开化。在其他时刻，我们通过游戏进一步将活现带入一个没有冲突的协作空间。当我们支持或变成我们被要求扮演的角色时，我们便尝试通过游戏的"内在"表达来重塑僵局。我们在做出承认时使用了节律性的能力，而非仅仅用语言描述来标记并创造一定程度的差异。我们使用主观表达来即兴发挥，在活现中引入游戏，通过改变自体状态来修复中断或揭示正在发生的事情的新意义。

例如，一位患者无法自己走出困境，她因分析师没有对如何解决困难给出建议而感到愤怒。她以一种没有反思的状态要求道："我知道你不应该告诉我该做什么，但你为什么不能帮我弄清楚？你不是应该知道吗？"分析师识别出了患者的恐惧："哦，你说得对，我想我应该知道该做什么。但如果我不知道该怎么办呢？"患者质疑："你是说你和我一样？那你知道的和我一样少吗？这就是我的观点，你能给我什么帮助呢？"分析师回答："没有船桨的悲惨处境真是糟糕，而分析师就没有桨。你是对的，你需要一个有桨或知道如何获得桨的人。"（同样地，"是，以及"增加了即兴语气，并且对元沟通有影响——你需要帮助，需要一个成年人来负责，这并没有错。）患者变换状态，通过隐喻和反思来沟通，语气中有些悲伤："是的，我想这就是我的命运，我找了个没有桨的分析师。这就像一个妈妈从不告诉孩子们该睡觉了，所以他们一直在吃饼干，看电视。"分析师说："是的。你得到的是无用的妈妈，而不是那个给你盖被子、给你读故事、告诉你壁橱门后没有怪物的好妈妈。在没有这样一个妈妈的时候，你很难冷静下来，也不知道该怎么办。"分析师正在确认自己是无用的（被破坏的），并且知道拥有一个无用的母亲（幸存）是怎样的。患者说："是的，如果我不为自己一个人做这件事而生气的话，我可能会想出办法。我只是一个在妈妈不在的时候照顾自己的孩子，我不想知道自己是害怕的。我也不想让你害怕。"分析师说："当你真的还是个小女孩的时候，你感到长大是令人沮丧和害怕的。你不会想告诉我该做什么的，但是你需要我给你提供所需要的东西，比如洗澡、睡眠、健康的零食、能收纳玩具的彩色箱子。"这些先前共享的完美母亲的隐喻现在被用来在控制行为的表现中识别和区分出"抹黑"的需要。这种表象将孩子想拥有父母的愿望转变为他的模仿、专横和愤怒（这种重复的互补性已经被多次采用）。在使用隐喻时，分析师的语气和程序性乐曲所暗示的不是解释，而是对患者感受的肯定。

行动中的交流，无论是嬉戏还是讽刺，都可以从阻拦和防御转变为更显著的攻击和对抗。有时，好的对话、反唇相讥或有回旋余地的沟通可以促成转换（Ringstrom，2007）。这些程序性的行动交流可以通过标记行为进行沟通。可以说，这种行动中的评论或元沟通将我们带回了早期发展的心理阶段。在这个阶段，标记创造了安全，从而提供了所需的关系，而这正是后期符号化和分化的基石。治疗效果能够支持主体间发展和缺失的使元沟通及运用隐喻与戏剧化游戏成为可能的能力。

认可，有时是清醒和严肃的，它当然也是元沟通行为的一种重要形式——不仅在发生冲突时，而且在对话过程中。在某种意义上，认可仍然是游戏中的一种行为，我们是作为演员而不是观察者来游戏的，也许这是因为我们实际上已经咬过了，而且我们没有否认——即使我们的意思是抿。分析师一旦发现自己同时活现两个对立的角色而造成了伤害，并识别出了不安全、困惑或伤害的感受，就在内隐的元层面上认可了自己对他者的视角和感受持有开放态度。在重建第三方的过程中，我们既是脆弱的参与者，又是负责任的观察者，这个矛盾得到了重复和修复。

这种认可允许患者进行同样的元沟通。就患者而言，对分析师正在做或说的事情发表评论的自由是摆脱束缚的一种方式，它修复了分析师既是重复旧事物的人又是创造新事物的人这一矛盾。在促进这一共同创造的第三性发展的过程中，我们试图提供一种经验，从而修复一种基本的、原始的弱点。在这种弱点中，游戏（尝试以假装、幻想或象征的方式获得感受和信念）没有发展到与情绪生活相关的程度。这种共同创造的第三性经验本身就是一种修复——对中断关系的修复。它本质上不同于分享善良的"修复性"幻想带来的简单的满足感，后者似乎恢复了二元体的规则。患者逐渐能够积极地运用联结和差异的对比模式来表达自己的情感经验。分析师承认修复方法与之前互补性需要的方法（一个人"赢"，另一个人"输"或服从）并不相同。这不再是一个零和游戏（Ringstrom，2015；2016）。我们来来回回地向前运动，给予和接受，解放思考的能力，这是因为构想某件事并不等同于使它如此……或者不会永远如此。

活现、游戏和工作

我一直在试图建立一个以游戏和矛盾为形式的框架，来思考游戏互动、元沟通和承认的表现。我关于第三方的临床理论试图活现一个过程，其中包括互动的节律性和分化（符号化）原则两方面。第三方的发展离不开协调、适应、联结、分化和厘清等行动。

游戏所依赖的原则与标记行为的原则相同。内隐意义和口头意义共同创造了具有差异的调谐。①标记的分化时刻应嵌入与他者内在经验的调谐中，否则标记会变成解离疏远。我们了解了他者的焦虑，并对其进行涵容和相对化。第三性中的节律性和分化以这种形式共同作用。意义或他者视角的区分不依赖于符号功能，而促成了符号的涌现。分化始于程序，并通过姿态构成并影响交流的意义，进而形成元沟通的基础和使用符号及隐喻的能力。

使用符号的能力依赖于具有分化第三性和节律第三性的前符号经验

---

① 与斯特恩（1985）的观点相似，当母亲识别出婴儿的兴奋时，她会跨模态地表达——以不同的形式，如果婴儿欢叫，母亲摆动——从而带有差异地进行镜映。

的饱满情感。否则文字将脱离程序并与之相冲突。这种内隐和符号的去耦合（decoupling）经常会演变成一种客观的或解离的观察形式、一种无法涵容矛盾的分裂智力功能的第三性的拟像。具有隐喻或互动的游戏依赖于内隐沟通与程序性沟通和符号沟通的整合；而无法整合会导致游戏的去耦合（decoupling），这是解离的特征。

我们在临床上很关注这种去耦合：整合的失败，或是这些领域之间的冲突或不协调冲击我们的时刻。我们需要通过自己的反应识别出双方未系统性阐述的意图，此时，我们意识到运动的摩擦与收缩通道的脱节（Stern，2009；2016），这是解离的标志。这不仅发生在患者身上，也发生在分析师身上，并与双方共同的节律有关。解离经常表现内隐意义（情感意义）与符号的不协调。随着我们接受了主体间行动的情感–躯体通道，关系分析发展出了聚焦于解离的临床知识。我认为，我们经常会在协调符号理解和关注双方的内隐转换之间做斗争——当我们能够更自由地注意到干扰、障碍、移动或无法移动带来的感受时，我们会在心中保留这两种沟通方式。游戏意味着内部心理以及主体之间的程序性自由运动，而在双重束缚中，我们并不能移动。

随着人们越来越注意移动和内隐亚符号行为，我们不仅关注主体间联结是什么，还关注它是如何进行的：内隐关系知晓、与他人"共在"的质量（Stern et al.，1998；Stern，2004）。他者自体状态的程序性信号与隐喻的相关图像和文字之间也存在矛盾。我们感兴趣的是图像和文字在解离中起到何种作用。我们知道，反身功能带来的脱离观察会导致解离的永久化。

对抗解离的游戏能力的发展涉及整合过程和符号通道。利用不同通道修改和转换意义的扩展能力使元沟通成为可能。我们通常需要靠元沟通启动或进一步扩展个人的游戏能力。来自相互作用"内部"的元沟通是双方共享过程的一部分。患者努力说出"未经思考的已知"

（Bollas，1987），然后将涌现出来的共享情感、隐喻或意义体验为共享第三方。创造第三性的主体间过程以及情感和符号的再耦合可能比内容更重要。

这一过程之所以如此重要，是因为符号思维和内隐行动的去耦合往往（潜在地）伴随着活现中的矛盾，尤其是双重束缚。去耦合具有普遍性，但有可能只发生于某些自体状态中，它可能带来发展创伤，也可能阻碍患者的康复。再耦合能够在一定程度上创造或恢复矛盾空间，让不同层面的两种意义（程序性意义和符号意义）协同工作。因此，我们不仅要将元沟通理解为对正在发生的事情的明确评论，也应该将其视为游戏性地或在幻想中对思想和感受进行再耦合的一种形式。我认为，即使元沟通涉及关系中正在发生的分析师的阐述，它仍意味着亚符号程序性维度的主体间过程。再耦合不仅是活现中解离的特定时刻，也是一种发展需求——在行动中体验第三方。

我将描述我与患者汉娜的工作：汉娜的象征能力与情感是分离的，调谐的节律感受被约束，以至于她的反思模式在很大程度上是迫害性的或被第三方所否认的。她可以符号化、开玩笑和自我讽刺，但其最痛苦的经历陷入了心理等同模式，因为她既不了解对痛苦状态的可靠调谐，也不懂得标记差异。实际上，观察功能和分析本身被可耻的审视所认同，与同情的情感联系发生了断裂，因而成为第三方的拟像。

在汉娜的案例中，节律和符号的去耦合似乎是调谐和分化失败的结果。由于缺乏母亲对她的焦虑的标记，汉娜严重依赖于符号思维并脱离了情感联结，因此很少以一种促进连贯性的方式体验明确的情感。思考并不是对失调的羞耻感的真正涵容或无效对抗。尽管她似乎有能力想象和使用隐喻，但她缺少与现实游戏的能力。汉娜遇到的任何问题似乎都是"真实的"。

应该注意到，我最初在英国精神分析协会的演讲中使用这篇文章时，我关于活现和承认的主张相当具有争议，以至于我演讲的简要版本（Benjamin，2009）与协会的一名成员的回复（Sedlak，2009）一起被发表在《国际精神分析期刊》的"争议"部分。[①]然而，本文最初旨在说明分析的象征性工作如何依赖于节律第三方和认可。

在此，我将阐述重复和需要、元沟通的使用，以及节律和符号重新联结的困境。再耦合能够部分地创建第三种位置，进入需要和重复之间充满矛盾张力的游戏中。双方通过一个"新的"修复结果成功地共同创造了一个关于过去的伤害的游戏，从而承认过去的脆弱性，并要求有一个道德第三方。

阿隆和阿特拉斯（2015）在一个整合的框架中提出了应该如何看待这一工作中的修复性结果。他们根据荣格提出的预测功能，对活现的产生进行理论化：精神在梦中影响预测功能，从而看向未来；它"练习或排练，预期、准备、塑造和构建"（p. 310）。他们认为，除了什么是修复性的，我们还需要考虑什么是生成性的。我们要做的不是简单地重复过去，而是创造新的生活，展现内在潜力——通过活现进行工作，强调发展趋势。托尔平（2002）将这种发展趋势称为"前缘"（forward edge）。[②]这种表述与科胡特的"前缘"（leading edge），即分析工作的修复（Kohut，1977），存在联系。

"我做傻事"

汉娜的治疗始于一种持续的精神痛苦状态，她一直以来总是会无

[①] 感兴趣的读者可能会注意到，在这场辩论中，塞德拉克和我对精神分析的观点完全不同也不相容。在我对他的回复（Benjamin，2009b）中，我谈到了根本区别：从我的角度来看，分析师的主体性不是了解他者的可悲的必要手段，而是提供所需的东西的必要手段。它与我们和他者联系的发展需要以及内在疗愈有关。

[②] 显然，由科胡特首先提出并由拉赫曼发展的"前缘与后缘"与托尔平的发展的"前缘"之间存在差异（IAPSS Keynote，2014）。

缘无故地感到不快乐。她的痛苦最容易与极度的羞耻联系在一起，她每天的生活都可以追溯到童年时代，那时她感到孤独、被遗弃、与他人相异，而且无法理解和接受同龄人间交往的潜在规则。这种状态似乎代表了强行内摄母亲的绝望和自我憎恨，这种绝望和自我憎恨与抚慰的、涵容的母亲的缺失有关。母亲的抑郁、愤怒和疏离给家庭生活蒙上了阴影。在成年早期，汉娜曾利用自己的智慧学习如何在正常的世界中发挥作用，但她不断地遭受社交焦虑导致的极度失败感，这带来了破坏和耻辱的哀歌。

汉娜努力寻求理解，但她不相信慰藉或安慰。在她的游戏中，我被指定的角色似乎是加入她对自体的攻击，成为她的批评者，甚或严厉的导师；她的角色是与失败做斗争，成为一个足够好的患者或学生。由此，我们就活现了她现有的"自我治疗"。起初，我经常觉得这种自我责备和自我优越感的结合听起来很痛苦。对汉娜来说，最初的精神分析是理想化的，与了解一切的迫害妄想相联系。这与共情的关系不大，但与判断的关系很大，而她的感觉仍然是原始的、未被涵容的。

汉娜告诉我，她童年时总是被排斥和嘲笑，感到焦虑和绝望，而她的母亲无法安慰或鼓励她。这段经历是家长的扭曲镜映，总会让人在回忆中充满焦虑和绝望。正如福纳吉和塔吉特（1996a）所说："不加调节地呼应孩子的状态，就像陷入了心理等同、具体化或恐慌的模式。"[①]正如我们一起反思的那样，汉娜会想到母亲对情感线索缺乏调谐，或者母亲在满足婴儿调节需要方面似乎不具备将自己和孩子区分开来的能力。母亲似乎从未通过抚慰和匹配创造出节律第三方，就好像她还是个孩子。这确实"应当担心"。

---

① 福纳吉和塔吉特（1996）说，母亲可能会通过一种类似于解离的过程避免对孩子的情感进行反思，这有效地使母亲处于一种假装模式，与婴儿的外部现实（真实感受或意图）保持疏离。

　　汉娜早熟的智力和语言能力使她明显地发展出心智化，并且能够洞察他者，但这几乎无法掩盖她深刻的孤独、空虚和被他者的焦虑或死亡所毒害的恐惧。汉娜总会在她脆弱的时刻希望从我身上找到一种解药（一个更强大、更完美和更令人满意的母亲，一个她渴望认同的、可以与之相调谐和共情的理想客体），而当她真正感受到自己的需要时，她很容易被羞耻所淹没。她试图通过让我相信"一切都失去了"，来保护她自己，邀请我加入她的自责，掩盖她对安慰的渴求。因此，我不得不通过重复来抵制矛盾的禁令，进行修复。我发现自己常常会处于一个无助的旁观者的位置，她似乎在强迫我见证她对可耻的、"骇人的"自体的攻击（Benjamin，2009）。无论如何，我共情的表述无法触及她羞耻而迫切的部分，而这个部分需要一个被拒绝的见证者和安慰者来涵容并反映她的痛苦，而不会将之标记为她自己的。

　　持续的活现表达了一种危险：作为旁观者，我可能会积极地看待她并因此无法见证她的悲伤，无法涵容她的苦恼，也无法抱持受伤的自体状态。在占领前缘的过程中，我将记住她功能性的、体面的自体，或者将我的理想自体与她对联结和"好"的需求结合起来，进而否认她的痛苦，拒绝她痛苦的可怕自体。如果我试着去标记差异，而非反映同样的绝望，那么我似乎就把害怕的部分拒之门外了——这个部分将无法在我的臂弯或精神中找到归宿。而我的共情遐想注定会失败。

　　我通过阅读林斯特伦对"双重束缚"的解释，明白了这个活现的结构：如果我不加入汉娜的绝望，我就会否认并拒绝涵容她的痛苦；但如果我真的加入了，我就会错过一个指明出路的前缘，即她对安慰和希望的需要。以评论的形式进行的元沟通虽然未被禁止，但似乎无法触及她的心理等同的部分。迄今为止，这种活现还没有足够的空间。我倾向于认为她的自体状态遭受的创伤是因为将母亲的焦虑变成自己的，而不是因为母亲所确认的独立现实。从代际角度思考，这种强烈的灾难感可能反映了她母亲的移民创伤——既陌生又危险（Faimberg，2005）。在我们谈到这件事时，她的创伤中带有深深的羞愧，以至于必须将之隐藏起来。而矛盾的是，它也必须被知晓和治愈。

当时，我无法如此精确地阐述这种束缚。我总是在努力与汉娜对一位重要的、抚慰人心的母亲的需要保持联系，以使她免于转向"洞察"、代替缺失的节律第三性和抚慰的自我防御并陷入解离的空间。回顾过去，汉娜越渴望第三性的抚慰，她警惕的自体就越会痛苦地确信：母亲的形象将分裂，并且无法在她争取调节的努力中幸存下来，继而会以某种羞辱的方式进行报复。这位母亲会被汉娜破坏性的失望所压垮，她需要得到汉娜的保护以证明自己不配。需要维度的她和重复维度的她无法整合到一起。

然而，由于许多小的破坏幸存下来，汉娜和我获得了一些节律感，所以我们能够与她每一个动作背后的消极情绪进行游戏。正如冈特里普（1961）的患者所言，汉娜能够识别她与"殴打者"的认同。她认为，我作为一个强大的人，也会成为施暴者。汉娜梦见全家都在野餐，阿道夫·希特勒也和他们在一起。在梦中，她幽默地告诉自己，希特勒看起来不像个坏人——她也是如此幽默地向我表述的。我对她无畏地邀请"希特勒"加入表示赞赏。她认可她对家人的恨，并诙谐地表达了她对作恶者的认同——在那次会谈结束时，她套用福楼拜的"包法利夫人，就是我"，说："希特勒，就是我。"

与此同时，汉娜开始表达她强烈的对慰藉的渴望。她认同她所拯救的那些受到惊吓和伤害的动物，并希望成为一个照顾动物的母亲。而她的渴望唤起了她自体中痛恨母亲的那部分痛苦，她甚至希望她死了，这样她就能逃避那种被母亲死去的身体和精神食粮所感染和毒害的感觉。当这些感觉与梦相联系时，她突然想到，她可能希望消灭这些动物，就像她希望消除她可耻的自体或被诅咒的母亲一样。她被一种令人困惑的关于杀婴-弑母的幻想和一种成为被憎恨的母亲的感觉所折磨。恐惧和渴望的出现暗示了一种内隐信念：我可以涵容如此危险的情绪，我们可以在第三性的共同空间中涵容这些情绪。

有了这种更高的安全感，汉娜和我终于能够重复她的人际创伤并将一个不同的结局戏剧化。由此，她能够从痛苦的自我治愈中解脱出来。和其他一些年轻人在乡下度过周末后，汉娜给我讲述了一个熟悉的悲惨故事。由于无法幽默地开玩笑，她变得孤僻，极为不安，因为她感受到朋友们对她嗤之以鼻。汉娜相信，随着她变得越来越焦虑，他们也越来越觉得她可笑。在这种情况下，我在心里并没有怀疑她对失败和羞耻的过分确信。尽管我同情她的恐惧，但我也质疑她对破坏和灾难的信念。我让自己从游戏的"内部"说话，但我有自己的主观感受（包含在共情之中的差异元素）：一种保护性的愤怒。我隐约产生了一种想法，仿佛她真的是我自己的孩子："汉娜没什么错。她至少在诚信、个人领悟和智慧方面配得上她的朋友。她为什么要感到羞愧？"我从我对道德第三方的感觉说起，这让我把愤怒的反应表述为一个问题：为什么她不值得朋友们的理解和同情？如果情况发生反转，她肯定会给予理解和同情。我开始关注这个话题，继续问道："这些感受为什么是可接受的人性的一部分，却不是不完美的一部分？"

令我大吃一惊的是，在下一次会谈开始时，汉娜做出了一个不寻常的反应——她对我的"坚定辩护"感到非常惊讶和满意。汉娜继续做出反思，她认为，接受朋友的取笑是正确的做法。她一直试图通过认同朋友的判断来为自己的问题承担责任。我以标记的方式强调："事实上，你确实认同这种判断！你甚至可能会引起他们的蔑视，因为你自己也有这种感觉。"她毫不犹豫地表示同意："是的，我很聪明，当我焦虑时，我就拿这些脆弱当作噱头。"我说："是的！这真的是一根棍子——你用它惩罚自己，并邀请别人参与。需要你负责的不是你的脆弱

（这就是人性），而是惩罚和殴打自己，因为你对自己缺乏同情心。"

我一直在等汉娜抛出主题，因为我们在根据同样的剧本即兴创作。她认为，这是一种面对现实的方式（一种自我保护）。但她突然想到，还有一种不同的倾听他者并做出反应的方式。这次，她从我这里听到的不是拒绝忍受她的绝望或见证她的死亡，而是我在她身边，保护她的脆弱性及联结方式，并保护我对脆弱性的共情。她对此抱有一种信念。突然间，这个被我具体描述的原则变成了一种关于自己的信念——"当我感到害怕和需要安慰时，我不应该受到虐待"。于是，最初的痛苦场景得到重塑，个体在这种场景中感受到了解脱，而不是灾难性的缺席（这种缺席导致她在自体调节中将自己说成一个非常坏的女孩）。

接下来的工作表明，我愿意活现一个有生成性功能的保护性母亲，而非一个分裂和沮丧的母亲。保护性母亲会为孩子挺身而出，而分裂和沮丧的母亲将痛苦标记为真实的、非自己的、非灾难性的。我能够识别出，这在很大程度上反映了我对汉娜的认同，我根据自己与羞耻感和社会不公的斗争想到了解决方案，即将同情和善良置于优越感和刀枪不入（invulnerability）之上。我承认，这一价值体系虽然得到了高度反思和明智的处理，但仍然根植于我个人的痛苦之中。它不是中立的，而是高度个人化和具体的。然而，它似乎能与汉娜产生特别的共振。对汉娜而言，我的保护者自体给她带来的痛苦的愤怒反应确实与我关于同情的想法一致，也与我对道德第三方的感觉一致。我的回答来自一种信念：脆弱和受惊的汉娜可以获得尊严和尊重，同时牢记她的力量。她可以从受虐式的服从转变为惩罚式的共同的第三性，将共情的节律同一性与同情和尊重人类脆弱性的叙事结合起来。我看到的不是汉娜的"弱点"，而是她的母亲位置。作为母亲，她从婴儿的痛苦中看到了一个有助于摆脱痛苦的连贯自体。于是，抚慰和分化都是由想象孩子未来的母性功能形成的（Loewald，1960）。汉娜认同的是我身上的一种力量，这种力量不是来自对充满羞耻感的自体的恨，而是来自接受精神痛苦并将之视为道德第三方的位置——接受本来的样子。

是什么促成了向接受修复性保护和抚慰的转变？这种转变又让她放弃羞耻感，认识到她的自愈，觉察到她宁愿在他者伤害自己之前伤害自己。一种来自戏剧"内在"的元沟通形式将我具体化（Hoffman，2010），我的被她吓坏了的自体召唤出了我的防御自体，并且参加了游戏的活现。我并不是从外部发表评论，而是作为一个人，对她的痛苦做出反应。从这个意义上来说，我们的"相遇时刻"是非常个人化的。由于我的回答引入了来自我个人思维和标记风格的差异化元素，所以游戏发生了偏离。我自发地、含蓄地在她的故事中活现了一个认同苦难却也利用愤怒来保护自己的见证者角色。

汉娜将我理想化了，并且希望与我相互认同；但现在，这个理想的角色与她之前对解离痛苦和苦难的力量的看法完全不同。她发现了一种道德第三方——给予脆弱、恐惧的自体状态安全感和尊重，肯定在努力理解自己和他者的痛苦时所获得的尊严，从而解除了解离。因此，脆弱和强大这两种自体状态不再是解离的，而是汇聚在一个从责备和羞耻转变为理解和接受的戏剧性时刻。

后来，汉娜用自己的语言明确表达了这个意思。她说，我给她展现了一个道德的世界。她反思了将我作为一个保护性母亲所带来的影响（这个母亲支持自己的孩子，也相信孩子的韧性）。这里出现的愤怒既非来自无助的受害者，又非来自洞察力的拟像，而是混杂在一种"像正常人一样"的幻想中——没有可耻的恐惧，也没有承认痛苦的需要。在我明确承认"这很痛苦"后，她能够放弃对幻想中离群索居生活的渴望，转而享受与他人相处的体验——她可以像一个脆弱的人一样值得被爱；她的焦虑是可见的，也是可以被一个完整的他者所承受的。

因为建立了更高的安全感，汉娜自然而然地提起了她的"秘密生活"——她的愤怒的真正来源，她的充斥着绝望、滥交、离家出走的青春期里最糟糕的愤怒和孤独感。她所有愤怒的自我折磨都是针对母亲的。她憎恨母亲，特别是因为她仍然需要母亲来提供缺失的家庭体验。考虑到我将在夏天离开，汉娜第一次说出了她自己需要的可怕、可耻、可恨的角色——她的女性愿景，一个跟踪狂，她杀死了自己的大学室友，因为起初她们很亲密，但后来室友感到窒息而无情地拒绝了她。

"跟踪女孩"的出现加剧了我们的恐惧感和破坏感，在我们第一次分离的夏天，这个问题一直困扰着她。不过她能够想象我对这个女孩被抛弃自体的接受和拥抱。一个维持重复和修复矛盾的新模式逐渐构建起来：我觉得这个女孩过得太难了，她只是一个需要帮助的孩子，而我可以抱着她。然后，我们能够接受并给这个"非我"的可耻的被拒绝的形象起一个名字。她一直尝试不在朋友面前表现出这个形象；而现在，它成了游戏中更具隐喻性的角色。

寻找舞伴，节律第三方

我说过，我对温尼科特所说的游戏的意义的理解是，单独或与他者一起使用幻想和隐喻——通常又被称为遐想，并有助于情感清晰化。受比昂的思想——特别是他关于 α 功能的观点的影响，遐想的理论化已经成为一种明确的观点。费罗（2009）是遐想研究的主要倡导者之一，他建议我们将出现在该领域的隐喻性人物视为"人物角色"。我们可以让这些人物角色（如跟踪狂女孩，又如炸弹、植物和墙这种代表情感或冲动的客体）在房间里游戏，但不指明他们现在依附于哪个真实的人或其移情意义。在关系分析的阐释中，我们可能会认为这些人物角色代表了先前解离的自体状态或感受的各个方面。然而，我认为与他者的游戏也涉及真实的关系，它在自体状态、自体与他者之间的关系中创造了真实的转变（Peltz & Goldberg，2013）。

我的观点是，在分析中学习如何游戏是一个过程。它不仅包括隐喻的使用，还包括标记和元沟通增加的时刻，这些时刻是由原本缺少的节律和分化所决定的，与个体在活现时期（解离特征首次出现的时期）与他者的对话游戏有关。解离的特征能够被逐渐获得，并且越来越明显地成为自体（而不是非我）的一部分，以较少的限制方式依附于他者。因此，汉娜最初通过活现进入这段关系的被否认的自体逐渐演变成相同背景下早期游戏中的人物角色。

我将通过一个自发的共享遐想时刻来做出进一步说明。潜意识交流创造了节律和符号的形式与内容的同步。因此，游戏以往复运动的形式出现。汉娜开始了一个会谈，她谈到了一个刚开始同她约会的男人。他有点儿老，但让人钦佩和喜欢。她发现，他非常可靠，富有同情心和理解力。她觉得这个男人能够唤起她心中最好的一面。也许因为简·奥斯汀是我们经常提到的作家，我的遐想转向了我最近看过的电影《艾玛》中的角色奈特利先生。奈特利爱上了艾玛，但他并没有表明自己的爱意。艾玛收养了一个名叫哈丽特的孤儿，她是个农场女孩。哈丽特不顾奈特利的建议，试图与一位出身高贵、认为她配不上自己的男人在一起。在舞会现场，这个男人公然拒绝了哈丽特的邀请，让没有舞伴的她在众目睽睽之下尴尬地站着。奈特利作为艾玛的舞伴，邀请哈丽特跳舞，帮她解围，让她免于羞辱。在奈特利挽回了哈丽特的面子之后，他和艾玛终于翩翩起舞，实现了眼神和动作的情欲同步。我此刻想起了他们的舞蹈——一个美妙的节律第三方的表征。

我决定与汉娜分享这个故事，并阐述艾玛及哈丽特的双重角色，以及奈特利对这个角色中最羞耻和尴尬的"部分"的接受是多么感人。我们进入了一个令人惊讶的相遇时刻。汉娜回忆起电影中的片段，突然说："我爱你，我真的爱你！"她停顿了一下，然后解释道："我真不敢相信，你会把我比作艾玛，或者把我爱上的什么人比作简·奥斯汀小说中的人物。我一直希望自己能获得奥斯汀笔下人物的自尊和自知之明。"在这一刻，我仿佛拯救了汉娜的哈丽特式自体，而她也感受到了。

现在，我们看到了潜意识的心理共享产生的一种巧合，可能会在两个心灵相遇之时发生。汉娜补充道："奇怪的是，今天早上，当我乘车进城时，我看到了那些肥胖的郊区妇女。我有点儿看不起她们。但后来，我发现了自己的想法。我问自己，简·奥斯汀会对这种态度说些什么。然后，我继续听她们说话，发现她们的声音很可爱。我想，她们真的是可爱的女人。"汉娜有机会活现女儿部分并修复母亲部分的价值。她可以直接承认对我和奈特利的爱的感受。她还与我共同遐想，将她默认的对母亲（胖女人）的拒绝转变为创造美好的幻想。"有爱心的女人"是她的愿景，也是她自己道德第三方的具体形象。

奥斯汀的声音就像妇女们的声音一样，代表了可以被她所认同的母性第三方。与之类似的是将我和奈特利联系在一起的声音。道德母亲的声音和节律第三方的乐曲创造了一个可以涵容多种声音的空间；同时，它是具有合法性的母性符号第三方。这个声音说："我所有的孩子——哈丽特和艾玛，脆弱和强大的——都值得爱。"正如我们随后在会谈中持续探索的，哈丽特身上的"艾玛部分"的美丽是可以被承认的，艾玛身上的"哈丽特部分"的痛苦是可以被接受的。在我们后续的会谈中，汉娜和我继续使用艾玛和哈丽特作为隐喻进行游戏。通过体会这些对哈丽特意味着什么，我们在艾玛的角色中寻找新的潜力。在这样一种关系的排练中，她可能会产生欲望和安全感（Aron & Atlas, 2015）。这个故事作为道德第三方的表征，使我们更能够理解汉娜如何一边寻找作为艾玛的新的可能性，一边努力拥抱自己身上的哈丽特。两个自体都有了生存的空间。

奈特利、奥斯汀、正在和汉娜约会的男人（她在现实中后来嫁给了他）和我，都成了舞台上的角色（Ferro，2009），并轮流在第三性中起舞。汉娜曾经活现跟踪狂角色的部分变成了一个更可爱的角色；哈丽特可以融入自身，我可以接受她并与她共舞，而不是独自一人成为破坏性人物。这一特殊的转变有许多程序性和符号性的、内隐和外显的特殊方面：我们的交流本身成了一种适应和协调不同声音的节律体验，为共同遐想的象征性元素注入了活力。汉娜和我在行动中创造了一个新的隐喻——形式和内容同步，我们描述了一种舞蹈并跳起了这支舞。这一协调的行动意味着一种与我们游戏内容一致的和谐，它加深了汉娜的问题：艾玛需要一个道德第三方的合法世界，在其中，像哈丽特这样易受伤害的、感到羞耻的角色是安全的。

我与汉娜认为，艾玛的游戏可被视为阿隆和阿特拉斯（2015）所描述的排练和准备的一个例子：一种生成性的共同遐想预测了她与这个男人在一起后的生活变化。在这种情况下，前缘是通过一个能够"召唤出最好的人"的男性角色来表达的，这个角色也代表了分析师的一部分。活现工作的目的不仅是鉴定过去的致病因素（Aron & Atlas，2015），以及提出与创伤、伤害、丧失、痛苦和羞耻感相关的解离自体状态（后缘），还包括识别出内隐的希望和欲望——除了失去或痛苦的非我，还有欲望和扩张的非我。

汉娜非我部分的整合与她遭受的伤害有关，并且进一步破坏了她与母亲之间的关系——因为她还保留着青少年的叛逆和愤怒（而非可耻的脆弱性）。她不会永远离开舞台。正如我们所见，她在冲突中的表现变成了一种完全不同的生成性活现的一部分。

舞台战斗的变迁，滑倒和报

正如贝特森（1979）所说，好玩的仪式有时会失控，游戏参与者可能会过于兴奋或反应过度，忘记他们本应该"只是在玩"。原本应该只是象征性地抿，却变成了咬。在战斗阶段，演员经常滑倒，或出拳太用力，还可能会出现擦伤。许多经典精神分析学者认为，滑倒是为了让我们停下来。因此，在互动的分析二元体中，未经处理的情感力量可能会超出分析师的涵容范围。在分析中，这种无法涵容的情况确实可以被视为互动的一部分。正如费罗和西维塔雷斯（2013）所言，"在途中持续发生的意外，在一定范围内是不可避免的，而且确实是必要的"，但这个过程可以反映并最终扩大和强化相互作用。在英语中，"意外"这个词能够恰当地形容无法涵容的内容。我们对超出分析师最初觉察范围的事物的潜意识沟通或共同的解离是"康庄大道"的一部分。我们能够在多大程度上通过遐想来探究这个谜团呢？我们（有时是不情愿地）一起努力实现的患者的活现工作对双方的进步有多大贡献？我怀疑，遐想模式下的游戏与互动游戏可能会在这些方面引起不同的结果（Stern，2013；2015）。

我将用活现与游戏转变为一种绝对冲突的时刻来描述活现的工作。在分析中，我的某种善意的解离性愿望推动了相互作用，从而促进了戏剧化和理解的实现。我认为，这应当被描述为一场"意外"。这个时刻表明，需要由戏剧来阐述的重复痛苦的"非我"是如何与主体间语境中寻找真实表达的"非我"一起出现的——它们先是在混乱中相遇，然后随着我们不断地分析而变得越来越清晰。这可能是分析师最初为了努力摆脱束缚而造成的意外（Mitchell，1993）。在这种情况下，打破我们的联合解离的反应完全是在我觉察不到旧模式的重复的情况下被触发的。

我（Benjamin，2009）讨论绝对冲突的出发点是，不同自体之间的相互作用和它们的解离在何种程度上需要认可我们的某个部分。我强调了活现的潜在性和生成性，新感受的揭示及患者能动性的表达，分析冲突的前缘（Slochower，2006；Bromberg，2011）及其产生的新意义

（Stern，2015）。这场冲突制造了自体的某个部分、一个叛逆的青少年，因此对汉娜的能动性体验而言至关重要。这种能动性采取了汉娜在与我抗争时使用的反应形式，并在思考、分析和创造意义的过程中进行整合，从而在中断中创造意义。共享和协作在活现中发挥作用，使其具有生成性。正如阿特拉斯所说，我们应当让患者走进"厨房"与分析师"一起做饭"，而不仅仅是让分析师根据患者的接受情况来决定做什么菜（Aron & Atlas，2015）。

汉娜在成为母亲并确认她有能力抚慰、安慰和爱她的孩子不久后的一次会谈中，开始重新审视自我批评的旧场景——我是这么认为的。我听到她在责备自己不太懂古典文学（这显然是她自己的一种虚假表征），以至于在前一天晚上无法答出她十几岁继女（露西）的家庭作业问题。也许我对这一失误感到沮丧，但我发现，自己对汉娜责备中的愤怒异常敏感。我非常想知道，汉娜是否会把这种贬低自己的倾向带到与自己孩子的关系中去。汉娜立即用一种完全不同的语气对自己的自画像撒谎，她惊呼道："太残忍了！"然后，她试图后退，避免让我错置，就像她自己一直以来那样。她以一种特别富有洞察力的语气解释说，我的这句话肯定是有用意的，因为我是一名关系分析师。我为自己感到不安，但并没有那么失控。我无法立即认可自己说了一些伤人的话。我清楚地表示，这不是一种策略，而是一种情绪反应。我为这句严厉的话道歉，并建议她不要这么轻易地让我摆脱困境。

正如我们在下一次会谈中共同反思的那样，汉娜相信自己能够以更有力的方式表达她感到被我不公地责骂，展示其自我保护能力，并且不加否认地容忍对我的了解。但随后，她开始反思自己的行为，以及这一幕中被戏剧化的内容。"也许你有什么反应，"她说，"因为实际上我当时觉得自己不像母亲。我觉得我和露西一样，是一个看不起自己愚蠢母亲的青少年！""好吧！"我高声回答。如果她真的认同那个十几岁的女儿，那个轻视母亲并认为她可怜又不称职的女孩，那么也许我认同的是母亲。在汉娜认同其角色的那一刻，我能够识别并承认我对被鄙视和抛弃的母亲的未明确表达的相对认同——从自己的青春期开始，我一直清楚地记得这一对二元体。

当我认可自己在互补关系中活现被攻击和报复的母亲的对等角色时，关系中就产生了不同的含义。讽刺的是，正如在活现中常见的那样，隐藏于解离性认同中的对称性促成了与预期相反的遐想。我想摆脱我在戏剧中被指定的角色，却直接走了进去。我变成了我试图保护的母亲，因为我也在解离性地抵制成为她（尽管是以无助的分析师的形式）。回想起来，我可以看到，汉娜关于女儿与失败的母亲的故事让我感到自己需要肯定母亲的善良。我没有考虑到自己希望看到汉娜需要通过吸收我的善良来获得治愈，所以我对汉娜通过羞辱自己来掩盖我的失败感而感到沮丧。[①]然而，在某种意义上，我们的角色转换揭示了汉娜对她自己和对我的攻击之间的虚假分化。我们的同构性认同太对称了，因此不需要错置，也不需要将他者错置。她的举动实际上表达了对母亲所谓的善良的解离性攻击；而我的报复是对善良的解离性防御。我被一位远非那么"好"的母亲错置，重现了汉娜在青春期与母亲殊死斗争的核心——这场斗争使她成为一个疯狂的人。

我们的长期工作和我们对羞愧和失望的感受的识别，使我们能够轻松地进入分析活动。我向汉娜承认，我无意中变成了我一直试图避免成为的样子。一旦我认可了我活现的角色，即被目中无人的女儿所拒绝的母亲，汉娜就可以更多地表达她对母亲的软弱的愤怒。令我们都很惊讶的是，她戏剧性地改变了自体状态。一个新的出乎意料的角色跳上了舞台，她以一个认同且维护母亲的女儿的声音说出了她为这位不能安

---

① 雷切尔·麦凯（2015）在讨论中澄清了活现的概念——活现在某种程度上是由治愈患者过程中肯定善良的解离需求所驱动的。

慰任何人的可怜母亲感到难过："你不爱她，没有人会爱她，她太不可爱了！"

我们停下来接受这一惊喜。这是汉娜对我曾经的可耻角色的同情所产生的强烈影响，尽管她仍然深爱并认同这个角色。现在，我承认我为自己的暴躁感到羞愧，并明确表示汉娜需要在我作为一位不可爱的母亲表现出无法涵容和尖刻的时候保护我。汉娜很难认同的这位母亲是分析活现的最后一个部分。当我们的分析工作进行到这里时候，我们放慢了进程，以便于一起为可怜的母亲感到悲伤。当这种感觉出现时，我们似乎可以一起倾听对立的声音，发现相反的立场——这个情境允许彼此间冲突的存在与发展。思考和感受共存的第三性空间是可触摸的、开放的、相互的。

在我认可自己的反应后，汉娜突然涌现出了令人惊讶的转变，斯特恩（2009）将这种涌现称为"不请自来"。这似乎揭示了她在被"施暴者是谁"所困扰的早期阶段的自体状态：将自己认同为杀害母亲的凶手，或者是不可爱的受害者；不管怎样，她都被错置了。在我们的互动中，我对伤害的承认中断了施动者和受动者之间的转换，为能动性以及自我保护性愤怒的表达开辟了一条途径。在我们早期的活现中，这一路径并不存在——那时，我在代替她表达愤怒。这一次，尽管她在潜意识中攻击自己的母亲，但她能够保护自己不受我的批评。对前缘对抗的承认带来了一种积极的主张，揭示了愤怒的薄弱之处，解放了思考和参与元评论的能力，并促进了一种无法通过哀悼来建立和实现的关系。因此，我们的对话从重复性内容转向新内容，为矛盾提供了恢复真实性与非真实性的空间。

合作拆解带来了相互涵容，并在走出活现的过程中整合了旧内容和新内容。我们开启了一个区分新内容和旧内容的元沟通，不再相互推和拉，成为因被认可而打开的第三性的一部分。这有助于修复我所活现的被拒绝的、挑剔的母亲和倾听、分析她的感受的分析师之间的矛盾，分化我的矛盾角色。

当元沟通分化了做正确的事的需要与纠正错误的需要时，情感就偏离了心理等同的位置。分析师不再是患者被破坏或被报复的母亲，患者也不再是分析师被破坏的客体。这个元沟通采取了游戏的形式。汉娜作为一个自信的演员可以通过挭来对咬做出反应："那太残忍了！"不同于咬，挭反映了我的行为其实并没有破坏性，也为象征性地解释我们的角色铺平了道路。这样一来，分析师准备好了接收信息，并且允许患者与其进行交流。从这个意义上说，双方都能在错置或被错置的破坏中幸存下来。这种幸存恢复了分析的矛盾现实。在游戏的第三性阶段，对违规的认可使之前那些被禁止的、无法接近的、无法说出的东西变得更安全，并且可以被讲述出来。

正如许多关系学家所表明的那样，也许冲突不仅不可避免，而且会增强（Davies，2004；Bromberg，2006；2011；Slochower，2006；Stern，2009）。矛盾的是，解离行为的隐藏和揭示功能使我能够"发挥"故事的意义，甚至比我提出的涵容构想做得更好。涵容构想包含了从失败到涵容、重复、认可、修复、探索和联结的过程。汉娜为修复我的理想形象而产生的第一个焦虑反应，可能反映了她的一种恐惧——她的愤怒将破坏所有善良，而她也将受到责备。然而，在我的认可下，我们得以共同坚持并在害怕破坏的时刻幸存，从而恢复道德第三方中"是"和"应该"的张力。我们朝着重演她古老的、刀枪不入的理想又迈出了一步。对这一理想的渴望使她不会因可耻的需要及其可能引起的不可预测的破坏性反应而感到恐惧，同时使她的客体不会如克莱茵（1952）所说的那样被"化为碎片"。

我们在共同创造道德第三方时，能够通过对伤害的感受承担责任，进而超越对伤害的恐惧。汉娜和我能够进入一个空间，在这个空间中，我们都可以感受到这个母女故事中的痛苦：母亲无法去爱和抚慰；女儿认同母亲，但也因母亲从未抚慰过自己而深感痛苦。然后，汉娜和我都希望把这种痛苦转变成另一种形式，使这种痛苦可以被我扮演的母亲角色所承认和抚慰，不再沦为碎片，而成为幸存的见证者。

戏剧性活现与解离、强大的感受联合起来为以前未被承认的自体状态开启了一条通向光明的道路。然而，分析师在使用冲突时，需要认可和解惑，邀请患者一起分享感知，建构和分析，创造隐喻——作为分析过程的共同创造者，分享节律第三方和分化第三方。以分析"发生了什么"为幌子的东西看起来似乎构建了一种叙事，维持"现在"和"那时"之间的模糊关系。"知晓"不是开始也不是结束。我们的出发点是未系统性阐述的行动，目的地是创造意义的表演。程序性与内容相匹配，因为共享反思和感受的运动会引发其他进入游戏的自体状态。通过这种方式，一种相互承认随着对彼此经验的相互理解而（分别地且共同地）发生了（McKay，2015）。

乐曲和歌词的结合

在出现断裂时，我们可以将元沟通作为工作的一部分，利用活现来揭示互补关系、感受和思想的去耦合，或共享的解离。我们努力从动作中找到一种有感觉的联系，并且有必要具体化和支持这种节律和符号的再耦合。在活现中，通过表演而内隐地开始的元沟通能够以令人惊讶的方式展开，就好像剧本是自己写成的一样（Ringstrom，2007）——当我们完成了游戏内容，它便包含了游戏的共享叙事动作。我们可能会觉得，我们已经作为合作伙伴而再耦合了。这是主体间过程和心理内容共同作用的结果。

我的临床案例旨在展示文字和感受、内隐和符号再耦合的过程。

在汉娜的案例中，我们一开始就看到，当符号表征没有锚定在调谐的体验中时，它与另一个心灵的知晓和被知晓没有联系。情绪最先是通过内隐与外显的解离登上舞台的。戏剧动作中对承认的表演会影响到情感表达的转换，然后将体验扩展到分享情感调谐，进而推动隐喻或人物角色的运用。这个过程正如汉娜活现她被抛弃的自体，然后使用跟踪狂的隐喻，再到我们围绕奥斯汀笔下的哈丽特开展积极的交流。由此，我们在最初因过于羞耻和焦虑而无法进入的空间中创造了符号第三性。修复破裂的戏剧性互动从对抗转变为协作和询问，并塑造了令人惊讶的角色。

我的论点是，在没有发展出调谐和分化的情况下，会出现一个类似于反思但实际上仍然是解离的符号第三方的拟像。当我们通过活现来工作时，承认行动便会瞬间出现，并且能够将文字、意义与感受联系起来；而内隐动作和象征性表达也开始相互匹配。

与福纳吉和塔吉特（1996a）一样，我强调了发展中创造符号与感受耦合的同一标记过程。它导致思想与现实的分化，从而修改心理等同，让"与现实游戏"成为可能。与他者游戏，即承认，不仅涉及与节律第三方的联结，还涉及现实与感受、信念的分化。这种分化反过来使分析双方能够把握分析中的矛盾，即重复和修复的对立需求。

在分析中，程序性行动与符号行动的再耦合使承认行为更清晰；它通过活现或游戏化（而不仅是陈述或阐述）来表达。我们所做的很多事情都涉及理解、系统性阐述、移情和反映。但是，当我们受到活现的束缚时，或者当我们更加自然地游戏时，我们所追求的元沟通可以像歌曲或即兴表演一样，弥补内隐的、符号化的文字和乐曲之间所缺失的联系。事实上，游戏的特点是动作和语言的一致性，或者通过处于对立的位置故意制造不一致性。游戏需要使用一致性和不一致性来塑造新的意义和联系，这通常是出人意料和未经思考的。

这些未预期的不一致和去耦合指引我们走向解离。我认为，尽管我们更加关注交互作用、情感调节、内隐亚符号交流以及节律，对其重视程度比言语更甚（Bucci，2008；Knoblauch，2000；2005），但解离倾向于将符号和节律解耦（uncouple），使我们更多地关注歌词或乐曲本身——有时是交替地关注。在临床上，我们可能会注意到这种去耦合是如何指示解离的，尤其是分析师的解离。

去耦合、解离和游戏

> 游戏类活动没有目的和意图，也没有紧张性。它好像是从自身出发和进行的。游戏的轻松性在主观上被感受为解脱……游戏的秩序结构好像让游戏者专注于自身，并使他摆脱那种造成紧张感的主动者使命。游戏的真正主体显然不是个人的主体性……而是游戏本身。[①]
>
> ——伽达默尔（1989，p. 109）

伽达默尔具有洞察力地将游戏描述为一种对第三方的顺应，即将自己移交给共同创造的结构，后者吸收并超越个体，从而使人们从自我意识、努力或张力中获得自由。这种进入游戏的释放意味着在真实与不真实的矛盾性分析空间中感到自在——因为边界是清晰的，而且空间是非常安全的。对于许多人来说，这种沉浸式的空间只能在某些状态下得以维持，而在其他状态下，对立造成的张力会使其破裂。因为游戏依赖于自体状态，所以我们能够注意到张力的出现。随着解离区域的暴露，矛盾变得立不住脚。在我们完成对矛盾和游戏的讨论之际，我要重申：即使是富有成效的临床工作也涉及真正的游戏和扭曲之间的二元交替，例

[①] 此部分译文主要参考洪汉鼎翻译的《诠释学Ⅰ：真理与方法》。——译者注

如第三性与互补性或分裂之间的二元交替。因此，临床问题变成了我们该如何承认中断，如何将分裂理论化，如何恢复第三性并重新开启顺应于矛盾和游戏的潜在空间。

西维塔雷斯（2008）提出，将第三性空间的游戏视为沉浸于心流（flow）中。他设想精神分析过程中存在一种振荡，它介于沉浸于心流中和脱离心流的中断之间——互动或解释导致了这种中断。在我看来，他似乎在描述与节律去耦合的符号性互动，而节律是分析师或患者的某种失调导致的。换句话说，带有隐喻和意象的游戏可以被关于心流的思考（而非在心流中的思考）所打断（温尼科特所说的智力功能的分裂）。有趣的是，强调"共在"（being with）和知晓内隐关系的精神分析师担心，对过程的系统性阐述或反思会打断共情沉浸的节律心流。我们如何避免破坏沉浸、适应及调谐的节律第三方？这个问题在通过遐想进行共情知晓和涵容的临床理论中似乎很常见——尽管表达方式不同。症结在于，分析师在解离状态中或失调的压力下越来越难以保持共情或涵容的立场，这使关系分析的重点转移到活现上。通过心理等同表达的情感往往无法发挥作用，而走向互补二维性、破裂或僵局。我讨论元沟通的目的在于，为穿越心流中的障碍提出一种方法。当这些障碍以活现或冲突的形式出现时，心流会发挥作用并明确地认可它们。同时，分析师可能会试图维持第三方的愿景：我们一起在溪流中划船，顺流而下。因此（无论我们选择哪种溪流），我们有时必须下船，并将船抬过岩石。我们都认为一起"抬"起是创造共享第三方的一个部分。

即使我们的焦点是隐藏或揭示解离行动所产生的中断或冲突，如何持续地利用修复的经验来认可和见证也是至关重要的。毕竟，我们经常与非常危险和痛苦的元素一起游戏。"游戏"这个词可能会让我们停下来。在与遭受创伤的患者合作时，我们需要保持对情感调节的共情调谐，以"调和"和人际安全感为目标。由于见证和共情受到（不同理解的）强大投射或解离的威胁，以及自体状态的挑战，所以节律性经常被打破，而分析师的认可变得很有必要。即使在最好的条件下，当我们沉浸在遐想或互动即兴创作中时，"核心意识"也绝不可能保持完整（Ringstrom，2016）。

尽管我对何时会出现中断以及是否只有我自己该为中断负责存有疑虑，但我的结论是，我们必须确保这场危机成为机遇。如果别人成功避免了这样的危机，我会很高兴从中学习。在我看来，在许多情况下，认可机会往往会被抹去（我自己也对这种行为特别熟悉），那么我和我的大多数同事会做得更好。正如费伦齐所建议的那样，我们要谦虚地分析自己的脆弱性，并且相互支持。

我感兴趣的是，是什么导致了游戏或沉浸的中断。我怀疑，片面关注象征性叙事或主体间过程更容易引发的后果是，忽视不同通道上对立的禁令所带来的压力。由此产生的经验碎片化可能会引起我们的解离性反应，这可以使矛盾张力中的分裂得到缓解。我们通过回归分析师惯用的默认的隐喻、构想或共情立场，在不明显的活现的互补性中得过且过。当我们待在让自己舒适的领域中时，我们往往会对意想不到的活现感到惊讶。到目前为止，双方似乎都适应了彼此的反应模式——预期和反应都令彼此感到舒适和亲密。解离之茧及互补性结构必须被打开——真相只有暴露在寒冷的空气中才能被看到。我们的婴儿部分并不满意创造转变过程中的挤压和不稳定，于是需要一些明显的安慰。因此，活现和随后的不稳定必然会以中断沉浸感的形式或冲突的形式出现。

波士顿变化过程研究小组（Boston Change Process Study Group，后简称为BCPSG）证明了拒绝活现功能所带来的问题。他们承认"松散"的生成性（Nahum，2002），这似乎是以探索我们的错误为目的的。对他们而言，片面地提倡内隐关系知晓和"共在"的贡献（Stern et al.，1998；Lyons-Ruth，1999；Stern，2004；BCPSG，2005）在于反对研究松散时刻的动态起源和我们工作的象征性。尽管他们注意到了内隐和反思性语言领域之间的脱节（Nahum，2008），但他们明确拒绝研究这种去耦合、特异性解离的动力性动机（Knoblauch，2008）。最近，BCPSG（2013）直接对活现和解离（尤其是分析师的部分）的关系理论提出了反对，他们主张通过"重新调整意图"来内隐地修复中断（而非讨论这部分内容）。这里出现了一个心流中断的问题。我们是否有必要在对重复的符号性反思和产生"共在"（内隐知晓）的新经验之间做出选择，还是说我们可以通过游戏将它们重新结合起来？我不相信"只有内隐关系知晓层面的变化才是可变的"（BCPSG，2013）这一论断。通过反身性语言来认识和探索该领域的去耦合似乎是不必要的。①

在反对解离的观点时，BCPSG不考虑叙事内容，而将活现定义为对心流（应该是流畅平滑的而非突兀波折的）中的中断、不匹配或破裂的适应和整合。修复这些破裂只需要进行情感调节和恢复程序性层面的协调性，而不需要揭示相关行动或自体状态的意义。BCPSG质疑了解离部分或需要处理的自体状态的必然出现，并认为中断的象征意义无关紧要。对象征性重复范畴的抹除，使需要通过重复来修复的真实与不真实的矛盾得到缓解，因而对精神分析方法至关重要。

有人可能会认为，通过去除内隐层面上的干扰以维持共同调谐的节律会进一步导致解离并模糊戏剧性破裂的叙事内容。患者可能会感到困惑，还可能会被鼓励去适应伤害而不是对抗伤害，以及清晰地表达类似于重复性伤害的感觉。这个问题该如何解决呢？BCPSG建议将破坏性情绪事件定义为二元系统的"局部"，从而使令人不安或痛苦的事件与叙

---

① 埃尔曼和莫斯科威茨（2008）指出，承认–调节二元体的体验一旦离开感觉–运动世界，进入象征领域，符号就成为中介，让内隐体验在更高的分化和表征水平上不断地被重复表述。这个过程形成于多层次（有时是多重自体叙事）的戏剧，并反过来影响戏剧。体验能够被简化为内隐的，并能绕过后续所有的符号改造。

述的历史意义去耦合。很难想象，历史创伤和与之相关的情感涌现不会被这种立场所阻挡（Bohleber，2010）。仅仅是专注于通过调谐和协调性来恢复和谐，就足以构成对复杂伤害和见证失败的承认。

消除重复、患者的历史创伤以及对分析分析师反应和参与活现的意义的抵触，建立在解离问题的基础上。BCPSG明确提倡恢复相互调节、重新与患者保持一致，并建议分析师不要分析自己的反应。他们认为，共同的节律性是最重要的，我们"滑倒"的象征性意义变得无关紧要。他们用来证明其论点的案例片段涉及复杂的活现，以及分析师和患者不同自体状态的解离。在对两个案例的讨论中（Black，2003；Stern，2009），分析师根据患者的创伤广泛地分析了他们自己的贡献和解离时刻。然而，BCPSG明确否认了分析师的自体反思分析，而将其缩减为一个无法适应患者或无法与患者的情感保持一致的内隐领域。

举例来说，BCPSG用布莱克（2003）提出的一个案例来捍卫他们的观点。在这个案例中，分析师在活现中的笑声似乎唤起了双方都经历过的与父亲有关的羞耻的历史创伤。布莱克展示了如何用冲突促使患者表达其新的愤怒。BCPSG关注突发愤怒的转化潜力和具有二元体属性的交流的"活力"，并试图简化复杂的叙述，使分析师从抑郁的患者身上抽出时间"享受片刻的欢笑"（2013）。他们宣称，分析师对自己的解离进行分析是没必要的，也是"令人羞耻的"；分析师最好只是"将他们的行为视为对自己的重要需求——与患者的需求并存——的满足"。由于分析师的解离、反应性和脆弱性是不被允许的，布莱克的笑声被削减为一种可调节的"滑倒"。既然这样一个错误不是我们历史的重复，也不是非我经验的表达，那么就没必要通过认可来修复，或拆解活现。

这种临床观点背后的逻辑是，只有"共在"的新体验才是治疗。在真实与非真实的分化被否认的同时，以我们经验的共同点或差异为基础的心智化活动也被忽视了。内隐体验超越了符号性体验。实际上，只有在处于节律维度上时，分析关系才能成为人与人之间的真正关系，关系中的人（比如母亲）有时也是需要休息的。于是，分析师作为重复者和信息接收者之间的矛盾张力消失了。

正如麦凯（2016）所指出的，BCPSG的临床理想与关系理想形成了鲜明对比。在关系理想中，差异性被视为一种活力，而关于活现的言语协商可以为亲密关系注入新特质。通过分享已经暴露的内在状态，我们进入了承认的时刻。这种潜在的承认的亲密感与难以控制的、羞耻的解离一起被抛弃。从关系思想的角度来看，这种承认实际上有可能治愈个体的羞耻感，并使人对脆弱性有更大的容忍度。学习关于我们分析师自己和患者的新知识是我们集体第三方（collective Third）的一部分。从这个意义上说，我们允许正在进行的活现演变为破坏或冲突，我们甚至会因为双方都创造了象征性和内隐的知晓而承认我们自己的解离可以是自由的、生成性的。

我们并不会因为识别出戏剧性活现在分析中的价值而拒绝与患者的意图重新结合并构建情感调节。我们致力于涵容这种活现，希望它足够安全。然而，为了创造新的辩证行动，我们接受了揭示解离的内隐或外显行为，使活现变为游戏，并恢复了重复和修复的矛盾。布莱克（2003）认为，活现不仅打破了患者的二元规则和僵硬的解离结构，并且在解离之茧中生长，然后将其打破。关系分析师也同意这一观点。从这个角度来看，破坏对摆脱解离秩序的束缚至关重要（Greif & Livingstone, 2013）。这种严格的秩序部分地存在于情感与思想、程序性与符号性的去耦合过程中。

在打破的瞬间，静态的、僵化的互补关系可以发生转化，并在行动中显露出需要探索的恐惧和欲望间矛盾的牵引力。事实上，互补与第三性、停滞与破坏、活现与游戏的主体间位置的转变往往是前景而非背景——使分析师觉察到两个参与者是否都有思考的空间及行动和存在的自由。

将活现和共同的解离作为分化和承认的适当时机，是在强调中断和修复的过程，以及沉浸和中断的关系。关系思想不同于比昂学派的场论（Bionian Field Theory，后简称BFT；Ferro & Civitarese，2013）——尽管它们有很多共同点（Stern，2013；2015）。实际上，从这个角度来看，我们发现了一种临床理论，与内隐关系知晓相反，它强调了"象形化"（pictographing）活动中的意象发展，扩展了思考和感受的能力，进而形成了一种再耦合的形式。比昂强调要让患者发展其自身涵容和代谢情绪的能力（Ogden，1997；Ferro，2009；2011；Brown，2011），这一观点为对话性遐想注入了新的生命。

我们可以说，这是温尼科特所看到的分析师"将患者带入能够游戏的状态"的一种形式。为了培养出费罗（2009）所说的"醒着做梦"（wakeful dreaming）的创造性，双方可以将会谈想象成一个梦。分析师促进了共享隐喻的使用，从而使原始情感（比昂的β元素）能够代谢为更清晰的情感表达（α元素）、"字母化"和"象形文字"（Ferro，2009；Brown，2011）。

正如费罗（2005；2009；2011；Ferro & Civitarese，2013）明确阐述的那样，涵容投射性认同和转换源自心理等同模式的原始情绪的过程。该过程有助于人格中"不断努力寻找或重新发现基本的心身整合"这一部分的成长。尽管费罗（2005）关注的重点是会谈中的场域，而且将所有外部材料解释为内部的人物和隐喻，但他尊重且认同患者的微小历史创伤的重复，"在能够'看见'和'修复'原始损伤的人在场的情况下……这影响了思维的器官"（p. 6）。首先要有承认，然后患者才能利用活现来重复和治愈此类创伤。这是通过忽略真正的主体间过程得以实现的。除了象征性的内容，我们还可能会忽略创伤在关系中和程序上的重复方式。

与斯特恩（2013；2015）一样，我所描述的从活现到游戏的转变能够创造隐喻，在分析的舞台上引入新角色，有效地与BFT的游戏方法结合起来。①与根特一样，费罗强调，未被涵容的情绪和需求的压力是一种攻击。警惕分裂的矛盾的智力构想或谨慎地使用解释来解码（而非扩展）梦，其目的是促进患者自己的思维发展，以及帮助分析师从患者的话语中学习。

我非常赞赏符号思维在这种方法中的拓展，如使用图像制作和叙事来代谢情感，这是一种实现歌词和乐曲再耦合的媒介。然而，正如斯特恩（2013；2015；Peltz & Goldberg，2013）所说，尽管活现和游戏之间的转化可以表现出开放性，但我们需要强调各自对分析方法和目标的看法的一些重要差异，尤其是我们对分裂的看法的差异。费罗（2007）积极地关注涵容的失败，并指出"沟通中的细小裂痕"会造成裂缝，而"未经消化的事实可以因裂缝而爆发"，成为"分析的驱动器"。这种观点确实与解离和活现的关系理论非常相似。

关系理论和BFT之间争论的关键在于：当我们无法涵容时会发生什么？而我们该如何应对？（Ferro & Civitarese，2013）用费罗和西维塔雷斯（2013）的术语来说，该场域必须"会感染分析师的疾病"，并且会不可避免地发生"意外"。在这种时刻，我们应该做出什么样的临床反应呢？费罗（2005）提出，分析师应该监控患者对其解释的叙事性反应，并相应地修改这些反应，但不用过多地对其进行解释。更确切地

---

① 斯特恩对这个问题的讨论在许多方面引起了我的共鸣，但我质疑他借鉴BFT将关系分析命名为人际关系精神分析。在我看来，客体关系理论和自体心理学理论对关系分析的影响非常大，至少与人际学派的影响一样大，这使得关系分析更像是它们的折中理论。因此，我坚持"关系理论"这一说法。斯特恩提出了一个有趣的问题：应该如何把我关于第三方的观点同化为比昂学派的观点，以及是否有必要这样做？更接近后者的是奥格登理论中的第三方概念：我们共同创造了关系矩阵并存在于其中。对我来说，第三方位置是场域中一个关键的转变或位置。

说，"掌舵人"将其作为"指引……以坚持方向"。费罗和西维塔雷斯（2013）认为，当不可避免的"意外"发生时，分析师在分析情境中应该"给定适当的功能"，简单地"恢复一个理想的位置，以涵容患者的焦虑"。即使分析师确实认可涵容的失败，他也应该让患者知道他觉察到自己在上一次会谈中有点儿挑剔的解释，并相应地修改他的"配方"。他告诉患者，这道菜太辣了，希望厨师今后能够更谨慎（Ferro，2009）。我们注意到，在给出认可的例子时，费罗在电影导演的角色中并没有喊停并与演员一起回顾场景，而是继续拍摄。我们节律第三方的中断被内隐地修复了，沉浸式的心流并没有真正中断。但患者的困惑或焦虑没有直接得到解决，他对分析师的观察也没有被激发。

如果关系分析侧重于揭示我们发现解离根源的过程，以及我们如何利用这一过程来打开活现，那可能是因为我们不太确定（尤其是在处于痛苦的故事中时）我们是否能够在不谈论中断的原因的情况下重新获得"理想的位置"。邀请患者一起在厨房做饭就可以让她对烹饪时应该使用什么样的调料发表意见（Aron & Atlas，2015）。这对我们很有吸引力，正如斯特恩（2013；2015）所解释的那样，我们不相信分析师能够独自想明白船出了什么问题，或者他为什么在昨天的炖菜中放了太多胡椒。用失败来增加患者的参与度，这可能会让我们感到惊讶。

无法言说的已知的交流隐含着心理如何相遇、真理如何被表达，以及涵容者如何变得更具相互性的答案（Cooper，2000）。在面临伤害或破裂时，分析师的认可便成为修复第三方的一次机会，因为当我们从互补的自体状态转变为相互知晓时，一种新的关系出现了。从互补性到第三性、从活现到认可的过渡恢复了矛盾，使游戏成为可能。这种转变过程是分析中转化的一个部分，也是在主体间锚定整合思想和情绪的新能力的一个部分。

当然，大多数分析师认为，如果我们能够保持节律，恢复共情的姿态，通过理解涵容"细小裂痕"，那么我们可能会更了解我们自己的反应性。那些更大、更痛苦的裂缝，源于患者对真实创伤中第三性、见证和认可等部分的寻求与渴望。一些非我的状态通过这种现实的压力呼唤着我们，这种现实不论在过去还是现在都未被内部和外部可怕的复杂情况所代谢或强化。这种压力可能会激发我们这些分析师，让我们通过重建活现中分析师的角色来学习。我们将从互补对立（这些对立往往会冻结行动或导致破裂）中表达的无法涵容的投射或解离的自体状态来思考。从主体间承认的角度来看，活现中自体状态的特征不仅属于场域，也属于分析师和患者各自作为个体的部分。从这个意义上来说，分析师和患者仍然是独立的主体，他们会觉察到各自的行为（指责、批评、拒绝、加入或退出共享情感）给彼此带来的痛苦或积极作用。这是分析中感觉"真实"的一部分，就像通过共享了解来实现修复一样。这种感觉的真实性可以与遐想和隐喻共存，并且有助于双方以相当"不真实"的方式相互影响。理想情况下，活现工作涉及恢复或接受这样一种矛盾：这种关系既是真实的，又是不真实的。其前提是，我们之间发生的事情是真实的。分析师可以在"抿"的同时帮助患者从咬伤中康复。

这种形式的修复带来了道德第三方和合法反应的强烈体验。患者能够体验到，分析师已经觉察到他将感觉到理智和安全被错置了；而且他相信，分析师能够将理智和安全放到正确的位置上。分析师不惜一切代价抵制"好"的诱惑，这可能会将坏的一面从患者身上挤出去（Davies，2004），同时使其处于一种被否认的非我状态（Mark，2015）。在主体间性理论中，共同创造理解的程序性行动为第三性形式带来了一个新维度，让分析师反思自己的事故，尤其是那些引发羞耻或自责的事故。

我们共同重建我们的行动或共同创造一个隐喻来表达我们的理解——其程序性意义是，我们共同创造了一个涵容者、一种第三性的形式。这种涵容双方情感的第三空间意味着"对话参与"促进了一种相互涵容的形式。在这种形式中，情绪成为一种可以推动沟通的力量。在这场典型的互动游戏运动中，符号化表现为一种主体间过程、一种自体与他者之间的承认形式。这个过程与内容相匹配。共同反思和感受的转变引发了游戏中其他的自体状态。

共同反思本身就是一个过程，是一种具有转变性的相互知晓的形式——相互承认。正如布隆伯格（2011）所说，"相互知晓或'状态共享'不仅具有治疗作用，而且深化和丰富了……对合作伙伴的非我体验……进行符号加工的机会……"（p. 13）。请注意，布隆伯格对主体间承认的描述既涉及状态共享，也涉及每个参与者独立体验的符号处理。对于场论来说，承认彼此经验的感觉可能"太真实"了，不同的自体状态和意义似乎与BCPSG所说的内隐知晓的"共在"并不一致。一方面，符号和象征性活动似乎超超了理解对方心理的内隐意义；另一方面，内隐知晓使符号处于次要地位。主体间承认理论设想了交互性知晓和象征性知晓的再耦合——无论关系多么松散。主体间关系的转变提供了早期发展的经验，但这些经验一直被忽视，即使它们为分析游戏创造了交互性和象征性条件。我提出的主体间再耦合涉及相互知晓的节律第三性的再生，它是所有可信联结的基础，并且取决于一种重要的分化形式。这种形式与精神分析中恢复"真实"与"假装"的矛盾关系有关，在从假装真实到真正真实的修复中被不断重复。这表明了一种在分析领域的矛盾空间中游戏的能力。

从主体间视角来看，分析师可以接受我们并不总是了解自己或他者，并且更愿意接受我们自身理解能力的局限性，顺应这一过程（McKay, 2015）。通过这种方式，我们向新意义敞开了心扉（Stern, 2015）。当然，我们可能会更加熟悉解离和活现、抿和咬的变迁，破裂与修复、重复与修复的矛盾动力学，表达痛苦、失望、背叛（即使是在它们被听到和接收的时候）的矛盾。我们接受矛盾是为了让自己（包括我们最脆弱的状态和感受）朝着即兴的游戏发展。在这个游戏中，共享的意义因我们对他者的承认而出现。顺应这个开放式的过程是为了促进第三性游戏的恢复。在这里，不同的消息是活跃和"足够安全"的，我们从承认他性的普遍压力中找到了一些自由。在对第三性的共同顺应中，我们能够再次理解承认的节律性心流——"是，以及"的即兴创作似乎是毫不费力的；感受和象征就像是我们玩具的一部分，这就是分析的"真实"关系。在这种关系中，我们与现实和他者游戏并学习如何一起玩。

第六章

在边缘游戏：否认、承认与合法世界

我自己与游戏的关系是在我与婴儿和更大一些的孩子（尤其是我自己的孩子）共处的过程中形成的。当我还是一名学生时，我阅读了很多人的著作，如马尔库塞、布朗等激进的弗洛伊德主义者，尼采，席勒，后来还有温尼科特和米尔纳。他们关于游戏的观点在理论上对我很有吸引力，但那时，我还不确定游戏在成人分析中意味着什么。当我在斯特恩和毕比的工作中发现婴儿研究和面对面的互动研究时，我与游戏（作为婴儿期发展中至关重要的一部分）相遇了（Stern，1974a；1974b；Beebe & Stern，1977）。但我的感觉是，当我有了自己的孩子时，我重新获得了游戏的能力，就像我的父母又回到我身边和我一起游戏一样。

我们的游戏里还有歌声。我父亲经常唱歌，他为每一个可能出现的场合找到了一首旋律恰当的歌曲。所以我发现，我自己也能够为孩子创造一些歌曲作为一种安慰，同时讲述我们共享的日常生活并为之注入活力。比如，我为我那刚学会走路的儿子编过一首以"否"为主旋律的歌（Spitz，1957）。我童年时代很喜欢《威廉·泰尔序曲》，它贴合我的想法。其内容大致是这样的："否，否，是是是；否，否，是是是！否，否，是是，否！……是是是！否，否，否，否，是，是，是是是……"这首歌恰当地表达了这篇文章的精神——当"是"作为背景时，它颂扬了"否"的喜悦，反之亦然。

在本章中，上一章提到的"两者都"和"是，以及"与同样重要但有时是矛盾的"是，以及否"（Yes-And-No）都将被扬弃（失效、修改和整合）。在本章的第一节中，我强调了接受"否"作为我们在从活现到游戏的过程中一直强调的转化的一部分。通过恢复"否"并利用它扩大（而非取消）意义，以及恢复对立双方之间的张力，我们创造了第三方。在第二节的临床讨论中，我探讨了如何对否认和无法容忍与大他者的共在进行治疗。本章还介绍了解离自体之间的战争——起初，似乎只有一个人能活。只有对患者的暴力创伤史进行戏剧性活现，我们才能够与道德第三方和对可验证的合法世界的体验相遇。我深深地感谢"珍妮特"分享她的故事和她讲的话，也感谢她对我的指导。

从"否"和"是"开始

矛盾不应该通过分裂智力功能来解决。同样，在早期形式的自我主张中，对"否"的矛盾的使用不应该仅仅通过理解来减少。我们需要为"否"提供一个游戏空间，识别它，并使它成为"是，以及"的即兴转变中的决定性时刻。我通过"否"和"是"来思考一场辩证的运动，它可能证明了否认与承认之间的关系。在这种关系中，"是"不能战胜或归入"否"，它必须找到一种方法来识别它和它所体现的自我表达——拥抱"否"，而不碾压或扼杀"否"。

在不减少否认的情况下创建这种承认的关键，可能存在于我们之前探索的元沟通的观点中，这种元沟通同时发生在节律层面和符号层面。例如，我们承认关于否认、分歧或分离的符号性陈述后，通过点头或赞赏之类的内隐程序性姿态来确认这种否认。这就创造了一个第三方，其包含两方面内容：节律匹配，以及不一致的差异／符号通道的一致性并存。

在BCPSG提出的一个案例中，一个小女孩在开始她的游戏会谈时强调，她正在封锁玩具屋的入口，"这样就没人能进去了"。她将分析师拒之门外；她并不需要让他者进入她的心灵。这是一个强有力的"否"的陈述。她能够"推开"，但她也需要一个承认的反应。这是一个很好的例子，说明了在不中断心流的情况下如何将消极因素带入虚构的游戏中，为分析师从动作内部进行元沟通创造空间。分析师确实找到了一种方式来证实其否认，即从情感上（程序性）加入她的行列，平等地向她强调："是的，这是一个好想法！给我点儿事情做怎么样……"（Nahum，2002，p.1054）这样的交流中存在矛盾：是的，没有人能进来！我听到了你的拒绝。你把每个人（我）都挡在外面，但我会配合你的节律来保持"是"。分析师识别出分离、自我保护和结束的符号性陈述，并有节律地加入。矛盾依然存在于第三方中——"是"包含着"否"，而不是否认或回避"否"；"否"决定"是"的条件，并被"是，以及"的即兴动作所接受。

这种关于"是"与"否"、承认与否认的辩证观点似乎与麦吉尔克里斯特（2009）的观点具有相似性，即在精神生活中，联合原则居于分裂原则之上。我注意到，这样的观点可能被认为低估了差异的重要性。在这种情况下，它是对过分强调理性的纠正。麦吉尔克里斯特认为，人类大脑的右半球负责隐喻、内隐知晓和情感，为我们提供了统一的原则，而左半球则负责划分、分离和区分。在麦吉尔克里斯特的构想中，左半球可能被认为活现着消极的角色，破坏了整体性和统一性，导致了分化。

在我对辩证法的理解中，为了创造更复杂、更有包容性的联合形式，这种对立的分裂总是必要的。同样，分裂允许更复杂的形式和修复过程。麦吉尔克里斯特写道（2009，p.200）：

> 然而，划分（左半球）和联合（右半球）的原则之间存在不对称性，而且最终会趋近统一。海德格尔并不是唯一一个看到美存在于其他对立物中的人，这些对立物在和谐统一的联结性中有着明显的区别。分裂与联合的最终统一是一项重要原则……它不仅反映了两个对立原则的必要性，也反映了对立最终得到调和的必要性。在

这个意义上，联合与区分之间的关系不再是平等或对称的。

正如黑格尔认为的那样，联合与划分必须"自己统一"，从而在接受划分的同时肯定了统一的原则。幸运的是，从对同一性的哲学批判（Adorno，1966）视角出发，麦吉尔克里斯特立即修改了他的观点。他声称，这种统一与划分的联合只有维持矛盾才能保证任何一个都不会被消除。正如笛卡尔理性浪漫主义批评家们宣称的那样，矛盾不是"错误的标志，而是……在通往真理的道路上，我们惯有的语言和思想的传统模式受到必要限制的标志。弗里德里希·施莱格尔写道："矛盾是一切既美好又伟大的事物。"（McGilchrist，2009，p. 200）在辩证理论中，"划分"创建了一个与原本的联合不完全相同的"中介联合"，因此出现了同一性的第三种位置（Benjamin，2005）。

这种辩证和矛盾的观点虽然是以抽象的形式提出的，但与我们实际的临床直觉相一致，即一个人试图同时向"封闭"和"打开"开放——对两者的开放或顺应就是第三种位置。在内比奥西的《纸的气味》（2016）中，我们可以观察到这种开放的辩证运动。在这里，作者提供了一个临床实例，阐述了与"是"和"否"、联合和划分直接相关的辩证法。在这种辩证法中，承认和第三性在为包含对立双方的努力中形成。内比奥西描述了一种与乐曲①相关的非言语意识中的调谐（麦吉尔克里斯特所描述的右半球的功能），他能够通过这种调谐进行元沟通，利用对立的位置创造转化。这一举动通过对僵持和潜在矛盾（"是"与"否"在其中变得更加僵化）的活现，将行动带入一个矛盾和游戏的空间。内比奥西能够向他的患者展示一种矛盾的、第三方的形式，通过接受双方的立场来开启被切断的互补性。

---

①　林斯特伦（2016）引用了布朗克的"核心意识"来描述沉浸于心流的非自体意识的吸收。不同于象征意识的传记叙事，它与节律第三方相呼应。

在内比奥西的描述中，患者特蕾莎是一位令人敬畏、高度理性、逻辑性强且有些轻蔑的职业女性。她凭借自己的才智和优秀的学业成绩，从穷困的农村生活中逃离出来。在内比奥西看来，对她来说，书籍不仅是一个更好的世界，也是她身体的延伸。她甚至喜欢纸的气味。然而，内比奥西开始意识到他对"封闭且傲慢的特蕾莎"的认同。特蕾莎使他想起了自己孤独的青春期，因而接触到了那种孤独的解离痛苦。他还记得自己是如何隐藏在优越感背后的，并由此对特蕾莎产生了更复杂的共情（Ipp，2016）。这种叙事、自传体意识是通过他的乐曲意识以及身体对患者的自发反应来实现的。

当特蕾莎公开挑衅地活现否认时，内比奥西的反应形成了关键的干预。一开始，特蕾莎活现的否认并不明显。她先是夸张而慷慨激昂地谴责了先锋派戏剧，这源于男朋友邀请她看的一场戏剧。她声称，这些艺术全都毫无意义、荒唐、可憎、没什么价值。内比奥西觉得自己受到了特蕾莎消极态度的影响——与其说是受到其象征内容的影响，不如说是受到其行为中程序性感受的影响。她似乎在说，"没有什么人或事可以改变她的精神"。内比奥西感到悲伤、沮丧。尽管特蕾莎热情高涨，但她还是注意到了自己造成的影响，并询问了分析师的悲伤反应。这似乎表达了他的感受——他无法影响她。他回答说："是的。也许，我觉得我们都很孤独。"并解释道（Nebbiosi，2016，p. 7）：

> 在这样的时刻，无论我怎么想，你都想结束谈话；同时，不管你怎么想，我都想继续谈话。我们是孤独的，因为在这些时刻，我们都是封闭的，我们都确信自己是对的。但我想继续和你说话，我想你也会希望继续和我说话。

通过这种方式，内比奥西将特蕾莎的否认嵌于他们对共享困境的承认中。每个人都认为自己是对的，从而产生了"要么听我的，要么走人"的经典互补性。这种元沟通并不是从对活现的沉浸式体验之外观察到的，而是从活现的情绪体验的内部程序性过程中观察到的。值得注意的是，他说"我们"都是孤独和封闭的。由于这种情感的联结，内比奥西对其患者消极的符号性陈述以及他与患者之间差异的承认，矛盾地确认了他的"是"和她的"否"之间的对称性。

通常，这种在互补对抗中体验到的对称性会被忽略。但对程序、乐曲、对立旋律的呼应方式的专注解决了和弦中对立音符的问题，从而使关系得到肯定。内比奥西由此找到了第三方。在伽达默尔（1960）对游戏的理解中，一个往复的运动为他们打开了从对立到超越（辩证转化）的第三种位置，带来了继续对话和进一步移动的可能性。正如内比奥西所言，对立旋律之间的音乐解决方式立即向一种新的可能性开放。正如上一章所述，直接从戏剧内部进行元沟通，解决了双方的情绪和互补性对立问题，并能够打破行动的束缚。这能够使关系移回节律第三方的轴上，并改变双方的自体状态。于是，他们就可以在允许遐想的空间中进行游戏。

这个开场白似乎在为一瞬间的直觉让路，内比奥西出乎意料地询问他的患者第一次去游乐园的记忆。值得注意的是，回忆显示，特蕾莎当时允许一些新的东西扰乱她封闭的系统；这是她非常享受的一次过山车之旅，她与男朋友同行，并打算在那个夜晚献上自己的童贞。内比奥西确认她的记忆力很好，但也十分理解她的差耻。他等待着她表达自己的好奇并解释道："因为那种乐趣让人害怕。恐惧的体验让你感到对生活敞开心扉。"在这一刻，程序模拟出符号性的内容，两人因为情绪转向开放而实现了耦合。玩过山车的记忆反过来又产生了一个重要的隐喻——特蕾莎接下来承认她喜欢恐怖电影，她喜欢刺激。接受"否"打开了一条通向隐喻的道路，这个隐喻揭示了恐惧、惊讶和新的自体状态

（这种自体状态在失去控制中寻找快乐）之间原本不太明显的联系。于是，一个完全无法解释的"先锋派"浮现出来，与过山车的隐喻一起表达了恐惧和喜悦，以及双方主体间过程的消极方面和生成性。特蕾莎在离开前邀请内比奥西加入游戏："是的，但先锋派……真无聊！"两人都笑了起来，比以前更亲密了。

正如我在上一章中强调的，尽管精神分析的游戏艺术建立在我们用来标记差异的内隐的程序性和原符号的曲折变化之上，但它也需要叙事和符号化，以及隐喻的创造。将早期感受转化为隐喻是将活现转化为游戏过程的一部分，因为隐喻并不是对想法的简单反映，而是不易于消化的材料。麦吉尔克里斯特（2009）认为，它们是"认知活跃的"，使内隐空间中早已断裂的材料之间产生"真正的新的"联系。正如我们所看到的，游戏的隐喻是一种表达创造力和创造"情感素养"（emotional literacy）的方式，它在遐想的场论中做出了大量探索（Ferro，2005；2009；2011；Civitarese，2008）。然而，引入想象场域的"人物"叙事比关注内隐的主体间互动更有意义。关系分析增加了对主体间过程的关注，正如内比奥西的案例中的"乐曲"。人们关注的不仅仅是隐喻的流动性，还有对引发自体状态转化的僵局的直接承认，这是打开和关闭隐喻功能的主体间动力。

在艺术中，我们预期游戏表演会同时包含节律（过程）和符号（叙事）两个层面，将乐曲、姿态和故事融为一体。如果我们从再耦合的程序性和符号性的角度来设想精神分析的活现，我们就会看到隐喻不仅可以作为一种表征出现，它还是对新意义的内隐开放的表现（Stern，2015）。然而，隐喻也反映了体验中的矛盾性质。在这种体验中，否认元素被转化了：可怕的过山车成为令人兴奋的活力的具身；玩具屋紧闭的门象征着决定谁和什么能够进出的权力。因此，作为心理游戏的隐喻可以包含否认元素的历史，以及各种看似极端（对立）的欲望间的联结——向承认开放（Samuels，1985）。

我们回顾了矛盾的对立旋律，这种矛盾可能在双重束缚中逐渐分裂：我想重复和修复，想把你推开或感受到被推开，但也想让你得到沟通。这种意义的双重性可能会成为潜在的冲突（Benjamin，2015），它发生在分析师能够识别出其前缘时（Aron & Atlas，2015）。在这个意义上，整体的真相超越了对立部分的真实表现。正如我们所看到的，对矛盾以及在对立和差异之中生活的接受，使我们能够进入这个整体。当我们相信自己有可能恢复同他者（我们用来调和差异的一个复杂的统一体）的共振或协调性时（BCPSG，2002），我们可以做到这一点。在调和中，差异是不可否认的；不同的声音或颜色应保持其完整性。但和谐——可能包括解决先前的不和谐——最终确实有助于强化对秩序和联合的表达。平静和联结与差异共存。我们通过旋律上的不和谐或变化来挑战和谐，尽可能摆得更远，同时保持韧性与联结，允许从多个方面回归到一个整体，允许游戏中的往复运动和复杂性（Benjamin，2005）。

分化与承认

在加入承认转化的同时，游戏依靠"分化并联合"（differentiating-while-joining）的作用并反过来促进它。在我看来，和谐与不和谐、承认与否认、匹配与推销（marketing）的辩证法所体现的原则与分化第三方相同——通过跨通道反应，"他心"中的共振和参与得到了证明（Stern，1985；2004）。该原则为斯特恩首创性揭示主体间调谐的神奇力量奠定基础。很明显，这个"他心"可以像我一样知晓和感受到，并且能够解读我内部感受的状态——即使是否认的（Stern，2004）。"我知道，我们也可以一起知道，你不想打开心扉。"——除了镜映（Stern，1985；Benjamin，1988；Beebe，2002），还有接受差异。斯特恩（2004）区分了主体间联结与依恋关系。主体间联结（用我的话来说就是承认）涉及心理亲密，并且防止精神上的孤独。因此，读懂他者否认的意图是缓解其孤独感的关键。对否认的承认有助于实现打开和关闭的辩证转化，这是游戏和矛盾运用中的一个重要时刻——通常是打开互补对立的封闭交流状态及进入第三性和游戏空间的关键。

分化很重要，因为孩子需要掌握自身作为符号性思维主体的位置。这意味着，清楚自己的思想不需要准确地反映现实或别人的观点。我们可以说，只有当我也能感受到我的心理体验不同于另一个人的心理体验时，我才能感受到自己的心理体验可以被另一个心理知晓，而且可以与现实相联系（Fonagy & Target，1996）。我们自己的心理可以（并且被允许）偏离现实或他者的观点，可以促成第三方的划分和联合运动。

在游戏舞台上进行戏剧化、幻想或象征时，孩子或患者会含蓄地认为自己：（1）被另一个心理所知晓和接受；（2）这样做时，事物和交流之间没有完美的同一性，没有单一和绝对的现实。对他者心理的承认和对他者如何接受这一点的思考和猜测会加强这一过程，并有助于实现预期的令人满意的交流。就像模拟声音不像数字声音那样精确，细微的差异是真实的，而非机械的。

从发展的角度来看，我们可以说，游戏过程是从匹配或不匹配、预期和惊喜（如躲猫猫游戏）的程序性互动到对复杂感受的符号性言语表达。从一开始，分化（对他者心智的承认）始终是两人活动中游戏功能的一部分。在这里，我的心中浮现出一个例子，其源于我在游戏领域最伟大的老师（我的孩子们）。我的小儿子乔纳语言能力不算太强，他在2岁时很喜欢对任何事情都说"不"，他6岁的哥哥在餐桌边和他一起玩儿，并提出了一系列问题。这些问题都让小儿子欣喜若狂地回答："不！"最后，为了戏弄他，我的大儿子问他："乔纳除了'不'还会说别的吗？"我们马上就认为，这种语言结构显然太复杂了。但乔纳只是等了一会儿，便狡猾地咧嘴一笑，大声答道："是的！"然后，在这近乎完美的时刻，他又大叫道："完蛋了！"——他一定听到了他哥哥和其他8岁孩子使用的表达方式。即使他直截了当地说出他想含蓄证明的内容，即"我并不像你想象的那么容易被愚弄，我可以独立思考，我也可以愚弄你"，我们可能也不会更震惊了。这表明，他知道哥哥是在相信自己不会理解的基础上才那么说的。而在更重要的意义上，他确实理解了。他得到的大概是程序性标记，他哥哥违反了预期模式，也许是语音节律变化的线索泄露了并不特别复杂的"除了"的语法规则。

在惊喜、期待的节律突变中游戏，如"骗到你了！"，是面对面游戏的早期特征。这个游戏开启了内隐关系知晓，预示着承认，即他者有一个不同于自己的视角：他们有一种与自己不一致的感知，因此他们可能会被愚弄（Reddy，1991；Fonagy & Target，1996a）。在一定程度上，这种区分自己与他者心理的能力是反思能力的标志，也是元沟通成为可能的原因。

我们注意到，在这个第三性的游戏空间中，对共享预期的"故意违反"中隐含着对预期的依赖与确认，因而不会像真正的违反那样破坏预期。这让我们回到了一般定理，即承认可以使用（在升华中依然如此）否认。乔纳有能力推翻他将成为"被骗到"的人的预期，颠覆权力关系，使"是"意味着"否"。所有这些都证明转换——一种主体间能力——可以用来进一步维护分化。这个案例说明，破坏模式有助于扰乱系统并在强化相互承认的同时创造分化。临床上，分析师可以利用游戏来鼓励"我"反对"你"的主张，从而发现发展中的能动性前缘，即否认的潜在力量。这就是"否"的力量，它可以用来标识差异。

如果在游戏中，否认有助于打破（强调）被违反的合法模式，那么我们可以说，它的作用类似于歌德《浮士德》中的描述：梅菲斯托声称自己是"否认的力量",是"不断尝试破坏,但总是创造'好'的力量"。游戏中的违规操作有助于建立一个共同创造的第三方,它是真实的违法或暴力的对立面。我们应回顾否认法律的暴力和维护法律的否认之间的区别。

与他者游戏：初学者的主体间性

游戏联结是学习亲密关系和承认、促进知晓和被知晓的原始方式。用主体间的术语来说,游戏是我们一起做的事情,分析师和患者在一个持续的二元体中互动。从最广泛的意义上讲,游戏是我们之间的一种往复转变。在这个过程中,我们都有自己的方向或边界线,也都会在游戏中顺应并塑造自己。这种第三性的早期前语言形式,作为一种节律形式,决定了后来与他者游戏的符号化能力和叙事能力。从婴儿期开始,对协调、共同创造和自己意图被普遍承认的期望就为与他者进行游戏奠定了基础;相反,依赖于疏离的、不可预知的、不恰当的反应会干扰游戏的发展。无法安全地依赖他者对自己状态的知晓和反应,会干扰游戏意图和方向的协调(Beebe & Lachmann, 2013)。

在区分作为共享主体间现实体验的游戏和作为活现的游戏时,我们强调了参与节律第三方体验的能力。第三方(共同的协调和模式)形成过程中的损伤导致我们无法与现实游戏,无法区分我们之前提到的心理等同和假装(Fonagy & Target, 1996a)。因此,在心理等同的模式下运作不仅意味着主体试图在"我的观点"和"现实"之间建立一种对应关系,还带有因忽视或强迫而阻碍工作的可怕预期。通过排除那些会破坏或挑战固有观点的信息,我们把对正在发生的事情的理解强行放入一个符合自己既有感受的模式中——这就是"感觉正确"。

从这个角度来看,当存在深度发展创伤时,通过解离状态和感受推动活现中的表达并非理解活现的唯一方法。活现只是一个术语,指的是互补性相互作用的持续模式，它出现在他者对自己状态的适应、反应和调谐不常用的互动模式时。与他者游戏的非强迫的开放模式尚未融合，我们需要承认痛苦和焦虑的那些缺失的、形成性的经验模板，但这很难。当互补性和强迫对某人来说就像空气一样自然时，我们还能从什么意义上谈论游戏呢？

分析师为了创造节律第三方的体验，努力寻找一种方法来承认患者心中的感觉——将一起游戏等效于游戏治疗。重要的是，努力以游戏的隐喻形式来表达奥格登所称的自闭-毗连体验（autistic-contiguous experience），可以帮助成年人表达婴儿期的残留物：婴儿的痛苦，其生活是由非承认的发展创伤所塑造的。非共情联结的相关因素，如逼近、侵入、拉扯、突然移动、大声喧哗，可以由一种允许共同游戏的方式来表达。例如："如果有人靠得太近或要求太高，这感觉就像在高速公路上，一辆卡车向你驶来，你必须跑在那辆卡车的前面，你需要换车道，但因为被限制住而换不了。我觉得，你需要一辆有超强引擎的跑车，以便于从那辆卡车前逃脱。你需要属于自己的车道，或者需要一些高辛烷值燃料。你认为（自己）是哪种车？"

对于那些在感受到被安全承认时可以脱离心理等同的患者而言，从活现到游戏的转变可以通过分析师的不间断的涵容和感情游戏来实现，从而在没有另一个心理的情况下让生活中无形的痛苦形式化。我认为，这种行动通过字母化（Ferro，2009）与强调游戏媒介中原始的前语言体验来使代谢或原始情绪得到强化。其目的在于，让患者学习与其他心理一起游戏，从而实现心智化（Fonagy et al.，2002），这是对承认的发展过程进行重演的一部分。这不仅通过（通常被理解为）对痛苦的共情来实现，还通过与觉察感觉的游戏来实现，例如对情感调节和躯体体验的关注，这是由感觉-运动疗法的研究开创的（Ogden，Pain，& Minton，2006；Eldredge & Cole，2008；Rappaport，2012）。拉帕波特（2012）描述了一种有趣的第三性，其生成于患者与用手抓握有关的动作和想象。通过这种身体工作来治疗创伤经历可能与我们基本的具身状态、运动和感觉的隐喻有关，这些隐喻对我们的右脑来说是不同的（Knoblauch，2000；2005）。将语言领域与身体和前语言领域再耦合，为情感表达创造了条件。

以一种让患者感受到"真实"的方式承认痛苦情绪的可能性可能取决于节律第三性的信任和预测能力，这种能力是通过对与表面琐事有关的消极情绪的基本反应而建立的。布朗（2011）提到，一名患者找到了一种合适的视角来理解她对阳光照进窗户的抱怨。对于该患者而言，阳光照进窗户最终与人际关系被扰乱有关，但这种"扰乱"表现为一种前语言经验上的侵入，并与患者建立了更好的联系。使用不太"成熟"的语言（Bromberg，2011），更广泛地理解符号化过程——有很多方法可以应对被侵入、过于兴奋、黏着、无法摆脱的体验。我经常向患者建议，如果他们喜欢我说的某些话，而不喜欢另一句话，那他们可以吐出他们不喜欢的部分，就像婴儿吐出食品中的豌豆泥一样。得益于我最喜欢的一部卡通片，我认为，我们需要避免童年噩梦中食物在盘子里相互接触的画面。由此，我们围绕消极情绪的有趣互动加入了被叙事压缩的意义并将其打开，进而激发节律第三性的体验。

通过这种方式，我们的工作不仅涉及关注解离的自体状态及其所产生的更为根深蒂固的活现，还涉及婴幼儿研究中所描绘的微观互动。承认的瞬间可以促进自体状态之间的转换——从互补性转换到第三性，或从失调转换到调谐。

我认为，我们没有充分观察到分析师如何通过嬉戏行为避开与焦虑和羞耻感的正面对抗，寻求承认，从而真正有助于情感调节和发展安全感（Ringstrom，2016）。当一个人没有用自己的否认去面对另一个人的否认时，反应性就会减弱。因此，在一种循环过程中，嬉戏的交流可能既是安全的条件，又是安全的结果。

　　游戏和情感调节可以协同运作，正如我们在对标记（对干扰的嬉戏反应的原型）的讨论中提到的那样。当我们使用标记来表示恐惧的事情并没有真正发生时，这同时有助于情感调节和建立符号功能——由节律第三性和分化第三性共同决定。元沟通的使用——通过姿态和内隐标记来表示抿而不是咬，从而表达没有实际后果的否认——既依赖于一种安全感，又反过来创造了这种安全感。它所传达的信息是，对自己或他者的感觉能够被涵容、结构化和标记，而非被当作威胁或侵犯。

僵化、灵活性和多样性：运动的性质

　　在对游戏和活现之间的关系进行理论化时，区分它们与戏剧化的关系也很重要。戏剧化现实的内容可能是相似的，但游戏需要一种关于戏剧的开放系统，就像即兴表演一样。游戏摆脱了与现实等同的需要，不再需要解决不相容的位置，也不再需要一种意义上不可侵犯的正确性。事实上，在这种正确性受到威胁、现实必须得到认可的地方，由于发生了真正的违法和暴力行为，所以游戏是不可能进行的。

　　在游戏中，（潜在的）对立位置不再相互排斥。游戏意义上的共同参与者之间的区别并不是分裂互补的一部分，而是存在于被我们理解为过渡性体验的第三性空间中。这意味着，转化本身的性质在僵化和灵活性之间发生了转变。转化是我们感觉到的东西而不是分析出来的。我们能够注意到，一些二元体或个人自体状态几乎可以自然地一起转变或游戏，而另一些有着极度痛苦、焦虑或羞耻体验的人，只有完成活现，才能逐渐在游戏中开放。

　　游戏包含并支持意义的多样性体验。这一位置更广泛的含义是，发展和表达涵容多个现实的能力（Pizer, 1992）。游戏允许玩家持有对立的位置、想法或感受。在这里，矛盾不需要被解决；存在于自愿地暂停怀疑中的对立意义构成了游戏治疗的一部分，并且表明了治疗作用与游戏的关系。

关键的一点是，为多重的、疏离的意义创造一个空间，这可能会允许多个自体状态在觉察中同时或交替出现。通过同时满足和承认那些通常被中断和解离的状态或感受，游戏使原本处于战斗状态的自体得以共存，甚至共同创造。举例来说，正如菲尔斯特（1988）阐述的那样，在玩一个关于母亲离开的游戏时，孩子可能能够将两种自体状态结合在一起：一种是感受到分离焦虑的自体状态，另一种是知道母亲仍在那里的自体状态。当游戏为不止一种自体状态留出空间时，不止一件事可能是真的——多样性和多个视角也可能是真的。

游戏的精神工作允许协商或至少允许自我之间的矛盾（Pizer，1998），反过来，一场将以前交战的自体联合在一起的转变开始允许游戏。这也使患者免于使用投射性认同将矛盾的自体卸下，与他者形成互补对立，因为没有一个自体需要通过消灭他者才能存在。当我们找到一种第三性的位置时，他们和我们都可以活下来。多重现实反映了不同的自体位置，它们能够在不相互抵消的情况下存活。正如我们稍后将在珍妮特的故事中看到的那样，这可以开始满足体验"不止一个人能活"的合法世界的需求。

对多重位置的宽容也意味着没有哪个心灵是必须支配另一个心灵的。在这一背景下，我们强调了观念的重要性，即分析师通过表达自身的主观性（而非代替患者的主观性）来证明其对多样性的接受（Bromberg，2013）——明确表示，自己所说的是自身的事实，而不是实际上的事实。这里有一种安全感。多重性和多样性的重要意义是，它们允许一种以上的主观性或现实观存在于同一空间中。这比对单一视角的回归更令人感到安全，因为它既不是强迫的，也不是苛求的。

富有成果的分析工作的反复性是对协商和承认运动的反应，这种模式就像中断与修复、重复与更新的交替。我们可以认为，二元系统中的重复、修复性过渡具有转变性——从疏离到联合，从极化到包含，在往复运动中从笨拙到自如，从避免撤回或冲击到轻松转换。在第三性的空间里，每个人都可以通过既不顺应也不取消的方式来增强他者的贡献。这种运动为否认所需的力量创造了条件，而不能规避或消除这种力量。无法回避的问题是：我们能否将非我、非言语（not-spoken）带出解离的阴影，并给予它们一个公认的位置？

延迟的否认

人际创伤通常涉及非承认，以及对我们独立心理被另一个他者重视和知晓的验证的缺失。总的来说，这种创伤导致了心理分化的缺失。在极端情况下，只有施暴者或忽视者拥有真正的权力；个体只能重新投入自己的心理，使其成为唯一安全的、能够通过想象控制的地方。如此一来，他者的心理或自体就被认为是绝对的、全能的，从而导致一种支配或服从的关系。打个比方，只有一个人的心理可以存活；只有一个人可以反思，另一个人只能被他人反思。在我们绘制的两个心理之间关系的主体间性轴上，"全能"意味着存在"零张力"（Benjamin，1988）。不信任是这种顺应的必然表现，但它也可能被禁止或抑制。

在齐泽克对黑格尔"延迟的否认"的解释中，否认这种全能的时刻产生于对被排斥、禁止、边缘化的事物的认同，因而包含了社会秩序的潜在真相。类似地，我们可以认为，否认是解离的感受、感知和"真理"——它们由于必须服从他者全能的控制或错误的承认而被否认。随后，否认必须得到准确的识别。

最初，精神分析可能会给那些被他者的感觉（这些他者的心理是无所不能的）所折磨的人提供一个否认他者的机会：拒绝、拒收他者所提供的东西，从而表达对被禁止的不信任。测试拒绝或"吐"母乳的自由与体验道德第三方的一个重要方面有关。如果分析师的"乳汁"以可靠但非强迫的方式提供且允许拒绝，那么"吐奶"就意味着患者有可能掌握自己的心理和身体，这有助于他获得权力和能动性。如果我能"吐"出来，就意味着我不需要通过吃东西来证实你的善良。适合与适应是我们对合法世界的感觉的重要组成部分，而它们只有在明显不是出于使他者善良的强迫性要求时，才能帮助构成第三方。

事实证明，这种相对的自由可能被认为是在与"乳房"游戏。温尼科特有一个关于创造性幻觉的观点：婴儿呼唤乳房的感觉，就像当他想要或期待乳房时乳房就会出现。这个引人深思的隐喻说明，对需求的承认证实了人们对自己在合法世界中的能动性的信念。这种期待和满足的节律虽然重要，也很关键，但它还没有将乳房的游戏化应用认同为第三方。当婴儿不再只想得到简单的满足，而是变得爱玩耍时，他们会中止吮吸，进行面部接触，逗弄母亲，通过抿来试探母亲——乳房（奶瓶）也可能会变成第三方，而不再由母亲独自拥有。在承认的过程中，这是否认的关键时刻，也是一种自主性要求——婴儿自己决定如何吮吸、何时暂停，以及吐出还是吞下乳汁。他不必担心有人会在他吃饱之前将乳汁拿走，因而不会狼吞虎咽。当母亲允许婴儿拥有这种自由，让他把乳房变成一个任何人都不能单独拥有或控制的共享客体时，哺乳就变成了一种第三性的体验。

母亲不是（不仅是）"女神"，而是伟大的供养者。或者，正如阿特拉斯（2015）所说，喂食者与食物不相同或不再相同。乳房可以成为象征（而非象征性等同），它是母亲和婴儿之间三角空间的一部分（Ogden, 1986）。因此，游戏的早期分化功能体现为"我们的第三方"节律的一部分，即我们的预期与合法联系的互动模式。在某种意义上，母亲现在可以被识别为乳房和身体的"真正"拥有者，但因为她没有单边规定如何使用它们，所以它们可以被体验为共享的。从这个角度来看，被解释为拒绝乳房依赖或对乳房的破坏性嫉羡的抗议，可能会被视为严格禁止和专属控制间的斗争。承认孩子需要分享是一项挑战。患者对分析师独自拥有"烹饪食物"（创造意义）的权力提出疑问，这显示出他对早期依恋的反应：在这种依恋中，他被剥夺了共同创造乳房体验、享受创造性幻觉和与客体游戏的机会。

在这里，我们可以回顾阿特拉斯的一个故事。故事的主人公苏菲将母亲视为"女神"。母亲独自掌控喂养的权力，女儿习惯了无助、绝望地等待母亲／女神来供养自己，因为女儿没有自己的乳房，也就是说，她没有能力哺育自己。阿特拉斯体会到，苏菲总是要求一位全能的母亲"喂养"她，告诉她该怎么做。然而，由于这种顺应并没有让她感受到自己的感觉或欲望，苏菲反对全盘吞下她母亲提供的一切。对于分析师的任何阐述，她都会说："那么，这有什么好处呢？"在带有差异的镜映（分化第三方）缺席的情况下，她无法真正拥有属于自己的观念或感受。因此，她的心理也缺乏反思功能或乐趣（enjoyment）。她自己无法与分析师竞争，因为分析师现在代表着母亲／女神，其心理是全能的。

在自己的一个梦中，苏菲对这一困境提出了隐喻性解决方案，即出去买快餐来喂养自己，而不是耐心地等待分析师在厨房烹饪的食物。起初，苏菲"阻抗"的潜在意义尚不明显，因为分析师和患者都没有觉察到一种解离的、充满恐惧的"孩子状态"，即不想承认她对拥有一切的母亲的怨恨。①苏菲要么吞下分析师给她的一切，要么拒绝它们并将之全部吐出来。

---

① 我们是否应该将激活与全能父母形象的关系称为潜意识幻想？我们是否可以说，由于"孩子状态"是解离的，其幻想对于呈现的自体来说是未知的？斯特恩挑战了潜意识幻想的概念。对我来说，潜意识幻想仍然是一个有用的事实描述——即使在孩子状态中，它通常也无法描述或传递行为中的父母希望。梦和催眠都允许直接表达观点，但"白天"的思想通常不会访问它。因此，关于解离状态和潜意识幻想的混乱表述让我很舒服。

在我看来，重要的是，患者可能出现的对分析师思想的拒绝表达了两个重点：一是患者对全能母亲（患者无法进入的神秘厨房）的依赖感，二是通过自己购买快餐（而非烹饪）来解决问题的不信任感。然而，苏菲最终还是在梦中表达了她自己"烹饪"的喜悦之情，以及被人理解的愿望。阿特拉斯识别出患者希望自己做饭之后，将烹饪的隐喻条理化（Ferro，2009），并与她一起走进厨房，共同参与两个不同心理活动的共享第三性（Aron & Atlas，2015）。

苏菲的抗议清晰地表明，否认是向承认转变的关键时刻。拒绝或驳回，起初似乎否认了共同创造的可能性，并活现了以前由另一方控制的经验。孩子镜映了父母的全能——无所不知的人声称知晓并决定未来，因此要求别人或自己能同样地知晓。通常，这一时刻的互补吸引力促使分析师表达了一种平等和对立的力量。在试图找到一种摆脱互补性的方法时，分析师最好停留在否认方面，寻找被排斥的自体中令人不安的"真相"。在承认抗议时出现的"吐奶"现象，往往也揭示了分析师解离反应的内隐方面。如果把对否认的承认看作对道德第三方的贡献，那么我们可能会更清楚地觉察到，我们的心理会受到反阻抗的阻抗。分析师很容易感受到患者拒绝思考或拥有独立的思想，但这忽略了患者对自己思考需求的"抹黑"。

"承认否认"能够帮助分析师消除通常出现在符号化的合规使用中的病态的适应。"分裂智力功能"所构成的不是真正的游戏，而只是符号第三方的拟像。毕竟，给予母亲力量的理想标志着第三性的缺失。在第三性的空间中，母亲帮助搭建并调节婴儿不断增长的掌握、开放和喂养自己的能力，以及将这里作为过渡空间的能力（Winnicott，1971a）。当母亲、食物和婴儿共同创造了这个空间时，真正的符号第三方出现了（Benjamin，1995a）。

思考、符号化与第三方

基于这些考虑，我的关于符号第三性如何在与母亲的原始关系中产生的观点逐渐成形，这与传统精神分析的俄狄浦斯式三角观不同——具有完全不同的临床含义。[①]例如，当患者反对分析师的观点时，分析师可能会像布里顿（1988）那样，在俄狄浦斯式排他性（oedipal exclusion）方面进行理论推导（Aron，1995；Brown，2011）。他可能会把思考与父母关系联系起来，把拒绝思考与害怕被自己嫉妒的人侵入联系起来。[②]在该理论中，第三方是他者（父亲）的表征，而患者的分析师（母亲）在其心灵中与其交谈（Britton，1988）。在我看来，第三方虽然可以通过想象对话中的两个心灵来符号化，但真正的第三方并不是排他的或迫害性的，也不会具体化为一个人或一件事。如果将第三方与被患者嫉妒的人混为一谈，那么这可能表明她缺乏主体间空间和分化第三性。

布里顿关于不稳定母性涵容者的观点反映了缺乏调谐的结果。第三方作为大他者的具体化（表面上由患者在对思考或理论的憎恨中表达）

---

① 有人将我关于第三方的观点错误地解读为简单的三角关系（Altmeyer，2013）。

② 布朗（2011）用俄狄浦斯情结理论明确解释了分化元素的起源，这使不同心灵之间的共享思考成为可能。分化被视为接受母亲"不是我的"，它通过分离得以完成，而非通过体验由标记（这种标记隐含着两种状态、两个独立但相互联系的心灵）的差异所修改的情感共振来完成。将分离和符号化能力视为俄狄浦斯式嫉妒和拒绝第三个伙伴的阻碍，这会颠倒我们的发展顺序（分化—符号化或缺乏符号化—害怕另一个伙伴）。当第三方被具体地视为母亲的另一个爱的客体且必须被痛苦地接受时，布朗忽视了他自己所引用的研究要点（Brown，2011；Von Klitzing，Simoni，& Von Burgen）。他们观察到婴儿在与父母一起游戏时的交替注意力的协调节律——早期三联体中所呈现的是主体间性而非竞争性。父母和婴儿之间共享游戏的三联主体间性阐明了共享第三方的基本原则，即父母轮流与婴儿游戏或进行观察，然后进行内隐程序性编码和切换。当婴儿从互动状态转向观察的一方时，另一方则变为观察者。这种协调之舞展示了观察者位置——最初是父母中的一个理解和称赞，与分享第三方有关。在这个流畅的转换中，舞蹈是共享的，婴儿自己也是共享的（第三方的注意对象），角色是交替和共享的。通过这一点，婴儿开始感受到他是"我们"的一部分，并且能够在其中与父母协调互动，观察，共同关注一个物体（一起思考）。

表明了思考、符号化和反思与情感调谐及调节的脱节。换句话说，符号和节律的去耦合确实可能被认为是父亲和母亲之间的对立（Aron，1995）。在患者感受到分析师无法与其产生情感共鸣时，需要解决的问题是失调和疏离感，而不是分析师对自己思想的保护。

对分析师观点的明确拒绝，可能会使我们思考分析师和患者是否存在解离，这是一种未被双方完全认同的失调的根源，也是患者经验中被排除的部分。患者对思考的反对可能确实反映了一种被排斥感，但这可能是因为分析师与不同于患者当前自体（部分）相关。换句话说，与分析师正在交谈的那个人（"我"）可能会觉得，分析师正在谈论自身未联结的自体状态（被排除的"非我"部分）无法与"我"共存。这可能是当自我呈现、自我保护过于痛苦和羞耻而让人难以承认时的一种真实的自体状态。例如，当我告诉一位患者她体内为何有一个被遗弃的小女孩时，她异乎寻常地猛烈回击："我恨那个小女孩！"让我们都感到惊喜的是，这是一个特别有效的否认的时刻，它肯定了小女孩的存在，同时保护了她现在的"我"不被小女孩所吞噬。

当分析师感受到自己精神和思想中的联系正在被攻击时，患者可能也会产生一种对称的被攻击感。分析师可能无法理解的是，一个自体状态对另一个被认为是"我"的他者的存在所构成的威胁，继而可能会产生互补性的推拉，让每个人都感受到被控制和受动。患者很可能会觉得并且表现得好像有异物通过符号之门，强行进入他的心灵。同时，对于分析师和患者来说，被孤立、被排斥的感觉以及孤独感可能会加剧。因此，我们可以说，排斥感变成了相互的。分析师可能会尝试调动患者通过思考来避免联结断开或被排斥所带来的不愉快——即使努力坚持自己的想法可能会加剧联结断开和痛苦的对称性。①

总之，当分析师感到自己的思考空间不足时，这可能不应被理论化为患者"做"了什么，例如对思考或联结的攻击。当我们感受到无法思考或联结时，更有效的做法是，设想当自己顺应于患者的行动时所传递出的潜在的不受欢迎、未经思考和未被承认的信息。在互补性互动中，患者不被理解的体验重新激活了早期的无助感——"这个他者不为我着想"，即对早期痛苦的非承认。

在20世纪，对这种互补性束缚的俄狄浦斯观的解释通常是"真正"精神分析中唯一允许的解释。这抹消了与未得到承认的——尤其是被排除在母亲的心理之外的痛苦相关的早期发展创伤。比昂是一个例外，他试图将俄狄浦斯情结的概念与婴儿期的母性涵容失败结合起来。比昂因其关于对联结的攻击和思考发表的文章而闻名，他使用涵容者和被涵容者的性别参照，并且似乎在其他地方也使用类似的表述。他同样令人信服地描写了母亲被拒于心门之外的灾难（Bion，1959）：母亲生活在一个看似完整的世界中，实际上，她不知道婴儿真正经历的生死恐惧。

有趣的是，比昂略显含糊地写道，对联结的攻击源于分析师或乳房（母亲）的不愿接受。他指出，母亲在面对婴儿痛苦时的"舒适的心理状态"是产生恨的原因——"心理的平静变成了敌对的冷漠"（Bion，1959，p. 313）。他似乎确实是在说，联结的失败在于母亲的心理——她对痛苦婴儿的强烈唤醒所做出的焦虑、无助的反应导致了这一结果。在我所阅读的比昂的理论构想中，婴儿被排斥在母亲的心理之外，母亲无法涵容痛苦的情感，这导致了无法忍受的沮丧和恨。然而，具有讽刺意味的是，缺乏涵容所导致的这种挫败感也与过早地要求思考有关，

① 正如我们在费尔德曼（1993）第一章的案例中所看到的，分析师可能很清楚这种情况正在发生，但觉得他的理论要求他不要"适应"和认可患者感到受控的原因。与患者共享乳房、厨房或冰激凌的观点作为一种替代方案并未得到承认。

因为在某种意义上，思考也是一种对挫折的容忍（Bion，1962b）。因此，对思考的需求（而不是母性思考本身）与缺乏情感调节（节律第三方的失败）相对应。对思考的攻击似乎可以被视为对这种痛苦状况的反应，我们只有理解对容忍剥夺的抗议并保持对痛苦生活的遐想，才可以提供承认。

要求观察性自体在没有抚慰的情况下发挥作用，会导致自体的分裂或分析二元体中互补性动力的出现。在这种互补性中，对思考的不信任与对思考的需求相对抗。如果分析师坚持思考，那么不信任就会表现得更明显，而且投射也会加剧（Ferro，2007）——正如布里顿所描述的那样（"停止那该死的思考！"）。与此同时，患者会感受到自己无法进入。这种互补性动力的表现有，早期识别婴儿痛苦的失败、基本发展创伤，以及对早熟的自我照顾需求的唤起和再现。失调占据上风，因为符号第三性已经脱离了抚慰、情感调节和情绪匹配的层面，而这些都是患者迫切需要但不一定准备好接受的东西。正如一位患者所描述的那样，为了吞下牛奶，他只能私下或公开地拒绝不能令人满足的营养，并且需要忍住痛苦的抽泣。

觉察到诉诸思考表现为拒绝承认痛苦，甚至是要求放弃痛苦后，分析师可能会找到某种方式来传达自己的觉察——自己的"舒适而平和的心理状态"对患者来说是危险的。有一次，我对一位患者说："我一直是个愚蠢的妈妈，如此愚蠢的妈妈！"那一刻，她咧嘴一笑说："再说一遍！"这一明显的反应作为一种元沟通的方式，承认了我在面对患者的迫切需要或痛苦时是多么迟钝和无情。

在这种极端时刻，遭受创伤的患者会感受到自己即将被点燃（记住这一刻），而分析师正在仔细讨论燃烧的原因。正如我在珍妮特的故事中所看到的，问题似乎在于分析师根本无法了解其内在和外在的破坏性。我们的无知是危险的。这种无知还复制了一个人在没有"获救者"

帮助的情况下被"淹死"的经历。调谐并认可见证者和受难者之间的巨大差异是必须迈出的第一步。我们甚至可以带着一些真实性，一起确认一个合法第三方——通过坦诚面对我们的局限性和他者的痛苦现实。

我们可能无法绕过活现，因为它掩盖又揭示了一个合法世界的缺失。在这个合法世界中，受苦的人无法找到一个安全、和平的地方。否认行动通常会在共同的解离之茧的掩护下演变为创伤经历和对双方戏剧化的失败见证所共同建构的一个部分。暴力创伤的历史使愤怒和对分裂的解离性防御渗入他者的精神。但自体之间的战争也可能是暴力的：代表我说话的自体不一定是我需要你知道的自体；而且，这两个自体中似乎只有一个能活，所以至少有一个会死。

创伤、暴力和对他者（我）的承认

在发展和严重创伤中，对他者承认的信心都被打破了；简单来说，就是有一个可以信任的合法世界的感觉消失了。这汇集了否认和承认的互锁形态，强调了我们尚未涉及的游戏与现实之间的区别——在精神分析中符号化呈现的东西与过去和现在的躯体威胁（例如暴力）之间的区别。鉴于这种区别，一个主要的符号化过程——精神分析——如何在合法世界中和见证的可能性中建立信任，并不是一个简单的问题。

在我看来，解释和展示自身现实感的机制中包含对可怕事情的承认，并且依赖于道德第三方的经验（由分析师可靠的见证构成）。这种经验成为将最初表现为活现的原始的混乱的创伤元素转变为戏剧化和游戏形式的支架，从而有助于共同的意义创造和情感联系。在接下来的珍妮特的故事中，我将试着展示努力提供分析的承认（尽管经常在重重障碍中摸索）如何促进这种转变的发生。

暴力容易使孩子对内部现实和外部现实感到困惑并产生"思想

的全能"：无法将想象与现实区分开来是因为"知道可怕的事情"
（Bragin，2007）。这种困惑中包含对破坏性（"坏"）存在于内部与
外部的恐惧。布拉金（2007）认为，遭受痛苦的受害者可能开始担心自
己的心中隐藏着一些邪恶，即他们童年时对伤害的幻想，这与施暴者内
心的破坏性相呼应，并与之保持一致。他们在某种程度上与施暴者类
似，因为他们熟悉别人不知道的"可怕事情"。这种对自身邪恶力量的
"全能"信念与依恋的不可靠性和见证的失败交织在一起，让他们放大
了对世界的不合法与不可信的感觉。这种知晓的幻想被它的对立面扭曲
了——折磨者和受折磨者的亲密纽带（"在一个人极度的恐惧和可怜的
身体机能中"知晓和被知晓）创造了无助感。正是因为在这种知晓中仍
然存在"没有相互联系或理解的可能性……这种相遇带来了无法同化另
一个人的主体性的无助感"（Nguyen，2012，p. 311）。

　　也许这有助于我们思考，在自己内部携带这样一种未经同化、无
法代谢的亲密他者的主体性意味着什么。在童年的虐待中幸存下来；行
走在人群中，就好像自己是正常世界的一部分；对那些似乎生活在"正
常的"现实中却无法揭示自己经受的真相的人感到陌生，并将他们视为
"异类"——这样的经历突出了一个重要问题：为什么另一个人，一个
"正常"的人，有可能知道什么会与自己的经历有联系？这个试图融入
他者世界的问题，使个体有必要在知晓和不知晓的情况下分裂其自体，
并进一步使解离问题复杂化。在假装正常的部分／自体状态（珍妮特称
之为"被创造的自体"）与遭受虐待的、对那些不承认这种假装的人的
不信任和恐惧的部分／自体状态之间，自体出现了分裂，因为似乎每个
人都觉得解离比分享真实的痛苦更可取。

不止一个我

　　一天，一位相当坚定的女士走进我的办公室。她似乎有点儿泄气，

说话声音很小，不过看起来很干练、冷酷和多疑。不知何故，她一开始就设法传达出这样的信息：我可能是她所需要的大他者，一个她非常害怕去崇拜的人，也是她试图破坏的人。因此，正如我模糊地感觉到的那样，为了保护这个人不受她的破坏，并确保她的安全，她会与之保持距离（如果不是从一开始就拒绝的话）。珍妮特告诉我的第一件事是她童年时期的宗教强迫经历，结果是，她对所有信仰都持怀疑态度，也因此对治疗缺乏信心。这不仅预示了她如何看待对我的信任，也预示了她如何看待"规则"。

珍妮特通过我的著作找到了我。她在收集施暴及受虐相关著作的男友的书架上找到了我的书，因为她的男友是一个狂热的从业者。在过去的两年里，她断断续续地活现了他的奴隶。最近，她试图与他分手，但没有成功，因而深深地陷入沮丧之中。尽管如此，她在为公共卫生系统中弱势群体提供帮助的专职工作中仍能表现良好。似乎因为我的书谈论了情欲支配，她可能希望我知道一些关于折磨她（内在与外在）的"坏"东西。尽管珍妮特活现的是一个顺从的人，但她毫不犹豫的举止无法掩盖这一点：她是一个非常聪明且意志坚强的人。显然，她受到的虐待远远超过了她简短的语言所透露的。尽管她怀疑地看着我，欣然承认对治疗的怀疑和对我的不信任，但她似乎已下定决心，要尽可能地坦率和直接。珍妮特想让我知道，讲述她的故事很痛苦，而且她不相信有人能真正地"理解"。

这个案例发生在25年前，当时的精神分析实践和现在不同。我知道，创伤经历会引起解离。我能感受到，珍妮特非常害怕，尽管她的情感表达传递了更多的坚强而非恐惧。我还不知道是什么让她害怕，但当我向一位同事询问时，她给出了很有帮助的建议：珍妮特在童年时表现出的那种自我惩罚式的宗教实践可能是虐待的标志。

在第一次会谈中，珍妮特根据自己的理解讲述了故事。她把自己描述为两个人：一个是"外面的假正经"，另一个是"里面的叛逆者"。
她的父母是法裔加拿大人，来自新英格兰磨坊镇的一个大家族，暴力而
贫困。在她小的时候，父亲就把她放在神坛上，到处炫耀她的聪明才
智。但后来，她不再对父亲抱有感情，因为他是一个暴力、无知的偏
执狂，甚至在睡觉时也会把枪放在枕头下（我发现，在孩子们"行为
不端"时，他也会拿出枪来威胁大家）。珍妮特18岁时想要离家出走时
（这是她一生中最困难的独立行为），她的母亲只是紧紧抓住念珠，这
对珍妮特来说相当于谋杀。在青春期的强迫性宗教实践中，她鉴别出自
己所处的顺从背景，那时她会整夜跪着，割伤自己，等待死亡。在我们
会谈之后，珍妮特过了很久才告诉我，她从婴儿时期开始便遭受母亲的
暴力虐待。起初，她说母亲很公平，只是因为她是父亲的宠儿才不喜
欢她。

在第三次会谈中，珍妮特告诉我，她认为她所呈现的自体是一个
被创造的自体或人为适应的自体——有一个"另一个我"被"这个我"
所勉强涵容了。"另一个我"是邪恶的、全能的，它对"这个我"来说
是多余的，并且即将失控，做出一些极具破坏性的事情。我暗示，她的
主人-情人对她涵容"另一个我"很有用。珍妮特表示赞同，并且告诉
我，她认为殴打、手铐、日常虐待会驱除那个坏自体，甚至可能让她
空虚，让她完全失去自身。但"这个我"，即被她视为"创造物"的
"我"一直拒绝成为奴隶。为了表示对我愿意倾听和理解的感谢，珍妮
特在下一次会谈时带来了鲜花。

然后，她告诉我实际上存在着三个自体：除了坏的那个自体外，
还有一个是外部"真实世界"中的有能力又服从的自体，她将其命名
为"简"；另外一个是异想天开、富有创造力的部分，像个"教母女
神"，这个自体告诉她不要自杀，因而救了她一命——有趣的是，这个
自体似乎被赋予了一个关键的角色，比其他自体更加顽皮而富有创造

力，并且最了解自体的戏剧性。但它并没有被命名，只是作为一个叙述者而存在。我开始认为，这个教母女神是她赋予我的角色，也是赋予其自身想象力和象征能力的角色。

最终，在珍妮特的帮助下，我形成了这样一个观点：尽管她会呈现出不止一个自体，但我可以在我头脑中，将这些不同的自体整合到一起。然而，我还没有与这种解离和脱节的自体相遇过。我本应该更担心一些的，但我注意到，珍妮特对我的力量（理解）的信念奇怪地令人放心。我的初步看法是，珍妮特在考验我；同时，我意识到，我的工作就是存活，坚持下去，在不断犯错的同时学习我能学到的东西。但我感觉到，从温尼科特的角度来看，幸存下来的破坏部分只是故事的一部分。

根据我的经验来判断，和珍妮特一起工作时的我与我作为一名分析师的身份并不一致。当时，成为这样一名分析师（运用自己的主体性进行分析）的想法是一个新观点。但我感受到，和珍妮特一起工作缺少涵容新观点的空间。她对我的职业面具极为轻蔑，并拐弯抹角地寻找我真实人格的迹象。矛盾的是，她决心永远都不相信我的真实人格。这使得我必须面对自己的无知，直接做出反应，或者至少不要表现得太自在了。奇怪的是，我没有不自在……或者只有一点儿不自在。

在珍妮特的世界里，像我这样在没有指导的情况下飞行并凝视一片未知的风景，可能并没有什么了不起。不然她怎么会从"米尔敦"到纽约和我的办公室呢？这种不幸与恐惧所带来的全知并不矛盾——只是来自不同的存在的世界和自体状态。我需要尝试的主要是——她后来提到的"摸索"——找到我的路。在这个游戏中，她持有一些（可能是大部分）卡牌。在她不时递给我一张我需要的卡牌时，我应该仔细观察并搜集线索。她并不是真的想让我输或让我不知所措，尽管她需要赢得很多人的支持。当她明确表示我不能以分析师的身份做事和说话时，我别无选择，只能活现一个不知道接下来会发生什么的人。

他者心灵和对"否"的需要

珍妮特一直在表达对"这个过程"可能有效或有意义的想法的否认，她的不信任和怀疑与我作为大他者而存在这个让人非常不舒服的现实联系在一起。我在房间里的简单在场永远不会成为背景。起初，我知道对她来说，每一次会谈的每一分钟都在与主体间性和大他者的事实激烈对抗。我不觉得自己会退缩，而且没意识到她可能会以某种只对我的在场有部分敏感性的状态说话。珍妮特拒绝接受我作为大他者心灵而存在，她的这一态度太过明确，以至于不能被归类于无法游戏或分享遐想。她能够感到并清楚地表达出这种可怕的经历：不得不处于某种形式的依赖或关系中，暴露自己的痛苦。"如果没有另一个人参与，这个过程其实还不错。"因此，全能的姿态与对其他心灵的明确拒绝有关。与此同时，我作为信息接收者和倾听者的矛盾依然存在。

我相信，珍妮特在某种程度上表达了她的反对意见。这让我明显地感到，这种活现也是对权力和保护的戏剧化。对于我提出的新解释，珍妮特的惯常反应是"我知道"。否认确实"在发挥作用"；我们每次交会时，都在不停地转圈圈。珍妮特一直在努力反转我们的角色并与我争夺权力，这常常是她有意识的企图。然而，这种坦率的权力游戏使我有可能与她工作，因为我可以把握反转的节律并在不知道其内在原因的情况下识别出她的企图。当我们活现一些之前未系统性阐述的游戏时，我们也在按照我认为自己可以遵循的程序性编排和信号进行游戏。

因此，我们徘徊在活现和明确的游戏之间，让危险通过某种方式得到表达，尽管对任何亲密关系的恐惧都会限制我们的互动。就像重演孩子发展中的某个时刻一样，珍妮特和我需要找到一种与"否"共舞的方法——她会否认，我会肯定并承认她的否认。这样，我们就创造了一个充满矛盾的空间。她需要断言："没有人能进去！"我回答说："没错！"然而，有时会发生出乎意料的情况——对标记和差异的体验可以将简单的共同参与变成真正的游戏。接受治疗几个月后的一天，珍妮特站起来准备离开时说："我不相信你，我的直觉通常是正确的。"我站起来回答："是的！但你错就错在太过谨慎。"下一次会谈时，珍妮特走进来，立即坦率又钦佩地说："哇！昨天（你的话）真让我惊讶，真的能够让我思考。"

在这一与对立面游戏的时刻，我们需要不信任，又需要被理解和信任这种理解。这表明承认和否认的转化如何形成矛盾第三性的空间。珍妮特可以感受到，这个"安全的惊喜"将他者输入的窗口打开了一点点，让她在某一刻可以顺应于全能控制的幻想。我对她保护性的孤立和警惕的挑战似乎足以将她推回（她的令人深感恐惧的破坏能力的幸存），使她能够在承认中与我的思想产生联结。一时间，我们从客体管理的模式转变为服从于主体承认的模式，从活现转变为游戏。

珍妮特对其不同自体的叙述、对被理解的感激及明确的否认声明，都是她反思功能的一部分——一个并不具体的部分。正如她自己所想的那样，自体的分离几乎不是一个隐喻。她对于这些自体的"讲述"是没有感受的，因为对状态和感受的分享是不可能的。

我们正在进行的活现中的姿态看似是为了对我保持轻蔑的依恋，而其真正的功能是隔离那些太令人痛苦或太具破坏性而无法释放的自体状态。活现的决定因素并不是符号化的缺失，而是无法忍受的自我状态的存在。这种自我状态无法像珍妮特所说的那样用象征的方式表达出来。由于感受是无法忍受的，我们需要通过解离来使自己免受伤害，而情感和表征事件（知晓）的观念之间的联系和戏剧性行动可能是必要的。由于没有可靠的被另一个心灵抱持和承认的预期，象征意义从表象中流失。因此，与大他者的联系必须是"活的"。如果必须给予生命的东西是无法忍受的，我们就需要与大他者共同生活在这些联系中，并且需要展开非常复杂的行动——在一个合法世界里检测安全或信仰的可能性。

知晓和上演：活现与仪式性治愈

正如我们所看到的，在持续进行的治疗的活现过程中，可能会出现对分析过程具有推动力的新内容：一场戏剧，使各种自体状态在足够安全的环境下相互碰撞，从而在它们与分析师的互动中进行真正的协商（Slochower，2006；Stern，2009；Bromberg，2011）。在这种情况下，珍妮特需要改变她不同自体之间的关系，如此一来，一个自体状态的存在就不会对另一个自体状态或代表它的大他者造成湮灭的威胁。对于珍妮特来说，这种"杀或被杀"的自体关系开始变得几乎只剩下字面意义。

在克服这种对立的过程中，一种虚拟现实——几乎与导致解离的暴力伤害一样激烈——要求获得与他者不同的体验。这种体验应该既涉及死亡的危险世界，又与生命和爱的世界相连。具体来说，这种体验必须使一种第三性的形式变得明显，能够涵容不同自体间的张力；还必须允许这些自体生活在没有自我伤害或服从的客观化的"和平"中，而非生活在暴力的对立中。

分析师玛莎·布拉金（2005；2007）在撰写饱受战争蹂躏的国家中儿童兵和酷刑幸存者的经历时，对暴力的影响、同时知晓又不知晓的意义进行的思考难能可贵。布拉金（2007）认为，暴力受害者是通过否认攻击者的力量（而非自己承担攻击的责任）来存活的。由此，权力和全知的立场起到了深层次的保护作用。分析师需要理解"恐怖或酷刑的行为……会产生如此巨大的愤怒，致使一个人退行到幼稚的全能状态……（在这种状态下）一个人可以幻想自己是宇宙的创造者，而自己所创造的宇宙是暴力和堕落的"（Bragin，2007，p. 231）。这些控制幻想通过漫画角色及相关电影作品为我们所熟知。但受害者完全可以认为这不是真正的知晓——他们不是真的不知晓。

布拉金提出，了解这种全能状态的真正后果（珍妮特后来将这种状态命名为"愤怒"）会导致一种特殊的"受刑者和施刑者之间的纽带"。对临床医生来说重要的一点是，他们不需要谦虚地强调自己没有遭受过太多痛苦，而应当承认对自身某些弱点的认知。为了离开她的主人并与我共在，珍妮特必须相信，我能知道她知道的一些事情——她在读到我写的关于情欲支配的文章时所感受到的希望。她必须展示和说出她所知道的，而她自己也知道这的确是真的。

治愈和理解当然是不一样的。布拉金（2005）与安哥拉的一个团队合作（该团队雇用西方精神分析心理学家和本土医生开展研究），观察了为一名儿童兵佩德里多设计的复杂的治疗仪式。这个孩子见证且参与了可怕的暴力事件，还失去了所有亲人。他回到自己的村庄后，情绪低落且无法重返人类群体。布拉金认为，分析师通过分享对死亡和暴力世界的知晓，以及陪伴和照顾带给他的依恋，与他建立了联系。分析师提供了与群体有关的复杂仪式，这类似于其他文化中战士在回家前被净化的仪式，例如将自体的危险部分展现出来，让其被知晓。因此，知晓并接受危险的破坏性自体是让士兵不再心神不宁的部分原因（Felman & Laub，1992；Laub & Auerhahn，1993；Ullman，2006；Orange，2011）。

在这个世界上，想要成为暴力的治愈者，就要比见证暴力的精神分析师所描述的更加亲力亲为。这也意味着，要设计出多种形式来戏剧化杀戮和净化。净化包括通过供养他们来修复这个群体的损失，并使他们重建对合法世界的归属感。在思考布拉金描述的分析师和仪式的创造时，我想知道：我们该如何设想用治疗暴力创伤的精神分析工作来取代仪式的戏剧化和治愈呢？我们如何才能实现危险部分的活现和照顾呢？

通过多年来对珍妮特的故事的关注和反思，我可以做出解释：她需要我既能有足够的知晓来见证，又能保护她不会以无法忍受的方式暴露在她自己的恐惧中。但我起初并不清楚这一点。更重要的是，我发现，她正在努力寻找一种令人信服的关于这个合法世界的表征方式，而在这个合法世界中，那些可怕的事情可能会被知晓并被判断为错误的。在我看来，知晓的问题与我现在所说的"道德第三方"的需要有关，并与她需要我活现某事的方式直接相关。有关我将活现什么角色（不仅是她将如何表征不同自体）的问题必须得到解决。珍妮特似乎是天生的戏剧作家和仪式创造者，她会凭直觉为我构建治愈者的角色。

虽然我可以阐述在破坏中幸存并参与权力反转的想法，但我经过反思后认为放弃全能也涉及根特（1990）谈到的顺应，即放弃虚假的保护者自体，以便更广泛地解放自体。根据米尔纳（1969）的描述，在这个过程中，"与增长有关的力量"释放出一种"创造性的狂怒"（pp. 384-385），尽管人们非常害怕混乱，但仍努力超越顺从性的适应（Ghent，1990）。我猜想，这种创造性的反顺从的愤怒的水平与早些时候遭受的服从和征服水平成正比。该如何让珍妮特放弃全知全能的保护者自体，而不会觉得自己孤独地生活在一个孤立的宇宙中呢？正如珍妮特所说，这个宇宙被邪恶的"另一个我"主宰，他毁灭了一切。它似乎需要像治愈者一样能够戏剧性地具体化其他代表安全的依恋和合法性的力量，当然也包括修复的可能性。顺应需要一些道德第三方的表征、一个合法世界。

发动自体战争

珍妮特和我之间戏剧性的独特活现与我们正在进行的活现中的即刻交会（涉及否认、破裂与修复）明显不同。有一天，珍妮特做出了一个大胆的举动，向我明确表示，我们现在进入了不同的领域——游戏中不再只有毁灭和存活。真正的暴力不仅模糊了现实和幻想之间的界限，而且在这一刻真正动摇了解离的断层线。正如珍妮特曾说的，这种断层线有充分的存在理由。我毫不怀疑，这在一定程度上是由她绝望的感觉导致的。因为我的无知和对一种幼稚信念的坚持，她必须向我展示那些我似乎无法发现的东西，即我们正在以否认的方式进行游戏，而且做得很好。

经过一段时间的治疗，珍妮特的梦境、思考和记忆中的暴力元素变得越来越强烈。她开始写日记，并打印出来给我看。在一次会谈中，她试图告诉我一个梦。但她后来变得非常激动，以至于反复起身离开：

> 我和另一个孩子在我母亲的房子里——我在浴室，开着水龙头。浴缸边缘有一个很小的婴儿（她比画给我看，大约有一只手大小）。我用一块涂了肥皂的洗澡巾给他洗脸，他的眼睛里进了肥皂沫。小婴儿现在很怕我，沿着浴缸边缘爬向别处。我扔过去一块毛巾，盖住了他的头。"你为什么这么做？"他问我。我说："我救了你，笨蛋！"

然后，珍妮特颤抖着，气喘吁吁地告诉我，她可能要淹死婴儿了。她站起来跑出房间。她站在门口，扭着手说："那不是我的妈妈，那不是我的妈妈。"

在下一次会谈中，珍妮特让我看了她日记中的第一条——详细描述了母亲的谋杀袭击，以及她对珍妮特童贞的痴迷。她试图让女儿永远不要独自离开家，也不要忘记童年早期的核心记忆——母亲上完夜班回家后发现珍妮特没穿睡衣（因为她在洗衣房里找不到）就上床睡觉了，于是使劲把她往墙上撞，并大喊："只有妓女才不穿着睡衣睡觉！"

　　珍妮特把这些记录递给我，似乎想让我来保管。然而，我因此被误解了。珍妮特确实把日记留在了我手中，但那天晚上，她写下了她对我认为我可以留下它们的感受。在这篇日记中，"另一个我"有了名字："暴怒"。珍妮特写道：

　　　　JB会犯错。她近乎不真诚或不诚实。当我问她一个问题时，她采取了一些回避的方式……不够直截了当地说，"我宁愿不告诉你"……无休止的恐慌……一个陷阱。我讨厌JB不问我就把我的日记留下。JB只是一个急切想要案例的自恋的人类用户。

　　珍妮特接着详细写出了对我的看法：我从她的痛苦中获得"理智和临床上的快乐"，而为她提供帮助只是我自己的幻觉。她害怕我伤害她。她接着讽刺地写道："我很高兴把JB排除在无效的、危险的行善者的连续体之外，就像她把她看到的所有受苦受难的人都归类为个案一样。"

　　然后，珍妮特开始自问自答："这是暴怒吗？……一个与我无关也与她无关的爆炸性的、火热的、好战的词。她是'暴怒'的化身。这可能是她的名字。"珍妮特随后罗列了一份暴怒孩子的违抗行为的清单：她从母亲那里偷走抽打她的皮带，用来打她的兄弟姐妹；她打开煤气，以为可以炸掉房子；她用剃须刀片割破身体又吞下一瓶阿司匹林，但只是呕吐了。作为一个青年人，"暴怒"让她和其他人，包括她的车都处于危险之中。她幻想着入店行窃，以及更危险的犯罪。有人可能会说，"暴怒"既是母亲也是她自己；她既是施暴者，也是一个在母亲殴打她时拒绝哭泣的、害怕又叛逆的女孩。

　　接下来，她讲述了一个梦。在梦中，她的一位朋友也叫JB。JB坚持认为珍妮特有可能继续开车，尽管道路上有一些深得看不见底的坑洼。她的朋友说："这里是纽约，到处都是坑。你不要让它们挡住你，只要找到一条路穿过去就好了。汽车会稍微陷进去一些，然后再出来。你可以一直前进。"在最后一页的底部，珍妮特写道："这是给你的副本。"我们讨论了我保留这些日记的问题。我认可这是一个错误，也承认它的意义。可以说，在我急切地想要得到她的允许时，我忽略了征求她的同意。不知道我是如何触及她的感受的，这被感知为对界限的草率地不尊重。因为让自己的感情属于自己也意味着对他人的尊重，以及对一个人不能拥有非自体的知晓。珍妮特会不会感受到，我对所有权的混淆意味着母亲可能会吞食婴儿呢？[①]

珍妮特的困境是：需要让大他者参与，而这意味着这个大他者必须亲自展示出影响。如此一来，她因无法控制，而面临潜在的伤害和危险。如果我吞食她的痛苦供自己使用，这将证实她的恐惧。她如何在不被侵犯或伤害（旧关系的重复）的情况下协调这个矛盾，同时从大他者（新的和需要的关系）那里得到一些东西？矛盾有可能在发生碰撞的时刻分裂，迫使人们选择其中一方。但珍妮特为我提供了一份单独的写作副本，其中包含了她的攻击行为和反思，从而帮助我恢复有关重复和修复的矛盾。我不得不承认，这次攻击不是拒绝分享思考，而是双方的一种示范、一种强有力的象征性声明——表明她有兴趣分享且不愿意放弃自己的思想。在写作中，她可以痛斥错误的承认所造成的破坏，然后进行修复。她甚至可以说出一个梦，这前瞻性地显示出，她会在我的鼓励

---

① 查尔斯·斯佩扎诺在评论珍妮特案例的早期汇报时说，珍妮特以书面形式向我呈现了凶残的母亲。她对我试图坚持下去感到愤怒，因为她认为，没有一个分析师真的想抱持她的母亲。当时的根本问题是彼此占有。他问道："JB是不是表明，在珍妮特的身体里拥有一种强烈的感受，这种感受有不同的叫法，如愤怒、我、母亲？JB拥有珍妮特的终极意义会不会是，如果她愿意，她可以杀死珍妮特？"斯佩扎诺抓住了珍妮特生活的全能水平，并且能够看出其姿态的象征意义。这放大了我在这一刻的热情中所感受到的程序性意义：她对我的侵吞做出反应，而我对边界以及她的信任缺乏关注。

下渡过难关。

当然，做梦者和愤怒的作者并不容易相处。两周后，珍妮特在她的日记中反思了分裂的自体和其"对世界的僵化定位"，这使得她把每一次经历都分配给了"我中的一个人"。她写道：

> 也许我可以把我想象成"一个"由同心球体组成的生命……作为"一个"人，我有所取舍，我失去了我为了保持平衡而创造的单独的人。我可能不平衡，但我不会感到被侵犯……我将不得不寻找其他人并与他们进行互动，而非满足于我唯一的自体世界。只要将我自己视为一个人，就会出现矛盾和歧义。

珍妮特开始用她的分析思维来处理这个问题，但这个思考性自体无法控制恐惧和恐慌，因为她的一部分可能会消灭另一部分。后来她这样写道："我越来越恐慌了。今天早上醒来时，我暴怒地想，继续把我们大家放在一起，看看会发生什么……"（对我来说，珍妮特能够明确地阐述放弃解离的危险，这似乎很了不起）。但她结束了关于"那个合理的自体是假的还是越来越接近真实"的漫长思考，开始对抗全能者的反击："我并没有被旧的内在的'另一个我'（这个'另一个我'认为自己可以做任何事，破坏任何人）彻底破坏。"

顺应、服从和破坏

一周后，珍妮特阐述了她对我日益增长的信任制造出了一种可怕的脆弱性，并激活了愤怒的保护者：

> J试图通过理解我来解除我的武装。但我感受到，她在诱使我进入某种陷阱……我平静地提醒自己，这不是来自J的，也不是来

自我的，而是来自我母亲的。

珍妮特决定为我描述她的记忆的每一个细节，包括"浴缸之梦"的起源：当她还是个婴儿时，她会大哭到窒息；母亲由于无法安慰她，便听从继父的建议，把浴缸装满冷水，把她的头反复按入水里，直到她恢复呼吸。

当时我想象着，随着珍妮特与我交谈、讲述生活、使用象征性分析的能力的不断增强，我们也在控制暴力和痛苦。我的警惕性不够高。珍妮特几乎在每篇日记中都贯注于这样一个观念：整合的努力只是一种意志行为，但它不可能通过意志行为来实现。仿佛她知道意志行为和顺应是对立的。一定还有别的事情发生，但她不让自己认为其他的事情与我有关，与一个独立的大他者可以做的事情有关。

她需要我在不被报复的情况下存活，而且害怕顺应，对此我有我的一般理论。虽然我本能地知道，一场由暴力引发的自体战争不允许通过意志行为来治愈，但我当时还没有意识到，这需要一些我当时所理解的精神分析框架之外的东西。

不久后，珍妮特报告了一个梦。在梦中，她的分析师是一个不知名的女人，正在活生生地剥她的皮。她很恐惧，但并不痛苦。她补充道："最后，我明白了一些事情，我真的很害怕。"我也感受到了她的恐惧。我感到，顺应于这种脆弱性和风险太可怕了，因为这与她被侵犯的经历交织在一起。

在不久后的会谈中，珍妮特给我讲了一个梦：她在黑暗的街道上被手持步枪企图杀害她的男子追赶。恐惧的情绪笼罩着我们。在一个小时的会谈结束时，她以最超然的方式告诉我，她一直在考虑买一把枪来杀我的计划。实际上，她甚至给枪店打过电话。我真的感到惊慌，但我决定忍住不回应。我在等待一个让我可以思考和审视自己感受的空间。在咨询了一位同事之后，我认为，这一发现应该得到极其认真的对待。与其说这是一种"真正的"威胁，还不如说这是一场戏剧——我在其中活现的角色极其微妙。我首先涌现出的感觉是害怕和恐惧，像她对父亲的感觉一样，但重演过去似乎只是最明显的一部分。

那天晚上，我给珍妮特打了电话，说我想继续和她见面，但只有在我们都同意有明确限制的情况下会谈才能继续：她不能买枪，不能离开会谈，也不能用她的车伤害自己或任何人。她必须给我打电话，让我知道她将来是否有这样的打算。如此一来，我才能保证治疗的安全，保护她和我自己。我决定在周末剩下的时间里好好想想，然后再深入地和她谈一谈。

这次通话后，珍妮特在日记中写道，她希望自己能死。但这似乎是对她因失去对限制的觉察而蒙羞的一种反应。我相信，她仍然在担心自己的一部分会被破坏。她接着写道：

> 在"暴怒"、他者和我之间筑起围墙是有智慧的。筑墙是有原因的，拆毁这些墙可能会令人兴奋，但拆毁它们的人并不是最初建造它们的人。我恨"暴怒"。她只不过是哭哭啼啼、歇斯底里、装腔作势、复仇心强、要求苛刻的废物。我对结束她的生命感到非常满意。我只是不知道，如何做才能不让我和另一个人结束。

珍妮特对这次通话的反应是，因为忘记了自己可以选择控制"暴怒"也有能力这么做而感到羞愧。事实上，她对自己最近的改变感到高兴和自豪，她把这些变化归功于真实自体，而非假自体。真实自体比她所知道的更复杂，有更多的可能性。然而，她说：

> 仍然不负责任地将"暴怒"推到她自己的角落里，强烈否认并

害怕自己的暴怒，致使其放大，加剧，继而化身成为另一个人。我从内心深处知道这个暴怒是我的，但我不知道我是否可以声称它是我的。

最重要的是，珍妮特给我回了电话，并在答录机上留下了一条长长的信息，说她需要我面对她所面临的限制，这是前所未有的；但她也需要我根据自己的直觉（而非我的治疗规则）行事。

就我而言，我确实接触到了恐惧。但我害怕并不是因为珍妮特真的会去购买枪支，而是因为她的姿态非常严肃。我感受到了一些危险，因为她叫我尽可能诚实。我想知道我是否能在这场殊死搏斗中胜出。这一刻，我诚实地问自己，是否可以成为一名确实在某种程度上懂得生与死并且知道这种可怕的事情可能会发生的分析师。但我不确定。我觉得这样的知识可能在我的理解范围之外。然而，为了成为一名见证者（不是失败的见证），也为了尝试接受这一知识，我似乎不得不竭尽全力。我感觉这是一种不同的"非我"体验——超越了自己的局限性，不是试图成为"好人"，而是顺应于一些我被要求去做的未知的事。我开始思考该对珍妮特说些什么。我确信我能够肯定我们之间的依恋以及不抛弃她的原则。我当时在想，我应该用我的细胞去感受并了解她父亲用枪指着孩子的头加以威胁时有多恐怖。但这也意味着我需要承担责任——我为了驱赶怪物而造成了痛苦和羞耻，并最终导致了暴力。我为什么会解离而且不了解自己的暴力或羞耻呢？我当时感到很困惑。

然而，我确实想到，珍妮特在一个被无用的宗教"道德"权威所包围的世界里长大。这些权威使用纪律和惩罚，有着绝对化的是非原则，且与感觉经验脱节。她没有被给予承担责任、承认错误、修复伤害的真正合法的模式。我听到她告诉我，她需要我给出一些具体的限制、一些我真正相信且让她也可以相信的是非原则。这条信息是我在暴力背景下与道德第三方的第一次相遇。

合法世界

在下一次会谈开始时，我告诉珍妮特，这不是我们的最后一次会谈。我还认可了她对我会放弃她的担心。我告诉她，我感受到她在努力让我感到恐惧，而且我深受她的影响。我识别出她需要向我展示的不仅仅是她对被枪击的恐惧，还有她对我会剥她的皮并夺走她所有的保护性皮肤——消除"暴怒"——的恐惧，这是对自己会被消灭的恐惧。我说："你的任何一个部分都不是必须死亡的。"我说，她可以把这些感觉藏在心里，或者藏在她与我的交流中，而不必使它见诸行动。毕竟，她的教母赋予了她语言天赋从而解除了一部分"诅咒"。

珍妮特同意我的阐述，并告诉我，既然我明白了，她就不那么害怕我的力量了。"明白了什么？"我问。"复杂性，是真正的危险。"我认为，这意味着珍妮特需要我通过了解她的力量、她的破坏程度，来了解我自己力量的极限。在某个时刻，她以一种实事求是而又很风趣的方式说，当我接受她为我烤的圣诞饼干时，她感到很惊讶。难道我不知道她可能毒害我吗？"当然，"她很快补充道，"我永远不会试图杀死你的孩子。我想你早就知道了。"她在下一篇日记中写道：

> 我离开J的办公室时，对她格外热情。一种神秘、欢快、根深蒂固的联系感。呸！一种终于与她取得联系的感觉。这个过程是如此缓慢、易碎和微弱，以至于人们在最终取得联系之前就可能会死亡……我很遗憾地了解到，这么多的挣扎和风险都发生在简单的联系中，而所有这些都发生在这罕见的"治疗"设计中……昨天和今天醒来时，我都能感受到周围的空间。没有限制，没有恐慌，没有对移动的畏惧。我能感受到，我的脊椎骨靠在地板上，但没有锋

利的匕首抵住我。我以前偶尔也有过这种空间感，但都没能持续很久。

热情、空间和地板这些维度所唤起的画面向我暗示了安全和顺应——合法世界中的各个方面不仅不同而且和谐。珍妮特的暴力幻想并没有将我杀死。她的权力和破坏性是有限制的，因为作为另一个人的我是一个可以与她发生联系的实际存在的人。她的保护者自体对她的顺应感到厌恶："呸！"但拒绝并没有阻止她，也没有消除她获得解放的感觉。虚假的确定性知晓与只能想象重复的对灾难的全能知晓被一种新的顺应——与一个保护自己的他人（这个人正试图与她一起了解这场灾难）在一起的安全感——所取代。

珍妮特稍后评论了否认和对理想的需要，这与我有关：

> J认为，我喜欢让她在黑暗中一无所知，在这个形成意义的过程中蹒跚而行……我只是很惊讶，她最终总能找到回到正轨的路；她能识别出错误的转向和理解，并且有认可这些错误的勇气、真诚和自信；尽管困难重重，她仍有毅力继续前行；尽管这是一段不真实的关系，但她始终是真实的。我没有因为看到她在摸索而感到高兴，但这个过程确实很吸引人。事实是，我认为错误的转向是许多发现的来源；而J完全没有在磕磕绊绊中被理想化。由于理想化是我生活中的主要障碍（也是我生命的全部），所以关键在于我是如何理想化她（保持她的不真实性）或了解她（保持她的不理想性）的。

在不同自体发生激烈碰撞之后，珍妮特和我的工作变得更像我所认为的精神分析了。这个工作包括分享和讲述难以忍受的创伤，这同时是一本关于嫉妒、嫉羡、恐惧、恨和试图补救或自我修复的"公开读本"，其中包括了她发现的新能力：她可以直接表达和处理丧失，而无须真切地或象征性地感到她必须自杀。尽管珍妮特会短暂地意识到仅仅是与"他者"共在就极度不适，但她变得不那么容易解离了。她变得不那么专注于成为"不止一个人"；她的不同自体状态能够有点儿不安地共存了，彼此的"排异"不那么戏剧性了——不是以自愿为基础，而是顺应于对我的存在的感觉。此时，我有了更多关于解离、多重自体和创伤的想法（Davies & Frawley，1994；Bromberg，1993；1994）。通过承认和抱持，我确定了在分裂自体之间建立联系的想法。

在几次会谈中，我都问过珍妮特，是否可以分享我们的经历以及她的一些启发性日记。我不太愿意发表这些内容，因此在论证道德第三方的重要作用和建立一个合法世界的必要性时，我只是简短地提到了它们（Benjamin，2004）。珍妮特的故事、她自己的深刻反思和写作给我留下了一个问题，那就是，了解可怕的事情意味着什么。她告诉我了解自己的局限性、危险性和破坏力有多么重要——当我与集体形式的暴力和创伤相遇时，这一切对我来说都有了新的意义（见第七章）。我更加清楚地了解到，自己的知晓能力（关于自身对暴力的容忍度和对暴力造成的痛苦的承受力）是有限的。"9·11"事件后，我们的心理和创伤分析工作的巨大调整，让我能够感知到这些限制与在恐怖事件之前的不断升级的暴露之间的冲突——同事们也为我更多地反思处理创伤性暴力的工作提供了帮助（Boulanger，2007；Grand，2010）。我与许多同龄人一起了解了见证的意义：有时我们能做的最有意义的事情是展现某种道德力量，这种力量认可并肯定了什么是合法的，什么是错误的，什么永远不应该发生在孩子或者任何人身上。我们可以试着展现某种道德第三方。

珍妮特给了我一个非常特别的机会，让我和她一起创作了一个戏剧性的游戏，其中包括呼吁停止暴力的行为。通过这种方式，我可以展现并维护她所寻求的合法性，即道德第三方。我们这一章的故事必须从解离开始，冲入现实，找到一个摆脱过去束缚的方法。我现在认为，突破限制要求分析师必须以自己的恐惧和通过解离来避免危险的倾向作为背景。这在整个过程中挑战了个人的核心信念，即在自己感到恐惧的同时能够承认另一个人。这种恐惧不仅与伤害的力量有关，还与治愈的力量有关。除了我对破坏性和痛苦的理解之外，珍妮特还需要我展现抵抗伤害的抗议和力量。

与所有共同创造的第三性一样，我感受到了这个非常严肃的游戏的过渡性。也就是说，在某种程度上，我们活现的游戏就像我们的共同创造一样，是自发产生的，并且会直接出现在我们面前（Ringstrom，2007）。一方面，我们试图在过渡时期工作而不打破"第四面墙"；另一方面，我们正在处理真正的损害和伤害，这必然有模糊性，有时甚至是可怕的不确定性。在任何时刻，我们都可以尝试用自己的感觉反应来跟踪不同自体状态、活现和游戏、危险和安全、解离和承认之间的变化。接下来，在心里保持意义的符号多样性和主体间联结的节律感，关注安全与危险、信任与不信任、澄清与困惑的循环——这是"在边缘处游戏"过程的一部分。边缘是可承受或安全的东西的顶端部分——破裂与转化在这里相遇。我们平衡的边缘也可以被认为是对尚未成为现实的事物的知晓与对共享现实（这符合我们对第三方的需要。第三方使世界变得理智，可以忍受，甚至更丰富）的承认之间的差异。这里是明确的知晓、对现在和已经发生的事情的开放性、对他人和自身脆弱性与力量的承认，以及合法的第三性世界中的分享的开端。在这里，我们可以找到战斗自体的终结，还可以找到"不止一个人能活"的空间。

第七章

超越『只有一个人能活』：
见证、认可和道德第三方

奇怪的是，"即使我们告诉它，我们也不会被相信"这种想法会以囚犯因绝望所产生的睡梦的形式出现。几乎所有的幸存者——无论是从口头的还是书面的回忆录来看——都记得一个梦。这个梦在入狱之夜经常出现，尽管细节各异，但实质相同：他们回到家，怀着激情和宽慰，描述着他们过去的痛苦，向所爱的人诉说。但是，没有人相信，甚至没有人倾听。在最典型（也是最残酷）的形式下，谈话者转身，沉默地离开了。

——普里莫·莱维《被淹没和被拯救的》

在本章中，我反思了我的第三方理论，这与我在世界各地旅行的经历有关。我的一些同事正在与暴力和集体创伤的影响做斗争，他们将来仍会如此。除了精神分析思想之外，我还将介绍我在中东对话中的一些经验，以解决这些问题。[①]我努力展示将精神分析衍生的概念应用于社会现象的可能性，并且对如何使用承认理论来把握集体和个人过程中的深层心理结构提出建议。我关于认可和见证的想法之所以能够形成，是因为我有机会联系到那些在极端暴力和苦难条件下实践这些思想的人。自2016年美国大选和随后的民主危机以来，这种关于见证的意义的思考获得了多种多样的结果。自从发布了对弱势群体表达暴力和恨的许可，许多人清楚地认识到我们需要积极抵抗认可美国暴力压迫的现实和历史。当我们的电视屏幕上闪现出弗格森镇军事化警察的画面时，只有

---

① 从2004年到2010年，我在心理健康和社区服务领域与以色列和巴勒斯坦的团体合作，创建了一个"相互认可"项目（Benjamin，2009）。

少数人站了起来；但如今，很多人产生了一种全新的抵抗精神，他们拒绝成为旁观者。令我担忧的是，这场运动是否能够显示出一种坚定不移的意志——面对社会及其历史的真相，而不参与暴力。我们能不能像我们必须做到的那样激进而有力，不苟同对手的"杀或被杀"思想。鉴于此，我认为对"只有一个人能活"的分析仍然是重要的。我将永远对我的朋友埃亚德·埃尔·萨拉杰博士在尊严和非暴力愿景中的灵感、智慧和领导能力（Benjamin，2016b）心存感激，并以本章纪念他。

能听见的他者的不在场①

关于集体创伤的心理后果，我认为承认的失败可被视为"失败的见证"的问题（见第二章）。这一观点是指，那些没有参与伤害行为的人，未能发挥他们作为社会世界观察者的认可和积极应对（修复）痛苦与伤害的功能。关于这一失败，最令人印象深刻的描述是格尔森（2009）的"当第三方死去"的体验。见证的功能包括承认痛苦和验证所发生事情的真相，这是我所说的道德第三方的关键部分。见证使第三方显现出来且充满活力，并试图在第三方被违反或否认时进行修复，因而可能需要个人或群体成为行动者而非旁观者。

第三方处于脆弱的位置上，能够对违法行为和人性的丧失做出见证及修复。在这里，我要问：是什么使认可的位置成为可能，又是什么阻止了它？是什么使解离一直存在于他人（"大他者"）的痛苦中，甚至是那些得到我们认可的、被我们宣称为"我们自己"的人的命运中？是什么使人们挑战社会纽带，以披露真相的名义承担起对群体自我保护不

---

① 在精神分析和文学对创伤的讨论中，最常被引用的一句话是："缺少一个有同情心的倾听者，或者更激进地说，缺少一个可以听到自己记忆的痛苦并对其真实性给予肯定和承认的他人，故事就会湮灭。"（Felman & Laub，1992，p. 68）

忠的负担？本章从相关心理过程的角度出发考察了解和见证的障碍，这涉及与痛苦（包括我们自己的痛苦）保持联系的能力的分裂和恢复。

本章讨论了受害者的同一性如何干扰我们对他者痛苦的认同——对丧失承认的解离恐惧在这里起着重要作用。在受害者位置中，我们很难发现普遍存在的承认形式和个人自我保护的优先形式之间的区别。因此，我们需要对第三方的信任或信念，这将使我们有可能超越保护自体并与他者相互认同。

这是一种互惠关系，可能会因为缺乏见证认可而导致人们认为只有一个"方面"或一个群体会被承认（Oliver，2001）。为正义的诉求和受害者地位争取社会承认的风险在于，使某个群体的合法性或需求得到承认的位置要求进一步取消另一个群体的合法性。我的反思旨在解构受害者之间的竞争逻辑——这种竞争在最坏的情况下会表现为法西斯政治，甚至是暴力——由对被压迫群体（例如移民）感到羞耻的人及其承认要求所引发。在我看来，分析这个问题的实用心理学方式和政治哲学方式之间存在着鸿沟；鸿沟也存在于见证集体创伤的人、冲突后或化解冲突的非暴力社会运动中的和平缔造者，以及从理论上反映受害者困境的人（Honneth，2007）之间。那些基于缺乏社会承认而提出主张的人的出发点不一定是分享普遍民主价值观（这种价值观赋予他者权利）。我的目的在于，展示该领域的实用心理学经验给理论带来的启示，以及对我们理解社会承认的影响。

我将考虑施暴者和受害者之间某种形式的认可和悔恨如何将无能为力的关系转变为具有能动性的关系。归根结底，这些尊重和治愈痛苦的努力有助于肯定合法社会行为和同胞责任的可能性，它们具有政治意义。对创伤的社会承认是对个人的治愈，而且这促进了能动性，强调了社会话语中伦理考虑的重要性。有很多公共行为能够为伤害道歉并且恢复公平正义，例如参观种族屠杀纪念馆并倡导公民意识的发展，抵制种族主义和对弱者及弱势群体的诽谤，鼓励大家面对痛苦的真相。精神分析承认理论的见解最终应该能促进相互依存意识、对社会整体的依恋，以及对独特的不同个体在其自我理解中得到确认的需求的尊重（Allen，2008；Honneth，1995）。承认向受害者证明他们的伤害很重要，能够恢复他们与真相的联系，以及与更大的第三方的社会纽带——这一点在实施暴力时不可避免地遭到了否认。

　　我的一些想法来自我与中东同事的工作经验。在中东，我帮忙促成了一些关于暴力和认可的对话。反思政治暴力和压迫造成的集体创伤的过程，是我和同事们在以色列和巴勒斯坦的日常工作的一部分。在过去十年的大部分时间里，我在工作中发现自己不仅可以从那些遭受创伤的受害者身上学到很多东西，还可以从那些参与伤害的人身上学到很多东西，并识别出他们在否认伤害真相的社会现实中所起的作用（Ullman，2011）。类似地，在南非的"真相与和解"进程中，一些人试图帮助受害者进行社会康复并向他们提供认可。[①]在这里，我只能提到这一进程的矛盾结果和关于和解的辩论（Hayner，2002；Thomas，2010）。汉伯（Hamber & Wilson，2002；Hamber，2008）指出，当受害者向真相调查团提供证词时，他们会产生痛苦的体验，感受到施暴者继续被赋予自由通行证，感受到不安全的抱持；而作证和被聆听会带来积极体验，在某些情况下甚至会让幸存者因与前敌人的遭遇而发生改变，或使施暴者

---

　　① 这种事例加深了我们对治愈集体创伤的理解（Hetherington，2008），尽管它们有局限性（Hayner，2002；Thomas，2010）。我特别借鉴了智利为酷刑幸存者所做的工作（Cordal，2005；Cordal & Mailer，2010；Castillo & Cordal，2014）、关于"大屠杀"幸存者的研究（Bar-On，1995；2008；Laub & Auerhahn，1989；1993；Felman & Laub，1992）、关于南非的研究（Antje Krog & Hamber，2008；Gobodo-Madikizela，2002；2003）、关于巴勒斯坦的研究（Qouta，Punamaki & El Sarraj，1995a）、关于北爱尔兰的研究（Hetherington，2008）、关于创伤的研究（Verwoordt & Little，2008）、朱迪（2017）对被拘留儿童家庭的苦难的见证、"大屠杀"代际后果研究小组成员对他们共同的过去所展开的坚定的探究（Hammerich et al.，2016）。

成为受害者的认可的重要来源（Gobodo-Madikizela，2016）。

对于那些虽未直接卷入暴力和苦难但每天都被媒体影响的个体而言，在短时间里，这种责任问题太大了。这种见证的观点（Margalit，2002）在社会学和心理学层面引发了许多问题（Ullman，2006），例如如何（是否）引起关注，如何（是否）允许作证，见证将如何影响我们的承认概念以使其不仅包括受害者的同一性或权利还包括他们在"我们的"定义或结构之外生存的权利（Oliver，2001）。在这里，我的问题主要是：当给予（不给予）这样的关注时，是什么样的心理力量在起作用？从实用主义角度出发，我认为"我们"（没有遭受这种暴力的人）可以通过见证来确认他者所见证的可怕事情，无论我们是否处于为受害者伸张正义的立场。道德伤害或拒绝公正，被认为是出于通过承认来确认自体感的需要（Honneth，2007；Bernstein，2015）。同样重要的是，拒绝认可他人损害了社会结构和我们与道德第三方的合法世界之间的纽带，并将双方固定在施动和受动的互补性中。鉴于此，我正在考虑我们可以从见证第三方的恢复中学到什么——除了见证对受害者的影响，还有见证对旁观者甚至是施暴者的影响。作证是如何改变和治愈痛苦的？（Felman & Laub，1992；Oliver，2001；Boulanger，2007）。

在这里，我考虑了从被抛弃到有尊严的转变——将尊重苦难（dignify suffering）视为摆脱溺水者和获救者的恐惧的出路。在旁观者的关注或干预下，这件事是如此重要。但是否认和解离反应往往阻碍了认可。因此，似乎有必要问一下：给予或否认认可意味着什么？这种给予或否认暗示了自体和他者之间怎样的联系？是什么在妨碍和阻止我们"知道可怕的事情"（Cohen，2001；Bragin，2007）？认同他者伤害涉及哪些过程？如何确定此类认同代表了见证暴力还是支持暴力？是什么决定了世界如何以及何时见证或否认"其他地方"遭受伤害的重要性？是什么让他者的痛苦透过我们的防御？我们对可怕事物的掌握是如何成为具身的、发自内心的紧迫事件的？

具身和非具身的认可

迈克尔·拉普斯利神父在南非自由州大学举办的一次会议上以真相与和解进程的后遗症——"与他者交会"——为主题展开了发言（Bloemfontein，2013）。拉普斯利神父曾因非洲人国民大会反种族隔离运动而被报复。他在演讲开始时说，每个创伤受害者都渴望和需要得到认可。我对自己的反应感到惊讶，他的"认可的认可"令我释然。作为一名分析师，我已经花了这么多时间围绕认可来写作，甚至实施了一个项目：在认可伤害和不公正的观点的基础上，让以色列人和巴勒斯坦人之间建立对话。他的陈述对我来说就像一个错过的重要确认，或者像是对观点的重新解读——他的证词和经验确实带来了一个至关重要的、完全具身的意义。

精神分析师们早已习惯于注意词语是空洞的还是具体的、共鸣的，换言之，它们是否表达了知识意义上"已知"的东西，是否能被新事物的情感力量（在许多心理空间甚至是身体内回响）所传递和理解（一个心灵可以通过右脑直接与另一个心灵联结）。我认为，我"知道"的甚至是公布的东西可以通过一个在巨大痛苦和冲突中实现自己信念的人来体现，从而具有更大的意义。事实上，这个人的一部分身体已经被牺牲了。很明显，拉普斯利神父自己也觉察到，说出自己的需要和认可他人的行为将对听众产生影响。由于他拒绝否认自己的痛苦，并坚持认为这是有尊严的，所以听众能够认同他。在我看来，他坚持要求尊严的愿望并没有降低他的主张的重要性或真诚性。

我转而求助于一些心理学理论家，他们思考了种族隔离后的和解努力的过程，提出了有关受害者和施暴者如何转变的重要看法。戈博多-

马迪基泽拉对她在真相与和解委员会担任的工作以及随后与受害者和施暴者开展的工作进行了反思，这为更激进的和解可能性提供了思考的框架。她的作品为很多人所知，尤其是她与安全服务主管尤金·德考克的工作对话——《那天晚上一个人死了》（Gobodo-Madikizela，2002）。自那以后，她开始讨论对话中的持续努力。她的一些最有力的作品涉及人与人之间的亲密情感，以个人故事的形式讲述了种族隔离期间的创伤事件及其后果。她将南非真相与和解委员会的工作经验、对其他和解进程的研究，以及先前受害者和施暴者之间接触的研究相结合，指出了个人叙事和讲故事取向（Gobodo-Madikizela，2008）的重要性。巴昂（1995；1998；2008）针对"大屠杀"发展出来的观点与之相同。在这个过程中，人们以小组的形式分享他们的集体创伤、历史创伤和压迫经历。这种讲故事的方式成为一种证明他人智慧的方式。尽管我犹豫不决，但我决定由一个故事开始反思。这个故事似乎与戈博多–马迪基泽拉（2011；2013）关于具身化角色的观点产生了共鸣——在受害者和施暴者的和解中，对身体联系和亲密关系的认同。我的目的在于，理解这些认同在克服解离中的作用（这种解离的主要特点是无助的旁观者位置、积极的见证和承认），从而对道德第三方的修复做出个人层面和社会层面的理论化。

2008年圣诞节后不久，"铸铅行动"开始了。我正打算去迈阿密，在海滩待上两天。我儿子在我去酒店的路上打电话给我，提醒我加沙正在遭受轰炸，因为他知道我和那里的人有联系。我立即打电话给加沙社区心理健康项目的创始人埃亚德·埃尔·萨拉杰，在过去的5年里，我一直与他合作开展巴勒斯坦和以色列心理健康工作者之间的"认可项目"。在那段时间里，我去了加沙，见证了当地的情况，并会见了即将加入该项目的同事。我和萨拉杰也在特拉维夫见过很多次面——他在那里接受癌症治疗——并建立了温暖的友谊。他是一个非凡而令人钦佩的人，甚至对他的"敌人"来说也是如此。他在巴勒斯坦对立派系之间进行调解，与以色列安全机构领导人对话，在欧洲各地区倡导《日内瓦协议》，与本国的激进分子进行非暴力斗争。他为人称道的一件事是使一名以色列士兵流泪——该士兵威胁萨拉杰，要拿走他的身份证件并殴打他。萨拉杰站在原地，要求那个年轻人面朝他这样做，以便他能看到是一个人在做这种事情。像其他领导者一样，他深刻认识到全人类之间的联系，并且可以轻易跨越分歧的边界，建立友谊。

我每次打电话给萨拉杰时，都无法确定他那边会发生什么。例如，他接通电话时正在排队通过安检站进入埃及，当我听到背景中的声音时，电话断了；第二天，他通过电子邮件告诉我，他的手机被士兵没收了。很多时候，尽管有优先通行证，他和其他数百名排队的人一样，都不得不返回。即使在发生危险情况时，他也会设法给人一种被涵容的、镇定自若的感觉。

我从他一贯平静的声音中听出了异样。他说，情况确实很糟糕，他听到炸弹在附近落下的声音，窗户也跟着摇晃和破碎，这是一种破坏一切的力量，远远超过他以前经历过的任何事情。当我们挂断电话时，我感到很震惊。我所能想到的就是，上网看看如何通过以色列人权医师组织发送医疗援助。然后，由于我无法继续思考，我就去了海滩。

当我到达海滩时，我经历了一种非常奇怪的难以抵抗的感觉：当我在沙滩上行走时，我发现自己不安地扫视着挤满了白人的海滩，并且意识到自己一直在寻找——就好像我内心有个声音在说——"其他像我一样的棕色人种"。我感觉有些东西难以完全用语言表达出来，比如"我一个人在这里，这个海滩上只有白人，没有其他有色人种"。我听到这个想法出现在心中后，一个无法完全用语言表达的回答冒了出来："等等，你是白人而不是棕色人种。"但这并没有改变我的感觉、我的自体状态，我还是在沙滩上搜寻。我对我棕色皮肤朋友的自体状态的认同彻底到让我换上了他的皮肤。我可以觉察到另一个自体对现实的陌生感；我可以亲眼见证它，但我并没有停止感受它。

后来我意识到，由于无法保护自己深爱的人，我正经历着一种特别强烈的解离。我发现自己在身体外面，或者说，通过一种允许虐待受害者离开身体的机制从天花板上观察自己。现在回想起来，我认为通过对所爱的人的认同而暴露在这种暴力中会产生一种创伤效应：消解那道通常立在自己和远处发生的事件之间的防护墙，甚至是在人们感到非常恐惧的时候。诚然，在我访问加沙之后，我遭受了生理冲击，与周围安全地坐在咖啡馆里的人产生了强烈的疏远感和分离感：与那些被导弹炸毁房屋的、失去孩子的家庭交谈之后，在咖啡馆中的普通对话似乎是不真实的；在夜深人静的时候开车穿过无人区，不知道坦克是否会向我们射击；在刺眼的探照灯下穿过检查站巨大的钢铁转门，听着扬声器中的大喊大叫。然而，这种反应的基础是我自己对恐惧的直接体验，以及替代性创伤——认同某个距离遥远但在情感上接近我的人。

我的认同形式在种族、皮肤和溺水者与获救者之间的界限方面有着特定的社会语境和意义。看起来，我自己的某一部分好像被抓住了，并从一个熟悉的"安全的白人自体"①变成不安全的、失去保护的自体——年轻的黑人、难民、移民、囚犯，人们可以抛弃或攻击他们而不受惩罚，因为世界不重视他们的生命，实际上甚至会积极地贬损他们。我觉得，世界在抛弃被困的加沙人民，任由他们自生自灭，认为他们不值得拯救。我在某种程度上认同这种立场，而且没有被我通常的防御所干扰。

我决定写下这段经历，因为我想理解这种具身认同的意义。我识别出，我的反应与人们因肤色或社会立场而受到轰炸或驱逐、忽视或虐

---

① 在我这篇文章发表之后，科茨（2015）以我当时的思考方式写下了关于见证的看法：作为一种受到保护的、无懈可击的、自我实现的幻觉，其功能在于否认脆弱性并阻止对受害者的认同，"这不会发生在像我这样的人身上"。

待的情况完不一定全相同。这与第二次世界大战后，我作为一个犹太人生活在德国的感觉不甚一致。事实上，在那里，我的焦虑有时会以与过去有关的不可思议的方式被激活，然后通过在现实中受到法律和社会保护而得到缓解。而在眼下这种情况下，我的反应与一种特定的疏离感更相关——他们在阳光明媚的海滩上安然无恙地生活，而别的人正陷于破坏的恐怖情境中。我将安全小组对苦难和暴行的漠视解读为对它们的否认，这对我的情感现实构成了威胁（Cohen，2001）。这种威胁与我在德国经历的创伤否认一样强烈（见第二章）。

这种与被认为不值得拯救的人认同的体验，改变了我与获救者和面临危险者之间的界限。这种界限是我在与经历过严重创伤的人一起工作时所熟悉的，它通常会阻止创伤受害者感受到希望帮助他们的人的共情或见证。众所周知，战争地带之外的战斗人员会感受到疏远感，在人权领域工作或与虐待和迫害的受害者工作的人会产生替代性创伤（Nguyen，2012；Roth，2017）。在这里，重要的不是施暴者和受害者之间的界限，而是否认的、缺乏承认的、生活在一个受保护的安全世界中的人和那些被抛弃在"其他地方"而没有帮助或资源的人之间的界限——溺水者与获救者之间的界限。在当代欧洲，寻求安全的战争难民数量巨大，其中的许多人实际上已经溺水身亡，这种分裂已成为一个备受关注的问题。我现在想进一步审视这个问题，希望解除认同的时刻能够让我们了解到：当"我们"作为相对安全的、受保护的人——"而不是大他者"时，我们是怎么做的。

我生长在华盛顿特区，这里有着明显的种族隔离——一些人处于边缘地带和危险之中，另一些人则处于安全和特权之中，这种感觉具有决定性意义。尽管我的家人因为激进主义而受到迫害，我在小学里遭遇了公开的反犹太主义，但我仍然是一个白人：我在哪里上学，在哪里吃饭，生病时可以去哪家医院，我住在哪一个社区，这些都是由我的种族决定的。在这种情况下，我有充分的机会去体验，在仍然享有特权的情况下认同"大他者"，选择成为旁观者或行动者，遵守或挑战主流规范，为自己做得太少而感到内疚，同时因做得太多而成为局外人。尽管我忍受着同学们对我抗议种族诽谤和歧视的敌意，但作为反文化的一部分，我可以通过调动自己的愤怒来对抗我对他们的恨的恐惧。我像孩子一样，生活在无法纠正的错误中。

在20世纪中叶的妇女解放运动和民权运动中，声称自己是受害者或为摆脱特权和白人身份而犯罪的问题变得越来越多，越来越明显。我开始识别出，在这些运动中，内疚和道德上的愤怒是如何驱使人们采取恐怖的或防御性的行动并用羞辱和内疚"绊倒"他人的。作为一名女性主义者，我逐渐意识到受害者位置在政治上的破坏性影响，证实了我在民权运动中的体验——一种对抗施暴者身份认同的徒劳无功的内疚感。我希望自己作为一名精神分析师，能够以一种更有效的方式调查受害者-施暴者-旁观者的关系问题。

我在《爱的纽带》中首次开展了这项工作。我在精神分析中找到了一个不同的视角，以便于反映像我这样的女性主义者所意识到的性别、种族和阶级的历史并置，以及与解放的政治学相关的受害者和罪恶感的双重性。我开始分析互补关系中反转的来源。我寻找一种方式来解构（而非颠倒）施动和受动的二元性，并将其概括为一种位置。这种位置允许受害者要求解放和赋权，而不需要报复性的权力关系反转。

解放的政治学观点似乎无法摆脱这种反转，而来自南非的和解观点吸引了我——它提出了处理反对的集体创伤的不同方式。和解过程的研究视角让我们可以更清楚地描述愧疚（guiltiness）和罪疚（guilt）之间的区别（Mitchell，1993）。罪疚以对自己邪恶的恐惧的自我参照为基础，并与对作为主体的他者的关注相结合（Ogden，1989）。由此，我能够清楚地区分两种努力：一是通过以道德愤慨为形式的反认同来推翻施暴者或压迫者阶层的对愧疚感的认同；二是作为有同理心的见证者，形成一种对痛苦的认同。虽然某种形式的侮辱和愤怒可能是必要的，但很明显，这种道德主义可能会成为一种用来否认对攻击者的认同的狂躁防御。主体间理论可以应用于不同形式的治疗集体创伤——通过反转保持被压迫者和压迫者之间的二元对立，导致由受害者变成施暴者的循环——的工作。

因此，我将尝试对我道德第三方的发展进行追踪，并以此作为理论框架的基础，进一步理解我在改变肤色的那一刻，如何基于与受难者的亲密关系重新调整认同。我们可以将这种植根于承认和依恋的原始具身关系的状态称为"原始见证"，即节律第三方。从这个意义上来讲，抵制不公正或被不公正排斥的道德感植根于对早期经验的共情和具身认同能力（Singer，2014；Benjamin，2015）。

乌尔曼（2006）在一个记录以色列的行动的检查站担任观察员，他同时是一名精神分析师。他为那些与迫害性团体有牵连的、认可自己是创造破坏性网络（他者在其中被抓获）的一分子的人的见证行动提出了理由。我想用道德第三方的概念来重新思考有哪些东西可能构成与他者相关的道德立场。道德第三方概念不仅建立在符号维度上，也建立在第三性节律维度上。第三性所包含的见证条件的基础不仅包括关于"什么是正确的"的知识，还有原始认同水平（Ullman，2011；Benjamin，2011a）。

第三方或第三性的观点发展出了一种描述超越施动者和受动者、伤害者和被伤害者间互补性的位置，而道德第三方的观点具体说明了对违反约定的互动模式（某些错误的现实）的认可功能。我用道德第三方来指代位置和人际过程。它通过对话、相互理解或赎罪来修复受到破坏的合法性，保持"是"与"应该"之间的区别，反对对这种区别的否认形成对立。它肯定了"即使不在场，也是合法的"，以及承认违法行为的真相的价值——即使这些行为是无法消除的。

道德第三方是一种位置，我们可以从中见证一些人被非人化和贬低，另一些人因此被抬高。让我们思考一下：这一位置将如何具身化？它如何能与更普遍的第三方观点相联系，并在对立和超越二元对立之间保持张力？我们将思考如何克服分裂，保持对立的张力，涵容对善与恶、强与弱、施暴者与受害者的认同。这让我们能够站在具身见证者的位置上。

为了定义具身的道德第三方，我们必须引入一个新的范畴——既与道德的善恶有关，又与心理的复杂群集有关；不仅有对与错，还有干净与肮脏、安全与危险、纯洁与卑鄙。与对自身破坏性或错误行动的识别能力相比，保持对立的能力更具启发作用。我们必须能够容忍已经被大他者认同的"坏"侵入已经被自体认同的"好"。我们必须通过接受自体和他者的身体或心理上的弱点来对抗"原始（早期）抛弃"及对卑鄙、渣滓、厌恶感受的投射。一种强烈的冲动占据主导地位并投射到一个邪恶而危险的大他者身上——这个大他者必须被排斥在自体之外，而且被不惜一切代价地排除在群体之外（Theweleit，1987；1988）。保护我们纯洁、安全的领域，对抗卑鄙、危险的事物，使暴力行为看起来"好"而不是"坏"——这使对与错的概念被混淆了。

善与恶、值得与不值得的对立，在我们与谁能生存、谁的痛苦更重要、谁有尊严、谁会被抛弃的问题之间建立了联系。考虑到纯洁和危险（Douglas，1966），原始的善与恶需要发展出一个更复杂的道德第三方概念。将第三方的概念进一步带入其他由潜意识幻想和对身体解体的恐惧所形成的二元领域（Theweleit，1987；1988）是必要的。识别大他者的观点必须包括超越弱者和强者、受伤害者和受保护者、被抛弃者和有尊严者、无助者和有力者之间的二元对立。大他者服务于主体——通过对被抛弃的、卑鄙的元素的具身来减轻和支撑主体，起到一种类似于"替罪羊"的功能。这种二元对立中的消极因素常常被表面上积极的价值观所反对，并被实际上是防御性的解放意识形态所吹捧，例如"无懈可击的""必胜的"。

因此，对自体内部"坏"或"不纯洁"的投射性认同伴随着对其对立面的扭曲。在对软弱、脆弱、被抛弃的大他者的否认中，"自体"变得浮夸、自以为是且缺乏同理心。然后，那个"自体"就会以其纯洁的名义侵犯他者。在反对认同迫害者"自体"的常见道德反应中，那些代表受害者致力于利他主义或政治努力的人可能仍会无意识地将所有无助的脆弱性归因于大他者，为正义的自体赋予权力和安全。更令人震惊的是，受害者拒绝软弱的大他者位置并试图与权力自体的力量和夸大性保持一致，而不是与"正义自体"的同理心保持一致。

同样，"自体"如果不抛弃或分裂弱点和脆弱性，而是要求认可人性，就能够尊重痛苦。我的经验表明，这种反转和尊重打破了权力和力量的惯例，可能会产生令人惊讶的，甚至是振奋人心的效果。拉普斯利神父或萨拉杰是尊重行动的典范，从某种意义上来说，他们展示出了具身主体——无论是在道德上还是身体上，都不会分裂为被抛弃的和有尊严的。认同脆弱性和弱点的分裂方面，而不仅仅是认同关于"对与错"的知识，这种观点导致了一种原始认同水平上的情感基础或具身道德第三方观念。为了避免权力关系的反转，在这种无法容忍脆弱性的情况下，拒绝用仇恨或暴力进行防御的做法往往已经瓦解。

我认为，在受害者自我主张的历史演变中，恢复脆弱性是一种辩证的举措。我们会发现，早期通过政治权力和机构的形式得到尊严的需要受到了消除"痛苦幽灵"及自身合法化需要的影响。这种消除通常涉及用一个被赋予权力的男性英雄的形象替代受创伤的受害者，从而否认自己的暴力创伤经历（Layton，2010；Ullman，2011；Grand，2012）。例如，美国左翼运动将男性工人塑造成强大、干净的形象甚至是大力士；"锡安主义"通过对受害者的蔑视、男性英雄形象和军事力量来强化自身（Kane，2005）；美国"黑豹党"通过武装游行让反对美国政府的追随者们喊出了"拿起枪！"的口号。当今，以尊重虐待受害者的名义提出的宣言不仅直面社会压迫，还直面针对弱势受害者的精神暴力：被袭击的变性人、被警察镇压的黑人男子、切割女性生殖器官，等等。我认为，造成这种变化的唯一原因是妇女的解放——坚持"我们的身体，我们的自体"，这将身体和情感上的压抑以及对个人脆弱性的有问题的否认带入了社会政治语境。当然，21世纪早期的性革命专家和精神分析师为我们铺平了道路。尽管弗洛伊德对父权和男性力量有着强烈的认同，但他总是矛盾的，他在解放我们并让我们呼吁主体的外显具身情感需求方面发挥了巨大作用（Aron & Starr，2013）。

向弥补脆弱性的转变与当代对见证者位置的承认有关，而见证者位置与过去一百年中令人震惊的集体创伤有关。见证者位置作为道德第三方的表达，意味着我们不是从解离的安全距离进行观察，而是在共情和认同的影响下观察。其取决于我们与受害者保持认同的能力（Orange，2011）。我们越是难以真正认同情绪体验的所有部分，就越倾向于认同施动-受动（软弱-有力）对立面中的一方。我们越是抽象地进入他者的体验，就越有可能将寻求真相和合法性的道德第三方变成纯粹的道德说教。因此，具身道德第三方的位置要求一种接受多重认同的能力。我的观点是，在塑造我们对集体创伤和承认失败的反应的过程中，我们内心深处的软弱-有力二元性的渗透起着至关重要的作用。这一点与施动-受动、杀-被杀的互补位置一样重要。事实上，我们应该注意到，虽然这些互补性不允许出现积极的反转，但强大与弱小的相互尊重能够促进对苦难的尊重，而且有可能改变社会关系，恢复道德第三方。

失败的见证：被抛弃的和有尊严的

　　道德第三方在集体创伤中的关键作用在于，认可他人（见证者）的违规。在社会层面上，"见证者"的角色是由全世界的目光和声音承担的，他们对受害者遭受的不公正和伤害、创伤和痛苦表示谴责和愤慨，并由此来观察和维护合法行为。因此，受害者的痛苦或死亡得到了尊重，他们的生命是有价值的，他们的生命值得哀悼。正如巴特勒（2004）所说，他们是可悲的生命。换句话说，他们不仅仅是被抛弃的对象。在这种背景中，被抛弃或有尊严成为本质区别。考虑到媒体对生命的支持，全世界的受害者都知道他们的痛苦是否被看到和重视；他们可能会绝望地问："为什么我们死在这里时，没有人注意？"

　　我以普里莫·莱维在《被淹没和被拯救的》中的尖锐断言引出本章。他说，他遇到的每个营地的幸存者都有着相同的梦或幻想——回家，将他们所看到和遭受的恐怖告诉所爱之人；在任何情况下，这些人都会被那些迫切需要倾听他们意见的人所怀疑或忽视。利维的描述，像其他许多人一样，表明失败的见证的体验是创伤的核心组成部分。证词没有他人的聆听，而讲述者的故事（甚至是自体感）都被抹去了（Felman & Laub，1992；Laub & Auerhahn，1993）。在精神分析治疗中，我们习惯了这样一个事实：受伤的孩子感受到被旁观者父母背叛，就像被施暴者父母背叛一样（Davies & Frawley，1994）。失败的见证直接关系到被抛弃者和有尊严者之间的分歧。

　　塞缪尔·格尔森（2009）在一篇关于"死亡第三方"的令人震惊的论文中指出，失败的见证的体验意味着个人或群体感受到应该关心的世界已经消失，因而关心世界的价值观已经变得毫无生气。天堂没有承认，只有不哭泣的漠然。见证的大他者和第三方都死了。与受害者一起工作让我们发现这种绝望使我们很难恢复见证者的功能，很难以一种有用的方式认可——干扰因素就是我前面提到的"分歧"。应该给予见证或帮助的人似乎站在带刺铁丝网的另一边，即使是出于善意，他们也无法真正感受到遭受这种暴行的人所了解的恐惧或恐怖。利维的故事暗示：旁观者的心灰意冷、反射性自我保护和焦虑会导致否认。这种反应是否认的一种形式（Cohen，2001），是一种非承认，会导致无法治愈的疏远。无法识别恐惧及其带来的疏离感，可以被视为逃离痛苦的一个方面，我们将其视为解离（Howell，2005）。解离的问题，或者说人类在不得不面对痛苦时的心理逃避，一直困扰着受害者、旁观者、控告者和被告。

卢梭用典型的夸张语言阐述了如何通过解离——实际上是去联想（dis-association）——实现自我保护（Rousseau，1755/1992，p. 21）：

> 即使怜悯（同情）真的只是一种让我们为受苦的人设身处地着想的情感……它在野蛮人身上强烈却晦暗不明，在文明人身上微弱但得到开发……事实上，在旁边观看的动物越是由衷地将自己等同于受苦的动物，它的怜悯就越是强烈。然而很明显，在自然状态中，这种认同应当比在理性状态中狭隘得多。理性孕育了自尊心，思考强化了它……使人自我封闭……远离拘束他、折磨他的一切。哲学使人孤立……他在看到受苦的人时会暗自说：你要死就死吧，反正我是安然无恙的……一个人可以在他的窗下杀害他的同类却不受制裁；他只要用手捂住耳朵，自我辩论一番，就可以阻止自己本性的反抗，阻止它设身处地地为被杀害的人考虑。[①]

卢梭对启蒙运动的批判针对的是所谓的自我保护的合理性，这是自私自利的对社会纽带的否认，而不是非自愿的、未经授权的认同（这

---

① 此部分译文主要参考黄小彦翻译的《论人类不平等的起源和基础》（译林出版社，2019）。——译者注

种认同可以被合理地视为我们天性中第一个未开化的反应）。也许将共情与我们的动物本性（而非而人类的社交能力）联系起来是有问题的，但很明显，卢梭认为推理活动，即笛卡尔式的推理主体与作为客体或它物的他者之间的联系，是通过解离过程发展起来的，为疏离或容忍一个人已经遭受的疏离而服务。当对依赖需要的满足变得不安全或不可靠时，解离、疏离和保持自体的能力无疑是通过某些形式的智力活动得到促进的——至少以右脑连接作为基线的神经病学心理学家是这么认为的（Schore，2003；McGilchrist，2009）。

我们很可能会对被视为正常的自私自利的非人道行为感到绝望，这种位置的分化程度没有卢梭（第三种位置）所描绘的那样大。我们会争辩说，这些自体状态（富有同情心和自我保护）存在于大多数人中，而我们的社会思想中有很多解决它们之间冲突的努力。从道德第三方的位置出发，我们可以承认自己内部的冲突，并努力改变这种冲突——不是通过否认自我保护的冲动，而是通过检查其根源来实现。生活在一个邪恶世界中所导致的恐惧是造成伤害和否认他者痛苦的解离的强大动力。正如费尔贝恩（1952）所建议的那样，从最深刻的分析来看，让孩子觉得"自己作为上帝统治的世界中的罪人，比生活在魔鬼统治的世界里的人要好得多"（p. 66）。要接受这样一个现实——生活在一个没有救赎希望、没有善意的世界里——可能太可怕了。从这个意义上来说，我们所认为的自我保护涉及让自己免于体验生活在一个不法世界中的恐惧。这种冲突不仅存在于利他主义和攻击之间，也存在于相信修复世界是可能的和合理化我们因无法让世界变得美好而感到绝望之间。

只有一个人能活

在考虑这场冲突的后果之前，我想就构成这些冲突的互补对立面提供一个更广泛的观点。我建议使用主体间精神分析的位置来扩展克莱茵的偏执位置。在偏执位置中，好客体和坏客体是分裂的，世界也是分裂的——一些人可以活着，而另一些人必须死去。我想强调这种对杀-被杀、施动-受动分析的折射：生活在一个想象的世界里，其中一些人被拯救，另一些人被溺死，或者"只有一个人能活"，这是互补性的另一种版本——当合法第三方（"所有人都应该活"）缺失时，这种互补性就会显现出来。从本质上讲，这个术语与道德第三方及其挑战和想象的大他者是对立的。

当第三方失败时，这种想象似乎是无法摆脱的。在这种想象中，一些人被留下来等待死亡——除了苏·格兰德（2002）所说的"生存的野兽姿态"。依附于生存的罪恶感会唤起克莱茵提出的迫害焦虑。这不是悔恨的罪恶感，也不是基于感受到他者的人性而做出的补偿，而是出于对因犯罪而被驱逐的恐惧。有趣的是，这种恐惧始于"只有一个人能活"的原始神话——该隐与亚伯的故事。

在这里，我想起了与萨拉杰的对话，我们谈到以色列人在认可"纳克巴"时遇到的困难，以及他们为了生存从巴勒斯坦人那里夺走生活手段的痛苦现实。萨拉杰指出，他们担心，如果他们做了错事，成为伤害者，那么他们可能不值得活下去。这种不安全感可能源自种族屠杀，许多逃脱的欧洲犹太人产生了幸存者内疚——抛弃其他人的内疚感。为生存而伤害他人的内疚感让人害怕被世界抛弃。这里的很多悖论是我无法理解的。对不值得活下去的恐惧似乎与生活中的内疚感有关，也与需要通过伤害得以存活有关。当历史条件将这种想象变成可怕的现实时，如何能够调和"只有一个人能活"的悖论？我必须伤害才能活下去，而且，因为我活着，所以我对他者的死感到有罪，因此我不配活着。然而，如果一个人的痛苦更大，如果他当时已经死了，那么他就不应该受到责备，反而应该活下去。因此，我们进入了一种由苦难的道德资本起主导作用的心理经济学——谁的痛苦最深，谁就该活下去。如果“大屠杀”是最大的痛苦，那么以色列人可能会觉得，他们仍然是受到伤害的人，而不是有罪的人，因而应该活下去。

“只有一个人能活”“要么被抛弃，要么获救”的互补位置，往往与他者所遭受的可怕解离性否认的保护罩有关。它保护旁观者，使其抑制自体的一部分，不会因感受到对方的痛苦而被唤起，也不会因承认自己选择不去感受而感到羞耻。但正如我所表明的那样，这种经历不仅属于旁观者，也属于受害者和施暴者。

幸存者对那些确实死亡的人的去认同反应很常见。去认同反应体现了自我保护的反射性，它不会被道德化抹去，可以是对脆弱性的狂躁防御，也可以是面对痛苦或恐惧时的反射性自我封闭。躁狂和夸大的临床经验让我们了解到个体如何准确地将其生存或成功合理化，以支持他们对被家人或社区抛弃的恐惧的解离。另一个问题是，这种反应会作为一种优势或胜利被刻蚀在集体心理中——证明造成伤害及允许可避免的痛苦是不值得的人应得的命运，定义那些在竞争中失败或落后的人。在一个非法的世界里拒绝认可受害者所受的伤害属于一个复杂的过程——由于未能通过见证实现对苦难的尊重，而使道德第三方长期持续地分裂。我们可以将之视为一种可以避免的失败，它体现了尊严与被抛弃的互补性，并且剥夺了那些遭受创伤的人恢复价值感和能动性的重要条件。我坚定地认为，在许多情况下，这种剥夺并非以物质需要为基础——物质需要只是借口，其目的是永久地征服和隔离大他者。

尽管如此，这种对他者人性的解离为被抛弃者和获救者之间持续性的分裂提供了支持；而暴力突破作为这种分裂的真正后果，偶尔会令其中断。2005年，飓风“卡特里娜”袭击了新奥尔良，那里的记者们惊恐地看着非裔美国灾民被集中在会议中心，没有水和医疗用品。我见证了这种情况的发生。在一个前所未有的短暂的时刻，在镜头前直播的官方媒体记者赤裸裸地表达了自己对同胞的遭遇的震惊和恐惧——他们显然被所有有责任拯救他们的机构（总统、军队、警卫队、州长、警察）抛弃了。这些记者成为真正的目击者，并在情感上具身了他们所看到的影响——甚至比现实更加强烈，尽管他们无法回避的场景与他们所信仰的社会合法性背道而驰。他们自己的合法世界、他们所依赖的善良都破碎了。这种自我保护的善良的破碎使他们走出了缺口，走出了他们虚无的职业角色，走出了基于解离和保护掩盖当局失败的虚假见证和虚假第三方的惯有形式。这种罕见的裂痕在"公平地、平衡地"报道的同时向观众证实了他们的真实经历，这本身就令人震惊。①

这一事件的罕见性得到了强调，因为我们知道，对自然灾害的一般反应，比对渎职或社会失败所造成的灾难更为宽容，并且包含更多认可。伤害或冷酷、冷漠所造成的灾难往往会立即引发否认。我的意思是，在这样的时刻，解离的集体突破构成了一种转变——摆脱潜意识中的惯例。根据这种惯例，为了保护某些责任方（父母力量）或保持合法性的幻觉，一些大他者是不值得拯救的。

"天选之人"（the chosen）这一概念在美国思想史上发挥了重要作用。成为"获救者"的称义（justification），让人想起美国人的清教徒祖先。他们把每一次好运都看作蒙选之人的有利标志，把每一次厄运都看作受诅咒之人的任务。正如韦伯（1905）所说，称义和谴责是一种持续的困扰。为了维持一个合法世界的虚构性所做的努力与忽视他人苦难的罪恶感相吻合。这创造了一种意识：那些在其他人无法被称义时幸存下来的人被选中，得到拯救（不是现在，就是在"升天"之后）。人们通过使溺水者成为应得其命运的人来消除对他们的认同，这种投射

---

① 与此同时，我们应该注意到，那些被困在城市里的人之所以会在那里，是因为白人警察持枪封锁了通往洪水区之外的桥梁，理由是试图逃离的人会危及他们的社区。这显然是一种幻想——只有让这些大他者被淹死，他们自己才能活下来。

性努力与正义感和一个完整的世界不谋而合。从内部来看，被抛弃的大他者犯下了违背法律，不服从父亲以及家庭、教会和国家道德准则的罪行，他的命运就是这样（Lakoff，2016）；而那些服从者则理所当然地逃脱了这种命运。然而，正如布里克曼（2015）在一篇评论中指出的，从外部来看，被排除在正式社会成员之外，可以说是国家、民族压制秩序的组成部分，是一种只有一方灭亡另一方才能生存的综合体。从这个意义上来说，民族主义和帝国主义中出现的"只有一个人能活"的心理前提并非偶然。

对道德第三方的攻击

当我有机会从智利的同事那里听到他们与皮诺切特统治下的幸存者一起展开的治疗工作时，我提出的观点似乎进一步得到了证实。他们特别为我阐明了这种循证思想、酷刑、关于"只有一个人能活"的想象与在维护社会秩序的名义下破坏第三方之间的关系（Castillo & Cordal，2014；Gomez-Castro & Kovalskys，待出版）。20多年来，拉丁美洲心理健康和人权研究所一直强烈主张社会承认的必要性，坚持将这种意识纳入分析工作中。随着时间的推移，他们在临床报告中提到了对在独裁统治期间遭受安全部队酷刑和性暴力的女性活动家的心理治疗。这时，我开始认为，独裁政权捍卫者在这种大规模酷刑的使用中所表现出的恨，部分地反映了他们对这些活动家的自由的妒忌与恐惧。这些女性活动家是国际文化和社会解放运动的一部分，她们相信"每个人都能活"。每个人都可以充分享受生活，更不用说性革命了。这些活动家即使在酷刑下也拒绝背叛他人，这也体现了她们对社会纽带的信念——这比个人生存更重要。

听了这些故事，我开始想象，酷刑的部分意图不仅包括击垮一个

人，还有通过攻击其理想和对理想的依恋来证明施刑者的世界观才是
"真理"：每个人都必须做出选择，要么活着并背叛那些被杀的人，要
么让自己被毁灭。我认为，我们不能简单地用维持经济实力的目的来解
释这种酷刑中体现出的恨。我们有责任记住恨背后的潜意识动机：对受
害者享有的自由和团结的嫉妒和恐惧，这反过来导致对"解放者"的反
常的性别化惩罚。这样一来，道德第三方，即对一个原则——将我们与
遭受苦难的他人以及他们与所有人一起生活的愿望联系起来——的承诺
就受到了攻击。同样，如果一个人为了这个原则牺牲了自己生理和心理
上的身体，却没有从自己的同伴那里得到渴望的见证、确认和忠诚时，
这种背叛就如同酷刑本身一样具有心理破坏性。

拉丁美洲心理健康和人权研究所在许多案例中都描述了通过见证和
证词恢复第三方，强调了揭示真相的价值（Cordal & Mailer，2010）。
在提供证词的过程中，揭示和直面真相也起着重要作用。瓦伦蒂娜（其
父母是反对皮诺切特政权的活动家）的故事正说明了对第三方的攻击：
安全警察来到瓦伦蒂娜的祖父母身边，威胁他们说出女儿的藏身之处，
否则就会让他们的孙女"失踪"。祖父母"选择"去救他们的孙女，
而他们的女儿和女婿却失踪了，再也没有回来。这一选择，就像前文中
"苏菲的选择"一样，是为了让父母在孩子的死亡中成为同谋，这似乎
是要把杀人的念头投射到他们身上，但也可怕地表明了他们世界观的
"真相"，即不可能有一个以上的人存活。瓦伦蒂娜在祖母的陪伴下长
大，她不知道祖母的愤怒是否反映了她做出另一个"选择"的愿望。通
过提供证词，瓦伦蒂娜能够向她的分析师表达自己不值得活下去的感
受。被选择拯救的感情负担——以牺牲那些给予她生命的、宠溺她的人
为代价——就像一个"隐蔽的生产缺陷"。这种"失踪"就像一种被否
认的创伤，它只有被觉察到，才会得到识别。只有当瓦伦蒂娜在电影拍
摄中提供证词时，她才经历了解离的突破，觉察到需要一个"活的第三

方"（Gerson，2009；Castro-Gomez & Kowalskys，待出版），从而触及痛苦的真相，并消除对所发生之事的否认。在面对实际的违规时，如果没有这种幻想和勇敢地站出来的具身见证者，一种明显的、强大的、与他者的痛苦联系起来并确认社会依恋的价值的愿望就会被唤醒。

尊重苦难，恢复社会纽带

想摆脱"值得"和"被抛弃"的二元对立，就需要想象一个由第三方统治的世界。在这个世界中，我们对所有存在的依恋作为一个整体被视为真实的。这种社会依恋的愿景是第三方的伦理位置的一个条件，也是南非乌班图（Ubuntu）思想的核心——它深深地影响了真相与和解委员会。德斯蒙德·图图认为（Tutu，1999，p. 31）：

> 一个人是通过其他人而成为人的……"我的人性被抓住了，与你的人性密不可分"……一个拥有乌班图的人……有一种恰当的自信。这种自信来源于他或她所属的一个更大的整体。当他人被羞辱或贬低、受到折磨或压迫时，这种自信就会减弱。

我们的人性依赖于彼此的互惠承认和我们不可避免的依恋。相信一个人的人性不仅取决于他所受到的尊重，而且取决于他给予的承认的质量，而个人自己的尊严是通过给予承认来培养的——这是乌班图思想中较为激进的一部分，明确地代表了道德第三方的位置。从心理学的角度来看，一个人可能有能力通过建立有尊严的关系来抵抗侮辱。曼德拉就是一个著名的例子：即使是作为囚犯，他也有能力成为承认行动的践行者而不是接受者。斯坦丁罗克的"护水者"证明，对不公正的抵抗直接要求见证的世界识别出相互联系的责任，并展现出第三方——我们所有人都是伟大的、相互联系的整体的一部分。

从乌班图视角来看，世界无法见证它伤害了我们所有人，因为这种忽视代表着撕裂了社会依恋的纽带。在乌班图思想中，承认的相互依赖是承认理论的一个基本原则，我认为，它不仅包括个人的共情或关怀的具身功能，而且还包括确认所谓"相互联系定律"（law of interconnectedness）的社会符号功能。乌班图精神是一种强有力的方式，让我们能构想出维护对社会秩序表象的依恋的共同责任。这种社会秩序能够维护对所有人的尊重，并将我们的个人行为与合法世界的更大图景联系起来（《颅骨国家》，2000）。

与实践经验相呼应的社会符号法则体现为见证者对苦难的尊重和对道德伤害的肯定。对受过个体主义训练的西方人来说，相互联系的观点听起来可能很抽象，但它是由身体本身通过依恋系统识别出来的。见证者证实了社会依恋和责任的纽带已经断裂的事实。奥格登等人（2006）提出，对危险和疼痛的最佳神经生理学反应是激活依恋的社会参与系统，从而走向他者。当这种激活无法对创伤做出反应时，通过见证的个人或世界恢复社会依恋，找到我们回到有意义的世界的方式——这本身就是身体和神经系统层面的治愈。有时，承认反应会导致某人从解离状态释放到联结状态。从这个意义上来说，对违规和破裂的认可实际上恢复了社会纽带和某种完整的主体性。因此，我们对反应和认可的要求是能动性的一种基本形式，它让自体得到恢复——就好像修复了社会承认的关系。承认和恢复能动性的主体间行动对创伤的治愈至关重要（Van der Kolk，2014）。

戈博多-马迪基泽拉详细探讨了乌班图思想中请求和提供认可之间的互惠关系。受害者的抗议、愤怒的声音或证词如果能被听到，他们的作用除了要求认可外，还有恢复合法第三方——我们都是人，必须尊重脆弱性和苦难，并以尊重而非蔑视的方式伸张正义。当我们要求见证以及提供见证时，我们就是在确认第三方。

在大多数创伤性虐待案件中，被动旁观者的见证失败了（Staub，2003），应该在场的人已经放弃了（Frankel，2002）。当个人或集体创伤被否认、对合法性的破坏被正常化时，受害者往往会被拉入对其痛苦的重要性和复仇欲望的反复质疑中（Urlic，Berger，& Berman，2013）。在承认和否认之间存在反向依存关系，在这种关系中，"拒绝承认"会加剧复仇情绪和受害者意识。通常，人们一旦感到他们所做的事情的真相被世界否认和抹黑，就会变得疯狂，而这可能进一步导致暴力。被背叛和不合法的感觉带来了一种想要通过暴力行为向世界展示个体所遭受的痛苦的冲动。暴力行为是见证行为——在面对冷漠时——的异化。当见证者失败时，受害者会不顾一切地作证——通过自己的行动甚至是复仇，向世界宣称"我会给你看！"（世界已经对他的痛苦视而不见）。否认不正当行为对受害者的重要性破坏了依恋的社会纽带，即照顾义务，也加剧了旁观者的无助感。旁观者感受到的疏离和绝望可能不会引起注意，因为这种无助的状态常常被认为是理所当然的。

"认可项目"中的经验

"认可项目"第二次高潮（2003—2004年）的一个指导思想是，世界放弃承担责任造成了巴以之间暴力冲突的框架。一些大国声称有责任干预，但其被动态度看起来对以色列有所"偏袒"。这非但不能带来益处，还造成了暴力的加剧。我们试图记住双方极不对称的权力关系和暴力遭遇，以及双方的参与者都没有受到保护的事实。①

世界见证的失败本应通过项目中的大型国际团队来解决，该团队实际上充当了第三方——世界的眼睛和耳朵。在我们的大规模小组会谈上，重新活现的情景更接近于失败的见证。当我们允许一个大型的群体过程（其中有很多表演）的发生时，国际团队常常被迫活现失败的第三方（the failed Third）的角色，背叛并放弃（Frankel，2002）。即使大群体的成员们活现了失败的见证者的动力，并体验到在他者面前缺乏保护，小群体也能创造一个非常不同的认可和依恋的空间（在这个空间中，他者的痛苦和现实的体验可以被接受）。显而易见的是，在大群体中表达的可预测的动机和群体身份会造成对他者痛苦的初级共情（primary empathy）障碍，从而阻碍人们承认伤害的责任。这种责任必须与仔细聆听和接受他者故事的过程相结合，它并不是一种符合主流的"我们对抗他们"的同一性叙事，而是一种情感的、具身的体验。我们的结论是，要求认可同一性和承认伤害之间的冲突具有特别重要的意义（Hadar，2013）。

对于每一个群体来说，他者对承认的需要总是有可能威胁到其自身对于所遭受的伤害理应得到承认的不稳定的感觉。群体之间争夺承认的斗争随时可能爆发。每个群体都害怕失去其道德地位：以色列人感觉到自己的辛勤努力（通过对占领约旦河西岸并在那里提供服务的持续政治

---

① 证据表明，被允许"自卫"并不令人深感安慰。2006年轰炸难民事件后，时任以色列总理奥尔默特发表演讲称，"任何人，无论身在何处，只要看到这样的照片，都会感到恶心和退缩"。他随后宣布："女士们、先生们、世界各国领导人，这种情况不会再次发生。犹太人民现在有能力对抗那些想要毁灭他们的人——这些人无法继续躲在妇女和儿童后面了。欢迎你们评判我们，排斥我们，抵制我们，诋毁我们。但要杀了我们？绝对不行。"（《耶路撒冷邮报》，2006年8月13日）。当时，我给默克尔和德国人写了一封公开信，建议他们承认自己的历史责任，更好地为以色列服务，主动提供士兵保护双方，而不是让那些年轻人在黎巴嫩杀戮和被杀。尽管在实践中很难做到，但是这一点似乎至关重要。德国人在无意识地通过不提供任何真正的帮助来减轻自身的愧疚感。

抗议而进行补偿）被贬低或得不到承认；巴勒斯坦人认为，如果他们默认以色列人将他们的善良或苦难神圣化的需要，那么他们将放弃自己的道德权利、自己的受害者地位和痛苦得到真正认可的权利。"只有一个人能活"这一基本前提经常被翻译成"只有一个可以被承认"。在黑格尔的叙述中，为了承认而走向死亡的斗争的终点并不是死亡，而是只有一个主体在自由中维持生命。

相比之下，在小群体中，成员可以怀有第三种位置，反思自己作为士兵或武装分子的角色，倾听个人详细描述自己所遭受的暴力或对卷入持续性暴力的家庭成员的痛苦体验。由于小群体为唤醒提供了更好的涵容者，关于承认的零和斗争减少了，这得益于对他者痛苦情感表达的体验。这种体验使那些原本忙于捍卫自己同一性的人能够与他者产生共情，感受到给予——而不仅是接受——是有价值的。

渐渐地，对群体过程的关注也让我们清楚地认识到参与者自体状态对承认的决定性作用，而自体状态又反映了大群体和小群体的涵容程度。大群体最初更有可能鼓励群体同一性叙事，这种叙事激活了人们熟悉的关于受害者、非承认和无助的模式；有着更亲密故事的小群体往往可以促进一种具身的见证体验，在这种体验中，个体对国家叙事或群体的忠诚和他与敌人的联系之间的冲突可以被承认。在不同民族成员的一对一会话中，甚至出现了更强烈的见证体验。成员们被这些会话所吸引，寻找他们认为最不可能在日常生活中遇到的人作为对话伙伴。实际上，这通常是对同一性的挑战。相互竞争的身份和叙事之间的冲突如何与承受痛苦之人对他人的认同和解？这些非常不同的自体状态和方向可以得到整合吗？

虽然我们没有以这个问题的答案来结束我们的项目，但我们确实有一些有意义的经验：认同第三方，允许其"站在空间中"（Bromberg，1998）。对作为涵容者的群体的认同和依恋——该群体是抱持和调节冲突的第三方，其领导者与修复的观念保持联系——帮助人们逐渐克服了冲突造成的恐惧和绝望。群体中的大多数成员可以承受民族群体叙事与项目的符号功能之间的冲突张力，认可和尊重所有人遭受的伤害。但随着时间的推移，这个功能发生了变化——对群体的依恋及其包含所有人、所有不同声音和感受的功能逐渐比认可的具体观念更为重要。作为项目的领导者，我能感受到自己正在向认同多种声音的位置转变，而不再被认同"正确的"声音的需要所左右。虽然所有成员从一开始就致力于觉察巴勒斯坦人所遭受的伤害，但在我们开展该项目的几年中，造成这些伤害的暴力难以阻挡地愈演愈烈。该群体作为一个整体，有组织地发展起来，应对其他对话项目没有承担的挑战，在暴力高发期保持会议之间的联系。我们的名单服务和网络提供了一个空间，让人们能够在战争期间表达痛苦、悔恨、支持，或进行辩论（Hadar, 2013）。

在一方拥有不对称权力而另一方受伤的情况下，创造相互认可的可能性要求同时持有许多悖论。每个人都以自己的方式与自体中一个受伤的、未被承认的部分做斗争。那个部分想要否认对方的痛苦，而给予共情会让痛苦消失。每个人都为自我保护的冲动、不愿意接受他者的痛苦而感到内疚或羞耻。我们发现，受到伤害的自我保护部分更有可能因为试图通过辩解和自我合法化的叙述来客观、理性或政治性地解决冲突而被唤醒。一切被涵容的、与个体联结的、具体的痛苦都在某种程度上解离，从而阻碍人们接受情感具身的见证。

正如情绪调节理论所主张的那样，作为主体间过程的一部分，过度唤醒（战斗—逃跑反应）和解离阻止了对特定情绪的实际感觉和交流（Fosha, Siegel & Solomon, 2009）。如果需要在只有一个身份能存在的"同一性通道"上寻求承认，那么承认实际上不能从他者那里接受。被施动-受动叙事所束缚的人寻求的是对自身正确性的自我肯定，而非承认。对他者的接受能力的关闭与缺乏共情相匹配，因此见证的失败变成了一个双向过程。通过情感产生共振和联结的节律第三性是不存在的。尽管人们对真相与和解委员会取得的成功进行了大量讨论，但各个领域的实践者认为，当受害者感到自己被真正倾听时，证词的治愈效果为创伤的无助感带来了重要的转变（Felman & Laub，1992；Herman，1992；Minow，1998；Gobodo-Madikizela，2000；Van der Kolk，2014）。

听取受害者的意见的方式十分复杂，因此我不想要求某种形式的和解、证词或见证。尽管我强调的是一种具身的、表达性的认可和见证，其功能是突破对痛苦和脆弱性的否认，但我想明确的是，这不能取代获得合法符号形式认可的要求，且与之不符。①

最后，我想指出一个事实，即认可有助于恢复民主权利。正如我们在认可项目中所了解到的那样，我们有可能创造第三性的社会形式，并在个人见证和对身份及叙事的依恋之间进行调解，否则这些形式就会在社会权利的语言中变得抽象和解离。我的结论是，以社会正义为目标的政治话语能够很好地理解正义和权利的语言如何与痛苦和相互承认的语言重新联系起来。我认为，即使从理论上来讲，个人依恋层面的互惠承认心理与社会权利和义务层面的互惠承认心理也无法分开。对需要纠正的错误行为的认可，是最开始的个人修复经验和后来对社会不公的修复经验的共同动力。因此，一位伊拉克退伍军人在斯坦丁罗克参加了向美洲原住民道歉的仪式，并说他需要修复以及纠正那些在他服役期间深深困扰着他的错误行为。修复世界的冲动源自我们最初短暂的经历——认可和承认——它可能将我们与数百万人联系在一起。虽然在认可上对个

---

① 2004年，联合国禁止酷刑委员会搜集了数千名皮诺切特酷刑幸存者的证词，其中一位辩护人说，尽管总统都知道他在监禁期间所受的痛苦，但直到他向委员会讲述了自己的故事，他才真正感到自己被听到了，并松了一口气。当智利军队做出反应并在委员会报告发布后道歉时，许多人都松了一口气；他人经历了痛苦记忆的回溯，因为他们的真相得到了证实，证词得到了公开（Cordal，2005；Cordal & Mailer，2010；Castillo & Cordal，2014）。

人话语和社会话语进行区分有一定的道理，但当我们讨论创建或修复道德第三方的问题时（比如在修复世界或道德共同体的观点中），将它们视为同构物更有意义，下面我将对此进行说明。

尊重苦难，恢复道德第三方

戈博多-马迪基泽拉的论点是，受害者遭受不公正和压迫后的抗议、证词和获得补偿的权利所具有的功能除了要求认可，还有恢复道德社会。从这个意义上说，受害者能够修复道德第三方，并为修复世界做出贡献——虽然永远无法挽回失去的亲人，但所爱的人至少不会因拒绝而蒙羞和被贬低。听取意见的要求具有补偿功能，它确认了"我们都是人"的原则，也就是说，我们必须尊重脆弱性和苦难，并以公正（而非蔑视）的态度对待它们。无论是索要见证还是提供见证，都会因为诉诸道德第三方而得到肯定。

戈博多-马迪基泽拉在关于施暴者和受害者之间会面的特别描述中阐明了治愈集体创伤和恢复道德第三方的过程。她在作品中宣称恢复正义的价值高于诉讼，并支持德斯蒙德·图图关于和解与宽恕的著名宣言。她认为，在和解过程中，主体间对话创造了一种新的主体性形式（Gobodo-Madikizela，2015）。基于对种族隔离施暴者的悔恨和退缩的直接观察，她对乌班图精神的力量和具身节律第三方的认识非同寻常（Gobodo-Madikizela，2013）。她重点研究了与安全督导尤金·德·科克的邂逅，并在《那天晚上一个人死了》一书中对此进行了描写——德·科克对许多死亡负责，他没有得到赦免，被判处200多年监禁。在与德·科克一起工作后，德·科克要求会见他下令杀害的男子的妻子，并向她们表示歉意："我希望我能把你的丈夫带回来。"一位受害者说，她"被他深深感动了，尤其是当他说他希望能把我的丈夫带回来时"（p. 17）。

戈博多-马迪基泽拉展示了如何通过提供潜在的宽恕来促进悔恨并改变施暴者的意识和社会纽带的性质。她描述了一种恢复公正的形式，在其中，施暴者对宽恕深表赞赏，因为宽恕恢复了他们与社会的纽带。[①]在一部影片中，黑人指挥官莱特拉佩在一次军事袭击中杀害了咖啡馆的一名年轻的白人女孩。女孩的母亲金·富雷为了内心的安宁，想要原谅他。莱特拉佩和发动袭击的激进分子解释了被杀害女孩的母亲是如何"把我们的人性还给我们"的。[②]一旦战斗的解离状态被驱散，为治愈自己的暴行而进行的补救往往变得紧迫且势在必行。然而，意识形态的保护罩可能会继续保护解离位置。值得注意的是，莱特拉佩拒绝放弃自己的行动，甚至认为百姓都是殖民者。富雷接受了他的政治立场，坚持与他和解。他们同意建立一个基金会，帮助年轻人（前激进分子）重新融入社会，莱特拉佩建议以富雷的女儿命名这个基金会。在电影中，莱特拉佩已经完全与富雷及她的痛苦联系在一起。当富雷公开讲述她的故事时，他显然很感动，尽管他已经听了很多次。他告诉我们，他每次都会为她感到痛苦。

戈博多-马迪基泽拉（2006）对影片中的部分内容进行了描述：当莱特拉佩邀请金·富雷在欢迎他回到乡村的仪式上发表演讲时（这是一个有意识地对前战士进行重新整合的过程），她带着睡袋住进他妹妹的小屋，因为不希望麻烦她洗床单。第二天早上，在听到这个理由后，他

---

① 个体重新融入社会并修复社会纽带的功能是一个热点议题。人们在有效性、施暴者是否试图逃脱司法制裁及结果上存在着相当大的争议。任何司法系统都不能阻止一些人"逍遥法外"，而其他人却真正地做出了悔改或妥协。在此，我想探讨社会机构的心理功能对集体创伤和道德共同体意识的影响。

② 《和平后的一天》（Laufer & Laufer, 2012）是一部根据丧亲家庭和平活动家罗宾·达梅林的经历所改编的电影。罗宾·达梅林的儿子在执行预备役任务时，被一名狙击手杀害。为了探索如何通过和解应对暴力，她从以色列回到了她的祖国南非。

的妹妹表达了失望："我不想洗床单，我想在原谅我哥哥的女人的汗水里睡觉。"

这个宽恕的故事带来了力量，其中对皮肤和汗水的发自内心的隐喻意味着对他者的人性和亲属关系的承认。举例来说，当我们克服了身体上的分离时，我们会在这个基础上发现自己与他者的痛苦解离。最细微的姿态、亲密援助或交流的独特行为能够与超越社会常规界限和惯例的时刻相联系，赋予人们被尊重的权力。这个鲜明的隐喻表示了放弃自我保护，转而支持他人之间的亲密关系、陌生人之间的亲密关系。这有力地表达了第三方的位置：挑战犯罪者痛苦的正常解离和重新人性化的需要，从而更广泛地挑战个体的分离（在这种分离中，自我利益是最重要的）。显然，尊重苦难及其补偿为施暴者和受害者提供了不同的人性化基础。它还显示了真相与和解委员会超越其制度范围为和解精神提供力量的效果。

2009年，我在以色列的一次精神分析会议上介绍了莱特拉佩和富雷的故事以及戈博多－马迪基泽拉的分析。认可项目中的一些巴勒斯坦成员受到鼓舞，以一种强有力的方式表达了他们作为受害者如何获得宽恕的力量并成为道德力量和自主体。当我们通过戈博多－马迪基泽拉的分析进行反思时，我们产生了转化受害者的观点——将其作为一种位置来承认他者。这种观点认为，政治上较弱的一方有能力给予他者迫切需要的东西（承认他们为修复所做的努力，以及他们在受到伤害时的痛苦）。它要求我们承认，作为旁观者或（在某些情况下作为）施暴者，站在强势的一方如何对一个人人性的感情造成损害。也就是说，我们需要共情施暴者的丧失，而这本身就预设了摆脱权力（有或无）的互补性——其目标是转变位置。有尊严的受害者的愿景是利用道德第三方的力量理解伤害者的人性得到承认的需要。有尊严的受害者申明，所有人都必须参与相互依存的互惠承认系统。[①]

受害者的"宽恕将施暴者的人性还给他"的观点可以与另一种观点进行比较，即与旁观者通过允许她（他）作为认可的见证者和提供者而获得能动性。加沙战争结束后，一名以色列组长（他的组员们在战争期间一直通过电子邮件保持联系）反映，他需要见证并被允许给予声援。他说，他感谢加沙的朋友和同事们，感谢他们不断地打电话来让他了解情况。他问了一些可能无关紧要的问题，使他能够感受到自己的人性——他不是一个冷漠的旁观者，因此也不是伤害的一部分。

从旁观者麻木的罪恶感、保护受害者的无助感，到见证者更积极的位置，这种过程可能被视为修复世界的愿望的一部分——即使在无法修复某个具体的伤者的时候。它包含了一种超越个人利益、与社会世界联系在一起的渴望，并证实了社会依恋可以克服敌意。活动家们反复表达着非暴力敏感性的每个方面。尽管存在着压倒性的暴力、不公正和司法解决的缺失，他们还是跨越了鸿沟，因为这些行为通过与他者的联系减轻了无助感。

对于施暴者来说，认可与受害者之间的人际纽带可能会让他们感到部分地回归自身，居住在一种包含其自身脆弱性的人类状态中。这再次改变了强大与无助的二元对立，因为当以前的无助者能够采取行动，承认隐藏在凶手体内的脆弱者时，他们自己的尊严就可以恢复。当受害者不再作为"附带损害"被抛弃，而成为真正的人类时，强权的"可怕"一面就暴露了出来。对他们来说，自我保护和生存的理由理所当然地掩盖了对杀戮的计算。在与受难者和具身的他者建立新的共情纽带的

[①] 一名参会者说，他和家人坐在一辆车里通过检查站时，尽管他们有一张"VIP"通行证，但还是被一名士兵骚扰并被迫不必要地等待。当士兵最后挥手让他们通过时，一直在后座上扭动的男婴向他挥手，这让士兵露出了困惑和惊恐的表情。他停顿片刻，试图理解在这一刻他是如何被视为人类的，然后向婴儿挥手致意。

过程中，那些受到伤害的人不再受到解离的保护，这种解离使他们免于承受自己的可怕痛苦。痛苦不仅源于受到伤害，也源于成为伤害者，这样就超越了否认自己脆弱的二元性。一位退役战士表示，意识到"手上有血"是一种被污染的感觉，这让人感到恐惧。他问道："这些手怎么可能抱着婴儿？如果一个像我一样的士兵想娶我的女儿该怎么办？"（Shapira in Singer，2014）这种想法打破了他最初对杀人的麻木。他接受了大他者也是人的痛苦现实，也接受了自己的自我憎恨。因此，他纠结于自己的身体是如何被杀戮改变的，并且意识到暴力造成的受害者使他站在了施暴者一边。

具身第三方

在本章的开头，我尝试让大家将具身的、情感实现的（而非解离的）自体状态视为创伤后重建第三方的一部分。正如戈博多–马迪基泽拉（2013）所强调的那样，从这个意义上讲，具身需要让公共空间具有亲密性。她通过对古古勒苏的7位母亲的讨论来说明这一点。这些母亲与一名导致她们儿子死亡的黑人警察进行了接洽。她们的儿子，7名古古勒苏年轻男子在他们认为自己将成为抵抗者的情况下，被诱捕后遭到枪杀——警察密探向他们提供了武器。其中一位母亲说，当施暴者对她们谈到自己是父母和儿子时，她感到子宫的疼痛。施暴者在表示忏悔时，称她们为他的母亲。戈博多–马迪基泽拉（2011）在描述某些类型的关系时，提到了脐带这一术语作为身体联结的常见用法。关于我提到的"概念化"，她认为节律第三方的这个方面在身体语言中代表了与他人痛苦的共情联系，它建立了道德第三方（Gobodo-Madikizela，2013）。

从解离到语言和情感具身的转变创造了一个第三方。在这种情况下，施暴者和受害者、坚强和脆弱的二元对立发生了分裂，受苦的身体本身通过接受苦难获得了尊重。这种尊重改变了与卑贱和可怕有关的位置。正如克里斯蒂娃（1982）在她的卑贱理论中所说的那样，卑贱变成了被抛弃的部分客体，甚至是渣滓。这个部分客体通过控制主体而否认了尊重——疼痛一旦得到尊重并重新被觉察到，那么对身体疼痛的解离的否认就会被认为是可怕的（Grand，2002）。

我们都有可怕的一面、想要逃避和否认痛苦的一面，以及承认造成痛苦和背叛的一面。布拉金（2003）在讨论与酷刑受害者的临床工作时，谈到了对分析师也"知道可怕的事情"的见证的重要性。这样患者就不会感到孤独——不仅知道他人可以做什么，而且知道自己认同攻击者的暴行。她认为，战争酷刑和强奸的受害者之所以会体验到羞耻，可能不仅仅是因为他们受到了伤害和侮辱，还因为他们对造成人身伤害和侮辱的暴行有着不正当的认同。在我看来，这种认同的出现是对恐怖所引发的无助感的一种解离反应。尽管如此，这还是让人感到难以形容的羞耻和惊恐。

这表明，旁观者感到内疚，可能是助长罪恶的另一个强有力的原因。我们必须不断地重新发现：我们因失败的见证而懊悔，我们不愿意知道自己是可怕的人类。恢复见证者位置和合法第三方，要求我们在"我永远无法想象做这样的事"和"我可以想象做那样的事"之间建立一种张力。接受邪恶和恨的现实并将之视为社会生活中的一种力量，这对于那些真正暴露在侵犯人权行为和集体创伤的恐怖面前、希望见证或积极提供帮助的人来说，是旅程的一部分。在这个历史性时刻，恨和破坏性情绪威胁着我们的政体，而承认这一现实似乎尤为重要。

一位古古勒苏受害者的母亲在宽恕之前说："我们都是罪人。"这表明她能够理解这一困难的事实。她的宽恕来自这样的认识：人的本性是会伤害别人的，每个人都必须接受自己心中伤害他人的潜在可能。我们可能会注意到，她正在赋予自己道德上的权威来宣布这一普遍的困境，在这一刻，她被要求原谅并顺应于现实——"现实是什么""什么是无法挽回的"正是第三方的令人信服的表征。这样的宽恕就意味着对"复仇无法挽回失去的东西"的接受。但我们注意到，这种接受并不是个人的壮举，它在很大程度上取决于见证者的在场，这种结构化的仪式的目的在于在群体的保护性涵容者中提供认可。

加沙战争结束几个月之后，当萨拉杰在"认可项目"会议上发言时，我观察到了这种见证的效果。他显然是在以个人身份和受害者代表身份向那些认为自己是犯罪群体代表的人讲话。小组成员因内疚而麻木，他们有意识地表达了无助感和对改变现状的绝望。萨拉杰的发言没有将他的痛苦与听众的痛苦解离，而是将两者联系在一起。他说，他当然对破坏感到非常愤怒，但他识别出了他们发现自己所处的可怕位置，因此想与大家分享他的信念：处理他们的坏的、无助的感觉的唯一方法是，接受我们每个人都有坏的一面和好的一面。不要被他们自己认同恐惧及自我保护的部分所束缚，正是那个部分激发了国家的攻击性。他说，他知道自己也潜藏着这种坏、恐惧和破坏性。他的经验是，当你真正接受了两面性时，你就不再是麻木的，而能够以积极的方式再次行动。他简单的发言让以色列人从可怕的绝望中解脱出来，因为他顺应于现实的自体状态促进了自体状态的转变——从阻抗和斗争转变为接受。这种基于自我宽恕的状态内隐地提供了与道德第三方的联系，使得看到大他者的主体性成为可能，从而解放了潜在的能动性。

他的行动源于一种深刻的理解——接受自体的不同方面（施暴者和受害者、善与恶），打破虚构的界限（值得宽恕并因此得以生存的人与不值得宽恕的人之间的界限，以及置人于死地的人和死亡的人之间的界限）。他提出，如果他们以任何方式与伤害他们的人一样有罪，他们就不配活下去（Benjamin，2009）。相比之下，承认我们的受害者和施暴者身份并重新将二者联系在一起，在没有互补性反转（在这种反转中，个体自身必须处于不配活下去的位置）的情况下创造了悔恨——相当于否认他者的人性。真正的悔恨把我们带到了超越"只有一个人能活"的第三种心位。[1]

我认为，那些承认伤害的人的悔恨与被动的旁观者态度形成了鲜明对比，因为它确实包含了对他者危险性的认同。巴特勒（2004）作为列维纳斯的追随者，提出为了符合伦理规范，我们不应当认同脆弱大他者的不稳定的反应。我认为，对我们自身不确定性的认同是对抗我们不可避免的解离趋势的方法。用卢梭的话来说，当一个被动的旁观者想象自己或自己的孩子可能会被在路上拦住他的警察随意杀害的恐惧时，他只需要这样想："这不是发生在我身上的。"而我认为，我们可以由想象"这件事发生在我身上"开始。如果我们认为有必要承认人类共同的脆弱处境，我们就无法绕过这种认同。更重要的是，我们愿意放弃的大多数暴力行为都源于逃避这种认同的努力。承认我们希望逃避对脆弱性的痛苦认同和对大他者的可憎投射，并对此感到悔恨，这似乎是对一个"不止一个人能活"的世界的精神分析伦理学的起点。我们可以从那些接受暴力造成的痛苦和损失的人身上学到很多东西，他们亲身经历了恨和破坏性的现实，他们的叙事和证词解除了我们的解离，使我们偏离了基于施动与受动、有尊严与被抛弃的传统立场。

危急时刻的结论

2016年，特朗普在美国总统大选中获胜这一事件引发了民众游行，

---

[1]　在电影《超越暴力》（Singer，2014）中，一名前以色列士兵、前巴勒斯坦囚犯对自己放弃暴力的复杂情感过程进行了反思，承认了敌人的人性以及自己对伤害的悔恨，并拒绝接受受害者的地位（这一直是为暴力辩护的传统叙事的一部分）（Botticelli，2010）。

这伴随着一种强烈的情感——需要一个合法世界，以及承认我们需要社会保护和社会联系。抵抗、克服否认（我们目前或可称之为"常态化"），尤其是迫害、恨和破坏性——这使旁观者成为积极分子。在这一危急时刻，许多与边缘和弱势群体的命运常伴的解离似乎在减少，取而代之的是广泛的关注、焦虑，以及捍卫"不止一个人能活"的合法世界的强烈冲动。我只能希望，这种捍卫和保护的意志能够改变我们，并带来发展。作为本书的结尾，我注意到，揭开否认的面纱，披露历史的痛苦真相，这似乎是我以前从未经历过的。抵制分裂运动的情绪更像一种清算或面对可怕现实的尝试，而不是安全时期的放纵的指责或责备。因此，我希望"第三方"思想，无论以什么名字命名，都将找到新的、适当的表达方式。

从精神分析承认理论的角度来看，我认为思考修复世界和恢复第三方的努力需要用心理学来理解集体创伤的影响，以及克服（与伤害和痛苦、权力和无助有关的）分裂和解离意味着什么，而哲学和政治理论往往对此嗤之以鼻。从公认的心理学观点来看，在个人依恋中通过认可来修复的原则和与社会不公正有关的修复原则是同构的，尽管两者从语言上被划分为不同的领域（Honneth，1995）。修复破裂与承认需要纠正的违规行为的共同主线将社会纽带和公共纽带的治愈联系在一起。拒绝错误或不公平是早期个体修复和后期社会不公正修复的共同动力。例如，一位参加过伊拉克战争的退伍军人前往斯坦丁罗克参加了对历史违规行为的道歉仪式，以对美国原住民表示支持。他谈到，自己需要采取行动来纠正服役期间深深困扰他的不当行为。修复世界的渴望是一种源于心理冲动的反应，它表现在早期通过认可和承认来修复和恢复第三方的努力中。

虽然承认过程不能取代物质正义、暴力问题的政治决议、经济赔偿和对受害者命运的社会责任，但它们有助于缓和政治权力斗争。这种斗争是由担心被抛弃和未被承认而引起的,因为一些他者似乎会"插队"。第三方代表一个"不止一个人能活"的合法世界,它需要在社会上体现为真正的保护制度。否则,我们将继续与被害焦虑(它与只有一个人能活的恐惧有关)做斗争。

旨在恢复(奴隶制、殖民化、迫害和种族屠杀)受害者的权利或为受害者争取赔偿的政治努力需要得到承认的支持,这种承认肯定了错误的发生。然而,与这一进程相对立的是一种强烈的恐惧——害怕承认伤害的真相,就像在美国的种族问题上一样。对组织严密的心理来说,失去善良是无法容忍的。对失去善良的恐惧表现为一种受到不公平的攻击的感觉,而非被要求承担责任的感觉。然后,对伤害的否认使人们容易受到更大的反民主战略的影响,进而通过煽动相互矛盾的受害者叙事来保留权力。在提供实际补偿手段时,如果没有社会和政治形式的第三性在见证痛苦和要求公正之间进行调解,那么对身份的依恋就会变成"只有一个人能活"的想象中的战斗。在政治舞台上,这场战斗也被煽动者所利用。对抗伤害的解离不仅需要抽象的权利语言,还需要承认他者的人性和伤害的事实——作为对痛苦的尊重。在这一历史时刻发展起来的政治抵抗运动已经显示出有趣的迹象:正义话语与有尊严地保护弱势群体、要求听到被压抑的声音、"我不能保持沉默"的圣歌、有力地表达承认的愿望结合在一起。我们可以从社会治愈、见证与和解中了解到,政治变革运动如何作为一个共享过程来证实、见证,进而强化我们对心理伤害和物质伤害的承认。我们最终想要实现的目标是代表合法世界创建能动性和信念,并反对否认的潜在影响。

创造认可的努力使我们能够找回脆弱性,懂得如何尊重痛苦,从而理解认可是如何减轻痛苦的。对受害者来说,公开道歉提供的社会承认是非常有意义的。在一个需要自下而上的承认的主体间矩阵中产生的证词的具身体验使受害者有可能重新获得与他人的社会依恋纽带,并代表合法世界行使能动性。

　　相反，在抛弃一些人而拯救另一些人的基础上否认想象的效用会加剧伤害，抹去不合法的事实，贬低受害者。从社会心理学的角度来看，我们需要强调痛苦的现实，以它应得的承认来尊重它，让那些遭受痛苦的人摆脱受害者身份，恢复能动性。这种承认的局限性在于，只有承认自己的责任，那些伤害者和因自我保护而采取行动之人才能摆脱麻木的内疚，转而做出补偿。通过这种方式重新承认责任，可能有助于承受和减轻来自否认的痛苦，减少社会纽带的损坏，恢复道德第三方，使人的生命获得超越一般生存的尊重。想摆脱"只有一个人能活"中值得和被抛弃的二元对立，就需要一个合法世界的愿景。在这个合法世界中，我们对整体所有部分的相互依恋都能得到尊重。伤害者和被伤害者都需要"人人都能活"的道德第三方来取代"只有一个人能活"的可怕世界。

译后记

本书是杰西卡·本杰明（Jessica Benjamin）多年理论研究与临床实践的重要结晶。本书的第一章由其同名的代表性论文扩展而来。该文自2004年发表起，在谷歌学术被引2000余次，在Web of Science核心数据库被引700余次，是21世纪以来精神分析领域被引次数最多的论文之一。本书英文原作自2017年出版以来，在谷歌学术被引已达750余次。在更具人文学科色彩的研究者中，这种引用量可以算得上是首屈一指。除此之外，本杰明也是21世纪精神分析代表性期刊中被引排名第14的作者（在健在的研究者中排名第4）。以上种种数据均在一定程度上反映出，本杰明是当代精神分析领域中的一位关键人物。

翻译本书的初衷源于我对主体间精神分析的兴趣。攻读博士学位期间，我的导师郭本禹教授建议我将重心放在主体间精神分析领域之上。在此背景下，我开始接触斯托罗洛（Stolorow）、阿特伍德（Atwood）和奥林奇（Orange）等人在主体间性理论方面的工作。随着时间的推移，我对这一领域的文献越发熟悉，理解也更为深刻。我逐渐发现，和斯托罗洛等人相比，本杰明（自称为"使用主体间性理论'范畴'的关系分析师"）是一个更加"厚重"的研究者。她在主体间性、相互承认和第三方等主题上的论述更加精妙，给我带来一种很不一样（虽然难以言表）的体验。其"余音绕梁，三日不绝"的效果让我在此后的研究中一直难以忘怀。于是，她的理论观点在我的论文架构中占据了更重要的位置。

　　工作之后，我更加关注主体间精神分析的一些经典著作，以期更全面地把握这一领域的思想史脉络，进而完善自己的专著（名为"在你我之间：精神分析的主体间重构"，是对博士论文的修订和扩展，于2023年获得国家社科基金的立项资助）。此时，国内的一些人员开始陆续翻译斯托罗洛的著作。相比之下，他们对本杰明这位"重磅人物"的了解还远远不够。于是，我顺理成章地将本书视为一个重点目标，并于2022年敲定了翻译此书的计划。在翻译过程中，我更加细致地阅读其中的内容。我发现，她的涉猎范围比我想象的更加广泛，不仅涵盖了婴儿研究的重要成果，还以丰富的临床实践开启了与"承认理论"的对话（目前国内出版了一些关于承认理论的译著，此书可以看作其在精神分析领域的一个回响），甚至在北美地区的精神分析主流和被长期忽视的拉康学派之间架设了一座桥梁。概言之，她希望自己对"主体之间"的探索能起到一种拨云见日的效果，为当前"混乱"或者说多元化的精神分析提供一种独到的整合性视角。在很大程度上，她的确做到了这一点：如果你能穿透她晦涩的表达，捕捉到其论述中的"神韵"，那么你将发现，她在"双人互动"上实现了对比昂（Bion）、温尼科特（Winnicott）和科胡特（Kohut）等人的超越，也在与同时代的斯托罗洛、毕比（Beebe）和奥格登（Ogden）等人的比较中凸显了自身的独特之处。如果说继米切尔（Mitchell）之后北美地区还有精神分析的"集大成者"的话，那么在我看来，这个人非本杰明莫属。因而毫不夸张地说，本书是理解关系/主体间精神分析的必读之物，也是通往当代精神分析领域的一个关键入口。

　　虽然收获颇丰，但翻译的过程并非一帆风顺。本杰明的写作风格给我带来了不小的挑战，让我深感自己低估了本书的晦涩。另外，对拉康学派等领域的相对陌生使我不乏"捉襟见肘"的时刻。我不禁想起米切尔和布莱克（Black）的话："[精神分析]每种流派的文献都浩如烟海，每种临床感觉都需要精细地琢磨，任何分析师想要将全部流派融会贯通都很困难。"时至今日，我仍然不敢说自己全然理解了本书；甚至可以说，其中的许多地方依旧如同"雾里看花"，需要仔细加以琢磨。我真切地体会到"译者水平有限"这句话的深刻内涵，尤其是在面对这样一位涉猎广泛的"综合者"之时。当然，这也让我更加明白，自己在未来的工作中需要结合实际经验，进一步提升翻译的功底。

此书的完成并非一日之功，也并非仅凭一人之力。我的合作译者张磊师兄在其中付出了大量心血；丁飞师兄的博士论文为此书奠定了不可或缺的基础；陈劲骁师兄和刘心舟老师在术语的翻译上给出了切实有效的建议；我指导的硕士生徐琳完成了一些烦琐的工作。此外，本书的出版得到"湖北省普通高等学校人文社会科学重点研究基地——大学生发展与创新教育研究中心科研开放基金"（项目编号：DXS2023010）的资助。在此一并表示感谢！

由于译者水平有限，本书难免有一些不准确或错误之处，还请广大同行与读者批评指正。

张巍

2023年9月，初稿于南望山

2024年3月，修订于哈佛园

参考文献

Adorno, T. W. (1966/1973). *Negative Dialectics*. E. Ashton (trans.). New York: Continuum.

Ainsworth, M. D. S. (1969). Object Relations, Dependency and Attachment: A Theoretical Overview of the Mother–Infant Relationship. *Child Development*, 40: 969–1025.

Ainsworth, M., Blehar, M. C., Waters, E. & Wall, S. (1978). *Patterns of Attachment: A Psychological Study of the Strange Situation*. Hillsdale, NJ: Lawrence Erlbaum Associates.

Allen, A. (2008). *The Politics of Our Selves: Power, Autonomy, and Gender in Contemporary Critical Theory*. New York: Columbia University Press.

Altmeyer, M. (2013). Beyond Intersubjectivity: Science, the Real World, and the Third in Psychoanalysis. *Studies in Gender and Sexuality*, 14: 59–77.

Ammaniti, M. & Gallese, V. (2014). *The Birth of Intersubjectivity: Psychodynamics, Neurobiology and the Self*. New York: Norton.

Aron, L. (1991). The Patient's Experience of the Analyst's Subjectivity. *Psychoanalytic Dialogues*, 1: 29–51.

Aron, L. (1992). Interpretation as Expression of the Analyst's Subjectivity. *Psychoanalytic Dialogues*, 2: 475–507.

Aron, L. (1995). The Internalized Primal Scene. *Psychoanalytic Dialogues*, 5: 195–237.

Aron, L. (1996). *A Meeting of Minds: Mutuality in Psychoanalysis*. Hillsdale, NJ: The Analytic Press.

Aron, L. (1999). Clinical Choices and the Relational Matrix. *Psychoanalytic Dialogues*, 9: 1–30.

Aron, L. (2006). Analytic Impasse and the Third. *International Journal of Psychoanalysis*, 87: 344–368.

Aron, L. & Atlas, G. (2015). Generative Enactment: Memories from the Future. *Psychoanalytic Dialogues*, 25: 309–324.

Aron, L. & Benjamin, J. (1999). *Intersubjectivity and the Struggle to Think*. Paper presented at Spring Meeting, Division 39 of the American Psychological Association, New York.

Aron, L. & Starr, K. (2013). *A Psychotherapy for the People: Toward a Progressive Psychoanalysis*. New York & London: Routledge.

Atlas, G. (2011a). The Bad Father, the Sinful Son, and the Wild Ghost. *Psychoanalytic Perspectives*, Fall 11, 8(2): 238–251.

Atlas, G. (2011b). Attachment, Abandonment, Murder. *Contemporary Psychoanalysis*, 47: 245–259.

Atlas, G. (2013). What's Love Got to Do With It? Sexuality, Shame and the Use of the Other. *Studies in Gender and Sexuality*, 14(1): 51–58.

Atlas, G. (2015). *The Enigma of Desire: Sex, Longing and Belonging.* London: Routledge.

Bach, S. (2009). Remarks on the Case of Pamela. *Psychoanalytic Dialogues*, 19(1): 39–44.

Baraitser, L. (2008). Mums the Word: Intersubjectivity, Alterity, and the Maternal Subject. *Studies in Gender and Sexuality*, 9: 86–110.

Baranger, M. & Baranger, W. (2008). The Analytic Situation as a Dynamic Field. *International Journal of Psychoanalysis*, 89: 795–826.

Baranger, M., Baranger, W. & Mom, J. (1983). Process and non-Process in Analytic Work. *International Journal of Psychoanalysis*, 64: 1–15. Also in L. Glocer Fiorini, (Ed.) (2009). *The Work of Confluence* (63–88) London: Karnac.

Bar-On, D. (1995). *Fear and Hope: Three Generations of the Holocaust.* Cambridge & London: Harvard University Press.

Bar-On, D. (1998). *The Indescribable and the Undiscussable: Reconstructing Human Discourse After Trauma.* Budapest: Central European University Press.

Bar-On, D. (2008). Toward Understanding and Healing through Storytelling and Listening: from the Jewish–German Context After the Holocaust to the Israeli Palestinian Context. In O'Hagan, L. (Ed.), *Stories in Conflict: Toward Understanding and Healing.* Derry, UK: Community Foundation for Northern Ireland.

Bass, A. (2003). "E" Enactments in Psychoanalysis. *Psychoanalytical Dialogues*, 13: 657–675.

Bassin, D. (1996). Beyond the He and She: Toward the Reconciliation of Masculinity and Femininity in the Postoedipal Female Mind. *Journal of American Psychoanalytic Association*, 44S: 157–190.

Bataille, G. (1976). Hegel in the Light of Hemingway. *Semiotext[e]*, 2: 12–22.

Bataille, G. (1986). *Eroticism: Death and Sensuality.* San Francisco, CA: City Light Books.

Bateson, G. (1972). *Steps To an Ecology of Mind.* New York: Ballantine.

Bateson, G. (1956/1972). Toward a Theory of Schizophrenia. In Bateson, G. *Steps to an Ecology of Mind.* New York: Ballantine.

Beebe, B. (2004). Faces in Relation: A Case Study. *Psychoanalytic Dialogues,* 14: 1–51.

Beebe, B., Jaffe, J., Markese, S., Buck, K., Chen, H., Cohen, P., Bahrick, L., Andrews, H. & Feldstein, S. (2010). The Origins of 12-Month Attachment: A Microanalysis of 4-Month Mother–Infant Interaction. *Psychoanalytic Dialogues*, 12(1–2): 3–141.

Beebe, B. & Lachmann, F. (1994). Representation and Internalization in Infancy: Three Principles of Salience. *Psychoanalytic Psychology*, 11: 127–165.

Beebe, B. & Lachmann, F. (2002). *Infant Research and Adult Treatment: Co-Constructing Interactions.* Hillsdale, NJ: Analytic Press.

Beebe, B. & Lachmann, F. (2013). *The Origins of Attachment: Infant Research and Adult Treatment.* New York & London: Routledge.

Beebe, B. & Stern, D. (1977). Engagement–Disgengagement and Early Object Experiences. In Freedman, N. & Grand, S. (Eds.), *Communicative Structures and Psychic Structures.* New York: Plenum Press.

Beebe, B., Sorter, D., Rustin, J. & Knoblauch, S. (2003a). A Comparison of Meltzoff, Trevarthen, and Stern. *Psychoanalytic Dialogues,* 13: 777–804.

Beebe, B., Sorter, D., Rustin, J. & Knoblauch, S. (2003b). An Expanded View of Intersubjectivity in Infancy and Its Application to Psychoanalysis. *Psychoanalytic Dialogues,* 13: 805–841.

Benhabib, S. (1992). *Situating the Self.* New York: Routledge.

Benjamin, J. (1977). The End of Internalization: Adorno's Social Psychology. *Telos,* 32: 442–464.

Benjamin, J. (1988). *The Bonds of Love: Psychoanalysis, Feminism, and the Problem of Domination.* New York: Pantheon.

Benjamin, J. (1995a). *Like Subjects, Love Objects: Essays on Recognition and Sexual Difference.* New Haven, CT: Yale University Press.

Benjamin, J. (1995b). Recognition and Destruction: An Outline of Intersubject-ivity. In *Like Subjects, Love Objects* (27–49). New Haven, CT: Yale University Press.

Benjamin, J. (1995c). The Omnipotent Mother, Fantasy and Reality. In *Like Subjects, Love Objects* (81–115). New Haven, CT: Yale University Press.

Benjamin, J. (1995d). What Angel Would Hear Me? The Erotics of Transference. *Psychoanalytic Inquiry,* 14: 535–557. In *Like Subjects, Love Objects.* New Haven, CT: Yale University Press.

Benjamin, J. (1995e). Sympathy for the Devil: Notes on Aggression and Sexuality with Special Reference to Pornography. In *Like Subjects, Love Objects* (175-212). New Haven, CT: Yale University Press.

Benjamin, J. (1996). In Defense of Gender Ambiguity. *Gender and Psychoanalysis,* 1: 27–43.

Benjamin, J. (1997). Psychoanalysis as a Vocation. *Psychoanalytic Dialogues,* 7: 781–802.

Benjamin, J. (1998). *Shadow of the Other: Intersubjectivity and Gender in Psycho-analysis.* New York & London: Routledge.

Benjamin, J. (2000a). Response to Commentaries by Mitchell and Butler. *Studies Gender & Sexuality,* 1: 291–308.

Benjamin, J. (2000b). Intersubjective Distinctions: Subjects and Persons, Recognitions and Breakdowns: Commentary on paper by Gerhardt, Sweetnam and Borton. *Psychoanalytic Dialogues,* 10: 43–55.

Benjamin, J. (2002). The Rhythm of Recognition: Comments on the Work of Louis Sander. *Psychoanalytic Dialogues,* 12: 43–54.

Benjamin, J. (2004a). Beyond Doer and Done-To: An Intersubjective View of Third-ness. *Psychoanalytic Quarterly,* 73: 5–46.

Benjamin, J. (2004b). Revisiting the Riddle of Sex. In I. Matthis (Ed.), *Dialogues on Sexuality, Gender and Psychoanalysis* (145–172). London, UK: Karnac.

Benjamin, J. (2005). From Many Into One: Attention and the Containing of Multitudes. *Psychoanalytic Dialogues,* 15: 185–201.

Benjamin, J. (2006). *Our Appointment in Thebes: The Analyst's Acknowledgment and the Fear of Doing Harm.* Paper presented at IARPP Conference, Boston.

Benjamin, J. (2008). *Mutual Injury and Mutual Acknowledgment.* Lecture in honor of Sigmund Freud's birthday, Sigmund Freud Verein, Vienna.

Benjamin, J. (2009a). A Relational Psychoanalysis Perspective on the Necessity of Acknowledging Failure in Order to Restore the Facilitating and Containing Features of the Intersubjective Relationship (the Shared Third). *International Journal of Psychoanalysis,* 90: 441–450.

Benjamin, J. (2009b). Psychoanalytic Controversies: Response to Sedlak. *International Journal of Psychoanalysis*, 90: 457–462.

Benjamin, J. (2009c). Mutual Injury and Mutual Acknowledgment Under Conditions of Asymmetry. In Heuer, G. (Ed.) *Sacred Violence. Essays in Honor of Andrew Samuels*, London: Karnac.

Benjamin, J. (2010). Can We Recognize Each Other? Response to Donna Orange. *International Journal of Self Psychology*, 5: 244–256.

Benjamin, J. (2011a). Acknowledgment of Collective Trauma in Light of Dissociation and Dehumanization. *Psychoanalytic Perspectives*, 8(2): 207–214.

Benjamin, J. (2011b). Facing Reality Together Discussion: With Culture in Mind: The Social Third. *Studies in Gender and Sexuality*, 12: 27–36.

Benjamin, J. (2013). Thinking Together—Differently: Commentary on Philip Bromberg. *Contemporary Psychoanalysis,* 49(3): 356–379.

Benjamin, J. (2015). "Moving Beyond Violence": What We Learn from Two Former Combatants About the Transition from Aggression to Recognition. In Gobodo-Madikizela, P. (Ed.) *Breaking Intergenerational Cycles of Repetition. A Global Dialogue on Historical Trauma and Memory*. Leverkusen: Verlag Barbara Budrich.

Benjamin, J. (2016a). Intersubjectivity. In Elliott, A. & Prager, J. (Eds.) *The Routledge Handbook of Psychoanalysis in the Social Sciences and Humanities* (149–168). London: Routledge.

Benjamin, J. (2016b). Non-Violence as Respect for All Suffering: Thoughts Inspired by Eyad el Sarraj. *Psychoanalysis, Culture and Society*, 21: 5–20.

Benjamin, J. & Atlas, G. (2015). The "Too Muchness" of Excitement: Sexuality in Light of Excess, Attachment and Affect Regulation. *International Journal of Psychoanalysis*, 96: 39–63.

Bernstein, J. M. (2015). *Torture and Dignity. An Essay on Moral Injury.* Chicago, IL: University of Chicago Press.

Bersani, L. (1977). *Freud and Baudelaire.* Berkeley, CA: University of California Press.

Bersani, L. (1985). *The Freudian Body: Psychoanalysis and Art.* New York: Columbia University Press.

Bion, W. (1959). Attacks on Linking. *International Journal of Psychoanalysis*, 40: 308–315.

Bion, W. (1962a). A Theory of Thinking. *International Journal of Psychoanalysis,* 43: 306–310.

Bion, W. (1962b). *Learning from Experience.* London: Heinemann.

Black, M. J. (2003). Enactment: Analytic Musings on Energy, Language, and Personal Growth. *Psychoanalytic Dialogues*, 13: 633–655.

Bohleber, W. (2010). *Destructiveness, Intersubjectivity and Trauma: The Identity Crisis of Modern Psychoanalysis.* London: Karnac.

Bohleber, W. (2013). The Concept of Intersubjectivity: Taking Critical Stock. *International Journal of Psycholoanalysis*, 94: 799–823.

Bollas, C. (1989). *Forces of Destiny: Psychounalysis and Human Idiom.* London: Free Association Books.

Bollas, C. (1992). *Being a Character: Psychoanalysis & Self Experience.* New York: Farrar, Strauss & Giroux.

Boston Change Process Study Group [Stern, D. N., Sander, L. W., Nahum, J. P., Harrison, A. M., Lyons-Ruth, K., Morgan, A. C., Bruschweiler-Stern, N. & Tronick,

E. Z.] (1998). Non-interpretive Mechanisms in Psychoanalytic Therapy: The Something More Than Interpretation. *International Journal of Psychoanalysis*, 79: 903–921.

Boston Change Process Study Group [Bruschweiler-Stern, N., Lyons-Ruth, K., Morgan, A. C., Nahum, J. P., Sander, L. W., Stern, D. N., Harrison, A. M. & Tronick, E. Z.] (2005). The "Something More" than Interpretation Revisited: Sloppiness and Co-Creativity in the Psychoanalytic Encounter. *Journal of American Psychoanalytic Association*, 53: 693–729.

Boston Change Process Study Group [Stern, D. N., Sander, L.W., Nahum, J. P., Harrison, A.M., Lyons-Ruth, K., Morgan, A.C., Bruschweiler-Stern, N. & Tronick, E.Z.] (2010). *Change in Psychotherapy: A Unifying Paradigm*. New York: Norton.

Boston Change Process Study Group (2013). Enactment and the Emergence of New Relational Organization. *Journal of the American Psychoanalytic Association*. 61: 727–749.

Botticelli, S. (2010). The Politics of Identification: Resistance to the Israeli Occupation of Palestine. In Harris, A. & Botticelli, S. (2010) *First Do No Harm: The Paradoxical Encounters of Psychoanalysis, Warmaking, and Resistance*. New York: Routledge.

Botticelli, S. (2015). Has Sexuality Anything to Do with War Trauma? Inter-generational Trauma and the Homosexual Imaginary. *Psychoanalytic Perspectives*, 12(3): 275–288.

Boulanger, G. (2007). *Wounded by History*. New York and London: Routledge.

Bowlby, J. (1969). *Attachment and Loss: Vol. 1. Attachment*. New York: Basic Books.

Bowlby, J. (1973). *Attachment and Loss: Vol. 2. Separation: Anxiety and Anger*. New York: Basic Books.

Bragin, M. (2005). Pedrito: The Blood of the Ancestors. *Journal of Infant Child and Adolescent Psychotherapy*, 4: 1–20.

Bragin, M. (2007). Knowing Terrible Things: Engaging Survivors of Extreme Violence in Treatment. *Clinical Social Work Journal*, 35: 229–236.

Brennan, T. (1992). *The Interpretation of the Flesh*. New York: Routledge.

Breuer, J. & Freud, S. (1895). *Studies in Hysteria*. In Standard Edition, vol 2, London Hogarth, 1957.

Brickman, Celia. (2015). *The Law of Bare Life and the Alternative Oedipal Register*. Paper Delivered at Division 39 Spring Meeting, April 2015, San Francisco.

Britton, R. (1988). The Missing Link: Parental Sexuality in the Oedipus Complex. In R. Shafer (Ed.) (1997), *The Contemporary Kleinians of London* (242–258), Madison, CT: International University Press.

Britton, R. (1998). *Belief and Imagination*. London and New York: Routledge.

Britton, R. (2000). *Internet Discussion of Britton's Work*. Panel "On Psychoanalysis" sponsored by Psybc.com.

Bromberg, P. (1998). *Standing in the Spaces: Essays on Clinical Process, Trauma, and Dissociation*. Hillsdale, NJ: Analytic Press.

Bromberg, P. (2000). Potholes on the Royal Road – Or is it an Abyss. In *Awakening the Dreamer: Clinical Journeys*. Mahwah, NJ: The Analytic Press.

Bromberg, P. (2006). *Awakening the Dreamer: Clinical Journeys*. Mahwah, NJ: The Analytic Press.

Bromberg, P. (2011). *The Shadow of the Tsunami: and the Growth of the Relational Mind*. New York: Routledge.

Brown, L. (2011). *Intersubjective Processes and the Unconscious: An Integration of Freudian, Kleinian and Bionian Perspectives.* New York: Routledge.

Brown, N. O. (1959). *Life Against Death: The Psychoanalytic Meaning of History.* Middletown, CT: Wesleyan University Press.

Buber, M. (1923/1971). *I and Thou.* W. Kaufman (trans.). New York: Scribner.

Bucci, W. (2003). Varieties of Dissociative Experiences A Multiple Code Account of Bromberg's Case of William. *Psychoanalytic Psychology*, 20: 542–557.

Bucci, W. (2008). The Role of Bodily Experience in Emotional Organization: New Perspectives on the Multiple Code Theory. In Anderson, F. S. (Ed.) *Bodies in Treatment: The Unspoken Dimension* (51–75). New York: Routledge.

Butler, J. (1997). *The Psychic Life of Power: Theories in Subjection.* Stanford, CA: Stanford University Press.

Butler, J. (2000). Longing for Recognition: Commentary on the Work of Jessica Benjamin. *Studies in Gender and Sexuality*, 1: 271–290.

Butler, J. (2004). *Precarious Life: The Powers of Mourning and Violence.* London and New York: Verso.

Casement, P. (1991). *Learning from the Patient.* New York: Guilford.

Castillo, M. & Cordal, M. D. (2014). Clinical Practice with Cases of Extreme Traumatization 40 Years After the Military Coup in Chile (1973–1990): The Impact on the Therapist. *Psychoanalytic Dialogues*, 24: 444–455.

Celenza, A. (2007). Analytic Love and Power Responsiveness and Responsibility. *Psychoanalytic Inquiry*, 27: 287–301.

Celenza, A. (2014). *Erotic Revelations: Clinical Applications and Perverse Scenarios.* London: Routledge.

Chasseguet-Smirgel, J. (1985). *The Ego Ideal.* London: Free Association Press.

Chodorow, N. (1976). *The Reproduction of Mothering: Psychoanalysis and the Sociology of Gender.* London: University of California Press.

Christiansen, A. (1996). Masculinity and its Vicissitudes. Reflections on Some Gaps in the Psychoanalytic Theory of Male Identity Formation. *The Psychoanalytic Review*, 83(1): 97–124.

Civitarese, G. (2008). Immersion Versus Interactivity and Analytic Field. *International Journal of Psychoanalysis*, 89: 279–298.

Coates, T.-N. (2015). *Between the World and Me.* New York: Spiegel & Grau.

Cohen, S. (2001). *States of Denial: Knowing About Atrocities and Suffering.* London: Polity Press.

Cooper, S. (2000). Mutual Containment in the Analytic Situation. *Psychoanalytic Dialogues*, 10(2): 169–194.

Cooper, S. (2010). *A Disturbance in the Field: Essays in Transference–Countertransference Engagement.* New York: Routledge.

Corbet, K. (2009). *Boyhoods: Rethinking Masculinities.* New Haven, CT: Yale University Press.

Cordal, M. D. (2005). Traumatic Effects of Political Repression in Chile: A Clinical Experience. *International Journal of Psychoanalysis*, 86: 1317–1328.

Cordal, M. D. & Mailer, S. (2010). *Social Recognition. ILAS Working with Trauma Survivors in Chile.* IARPP, San Francisco, April 2010.

Cornell, D. (1992). *Philosophy of the Limit.* New York: Routledge.

Cornell, D. (2003). Personal Communication with the Author.

Crastnopol, M. (1999). The Analyst's Professional Self as a "Third" Influence on the Dyad: When the Analyst Writes About the Treatment. *Psychoanalytic Dialogues*, 9: 445–470.

Davies, J. (1998). Multiple Perspectives on Multiplicity. *Psychoanalytic Dialogues*, 8: 747–766.

Davies, J. (1999). Getting Cold Feet, Defining Safe-Enough Borders: Dissociation, Multiplicity and Integration in the Analyst's Experience. *Psychoanalytic Quarterly*, 68: 184–208.

Davies, J. (2001). Erotic Overstimulation and the Co-Construction of Sexual Meanings in Transference-Countertransference Experience. *Pschoanalytic Quarterly*, 70: 757–788.

Davies, J. (2003). Falling in Love with Love: Oedipal and Postoedipal Manifestations of Idealization, Mourning, and Erotic Masochism. *Psychoanalytic Dialogues*, 13: 1–28.

Davies, J. (2004). Whose Bad Objects Are We Anyway? Repetition and Our Elusive Love Affair with Evil. *Psychoanalytic Dialogues*, 14: 711–732.

Davies, J. & Frawley, M. (1994). *Treating the Adult Survivor of Childhood Sexual Abuse: A Psychoanalytic Perspective.* New York: Basic Books.

DeMarneffe, D. (2004). *Maternal Desire: On Children, Love and the Inner Life.* New York: Little Brown.

Derrida, J. (1978). Violence and Metaphysics. In A. Bass. (trans.). *Writing and Difference.* Chicago, IL: University of Chicago Press.

Dimen, M. (2003). *Sexuality, Intimacy and Power.* Hillsdale, NJ: The Analytic Press.

Dinnerstein, D. (1976). *The Mermaid and the Minotaur.* New York: Harper and Row.

Douglas, M. (1966). *Purity and Danger: An Analysis of Concepts of Pollution and Taboo.* London & New York: Routledge & Kegan Paul.

Ehrenberg, D. (1992). *The Intimate Edge.* New York: Norton.

Eigen, M. (1981). The Area of Faith in Winnicott, Lacan and Bion. *International Journal of Psychoanalysis*, 62: 413–433.

Eigen, M. (1993). *The Electrified Tightrope.* Lanham, NJ: Jason Aronson.

Eldredge, C. B. & Cole, G. W. (2008). Learning from Work with Individuals with a History of Trauma. In Anderson, F. S. (Ed.) *Bodies in Treatment: The Unspoken Dimension* (79–102). New York: Routledge.

Elise, D. (2001). Unlawful Entry: Male Fears of Psychic Penetration. *Psychoanalytic Dialogues*, 11: 499–531.

Ellman, S. J. & Moscowitz, M. (2008). A Study of the Boston Change Process Study Group. *Psychoanalytic Dialogues*, 18: 812–837.

Faimberg, H. (2005). *The Telescoping of Generations: Listening to the Narcissistic Links Between Generations.* London & New York: Routledge.

Fairbairn, W. R. D. (1952). *An Object-Relations Theory of the Personality.* New York: Basic Books.

Fallenbaum, R. (Forthcoming). *In an Unjust World: Race and History in Psychotherapy.*

Fanon, F. (1967). *Black Skin, White Masks.* New York: Grove Press.

Feldman, M. (1993). The Dynamics of Reassurance. In Shafer, R. (Ed.) *The Contemporary Kleinians of London* (321–344). Madison, CT: International University Press.

Feldman, M. (1997). Projective Identification: The Analyst's Involvement. *International Journal of Psychoanalysis*, 78: 227–241.

Felman, S. & Laub, D. (1992). *Testimony: Crises of Witnessing in Literature, Psychoanalysis and History.* New York & London: Routledge.

Ferenczi, S. (1933). Confusion of Tongues Between Adults and the Child. In Ferenczi, S. (1980). *Final Contributions to the Problems and Methods of Psychoanalysis* (156–167). London: Karnac.

Ferro, A. (2002). *In the Analyst's Consulting Room*. New York: Brunner-Routledge.

Ferro, A. (2005). *Seeds of Illness, Seeds of Recovery*. New York: Brunner-Routledge.

Ferro, A. (2007). *Avoiding Emotions, Living Emotions*. London: Brunner-Routledge.

Ferro, A. (2009). Transformations in Dreaming and Characters in the Psychoanalytic Field. *International Journal of Psychoanalysis*, 90: 209–230.

Ferro, A. (2011). *Avoiding Emotions, Living Emotions*. London: Routledge and The Institute of Psychoanalysis.

Ferro, A. & Civitarese, G. (2013). Analysts in Search of an Author: Voltaire or Artemischa Gentileschi? Commentary on "Field Theory in Psychoanalysis, Part II" by D. B. Stern. *Psychoanalytic Dialogues*, 23: 646–653.

First, E. (1988). The Leaving Game or I'll Play You and You'll Play Me: The Emergence of Dramatic Role Play in 2-Year-Olds. In Slade, A. & Wolfe, D. (Eds.) *Children at Play: Clinical and Developmental Approaches to Meaning and Representation* (111–133). New York: Oxford University Press.

Fonagy, P. (2008). A Genuinely Developmental Theory of Sexual Enjoyment and Its Implications for Psychoanalytic Technique. *Journal of American Psychoanalytic Association*, 56: 11–36.

Fonagy, P. & Target, M. (1996a). Playing with Reality: I. Theory of Mind and the Normal Development of Psychic Reality. *International Journal of Psychoanalysis*, 77: 217–233.

Fonagy, P. & Target, M. (1996b). Playing with Reality: II. The Development of Psychic Reality from a Theoretical Perspective. *International Journal of Psychoanalysis*, 77: 459–479.

Fonagy, P. & Target, M. (2000). Playing with Reality: III. The Persistence of Dual Psychic Reality in Borderline Patients. *International Journal of Psychoanalysis*, 81: 853–873.

Fonagy, P., Gergely, G., Jurist, E. & Target, M. (2002). *Affect Regulation, Mentalization and the Development of the Self*. New York & London: Other Books.

Fosha, D., Siegel D. & Solomon M. (2012). *The Healing Power of Emotions*. New York: Norton.

Frankel, J. (2002). Exploring Ferenczi's Concept of Identification with the Aggressor: Its Role in Trauma, Everyday Life, and the Therapeutic Relationship. *Psychoanalytic Dialogues*, 12: 101–139.

Freud, S. (1896). Further Remarks on the Neuro-Psychoses of Defence. In Strachey, J. (Ed.) (1953). *The Standard Edition of the Complete Psychological Works of Sigmund Freud Volume III (1893–1899)* (157–185). London: Hogarth.

Freud, S. (1905). Fragment of an Analysis of a Case of Hysteria. In Strachey, J. (Ed.) (1953). *The Standard Edition of the Complete Psychological Works of Sigmund Freud Volume VII (1920–1922)* (3-124). London: Hogarth.

Freud, S. (1911). Formulations Regarding the Two Principles in Mental Functioning. In Rieff, P. (Ed.) (1963). *General Physiological Theory* (21-28). New York: Collier Books.

Freud, S. (1912). The Dynamics of Transference. In Strachey, J. (Ed.) (1958). *The Standard Edition of the Complete Psychological Works of Sigmund Freud, Volume XII (1911–1913)* (97-108). London: Hogarth.

Freud, S. (1915). Instincts and Their Vicissitudes. In Strachey, J. (Ed.) (1957). *The Standard Edition of the Complete Psychological Works of Sigmund Freud, Volume XIV (1914–1916)* (109–140). London: Hogarth.

Freud, S. (1920). Beyond the Pleasure Principle. In Strachey, J. (Ed.) (1955). *The Standard Edition of the Complete Psychological Works of Sigmund Freud, Volume XVIII (1920–1922)* (7–64). London: Hogarth.

Freud, S. (1923). The Ego and the Id. In J. Strachey (Ed.) (1961). *The Standard Edition of the Complete Psychological Works of Sigmund Freud, Volume XIX (1923–1925)* (1–66). London: Hogarth.

Freud, S. (1924). The Dissolution of the Oedipus Complex. In Strachey, J. (Ed.) (1961). *The Standard Edition of the Complete Psychological Works of Sigmund Freud, Volume XIX (1923–1925)* (159–172). London: Hogarth.

Freud, S. (1925). Some Psychical Consequences of the Anatomical Distinction Between the Sexes. In Strachey, J. (Ed.) (1961). *The Standard Edition of the Complete Psychological Works of Sigmund Freud, Volume XIX (1923–1925)* (248–260). London: Hogarth.

Freud, S. (1926). Inhibitions, Symptoms and Anxiety. In Strachey, J. (Ed.) (1959). *The Standard Edition of the Complete Psychological Works of Sigmund Freud, Volume XX (1925–1926)* (75–176). London: Hogarth.

Freud, S. (1930). Civilization and its Discontente. In Strachey, J. (Ed.) (1961). *The Standard Edition of the Complete Psychological Works of Sigmund Freud, Volume XXI (1927–1931)*. London: Hogarth.

Freud, S. (1931). Female Sexuality. In Strachey, J. (Ed.) (1961). *The Standard Edition of the Complete Psychological Works of Sigmund Freud, Volume XXI (1927–1931)* (281–297). London: Hogarth.

Freud, S. (1933). New Introductory Letters on Psychoanalysis. In Strachey, J. (Ed.) (1964). *The Standard Edition of the Complete Psychological Works of Sigmund Freud, Volume XXII (1932-1936)* (1–182). London: Hogarth.

Freud, S. (1933). New Introductory Lectures on Psychoanalysis: Femininity. In Strachey, J. (Ed.) (1964). *The Standard Edition of the Complete Psychological Works of Sigmund Freud, Volume XXII (1932-1936)* (112–135). London: Hogarth.

Gadamer, G. (1960). *Truth and Method*. London: Continuum.

Gallese, V. (2009). Mirror Neurons, Embodied Simulation, and the Neural Basis of Social Identification. *Psychoanalytic Dialogues*, 19: 519–536.

Gerhardt, J. B. & Sweetnam, A. (2000). The Intersubjective Turn in Psychoanalysis: A Comparison of Contemporary Theorists: Part 1 Jessica Benjamin. *Psychoanalytic Dialogues*, 10: 5–42.

Gerhardt, J., Borton, L. & Sweetnam, A. (2000). The Intersubjective Turn in Psychoanalysis A Comparison of Contemporary Theorists: Part 1 Jessica Benjamin. *Psychoanalytic Dialogues*, 10: 5–42.

Gerson, S. (2009). When the Third is Dead: Memory, Mourning and Witnessing in the Aftermath of the Holocaust. *International Journal of Psychoanalysis*, 90(6): 1341–1357.

Ghent, E. (1990). Masochism, Submission, Surrender: Masochism as a Perversion of Surrender. *Contemporary Psychoanalysis*, 26: 108–136.

Ghent, E. (1992). Paradox and Process. *Psychoanalytic Dialogues*, 2: 150–169.

Gill, M. (1982). *Analysis of Transference*. New York: International Universities Press.

Gobodo-Madikizela, P. (2002). Remorse, Forgiveness and Rehumanization: Stories from South Africa. *Journal of Humanistic Psychology*, 42(1): 7–32.

Gobodo-Madikizela, P. (2003). *A Human Being Died That Night*. New York: Houghton Mifflin.

Gobodo-Madikizela, P. (2008). Trauma, Forgiveness and the Witnessing Dance: Making Public Spaces Intimate. *Journal of Analytical Psychology*, 53: 169–188.

Gobodo-Madikizela, P. (2011). Intersubjectivity and Embodiment: Exploring the Role of the Maternal in the Language of Forgiveness and Reconciliation. *Signs: Journal of Women in Culture and Society*, 36: 541–551.

Gobodo-Madikizela, P. (2013, April). *Feeling with the Womb: Reciprocal Mutual Sense-Making*. Keynote address presented at the Lessons in Peace Conference, New York University, New York City.

Gobodo-Madikizela. (2015). Psychological Repair: The Intersubjective Dialogue of Remorse and Forgiveness in the Aftermath of Gross Human Rights Violations. *Journal of the American Psychoanalytical Association (JAPA)*, 63: 1085–1123.

Gobodo-Madikizela, P. (Ed.) (2016). *Breaking Intergenerational cycles of Repetition. A Global Dialogue on Historical Trauma and Memory*. Opladen, Berlin & Toronto: Barbara Budrich.

Goldner, V. (2003). Gender and Trauma: Commentary on Michael Clifford's Clinical Case. *Progress in Self Psychology,* 20: 223–230.

Gomez-Castro, E. & Kovalskys, J. (2013). *Reencounter with History and Memory Through a Therapeutic Process*. Paper presented at IARPP, Santiago, Chile.

Grand, S. (2002). *The Reproduction of Evil*. Hillsdale, NJ: The Analytic Press.

Grand, S. (2009). *The Hero in the Mirror: From Fear to Fortitude*. London: Routledge, Taylor & Francis.

Grand, S. & Salberg, J. (2017). *Trans-generational Trauma and the Other. Dialogues across History*. London: Routledge, Taylor & Francis.

Greif, D. & Livingston, R. (2013). Interview with Philip M. Bromberg. *Contemporary Psychoanalysis*, 49: 323–355.

Grossman, D. (2003). *Be my Knife*. New York: Farrar Strauss Giroux.

Guntrip, H. (1961). *Personality Structure and Human Interaction*. New York: International Universities Press.

Guntrip, H. (1971). *Psychoanalytic Theory, Therapy and the Self*. New York: Basic Books.

Habermas, J. (1972). *Knowledge and Human Interests*. Boston, MA: Beacon Press.

Hadar, U. (2013). *Psychoanalysis and Social Involvement: Interpretation and Action*. London: Palgrave Macmillan.

Hamber, B. (2008). Forgiveness and Reconciliation: A Critical Reflection. In O'Hagan, L. (Ed.) *Stories in Conflict, Towards Understanding and Healing*. Derry, UK: Towards Understanding and Healing, Community Foundation for Northern Ireland, YES!

Hamber, B. & Wilson, R. A. (2002). Symbolic Closure Through Memory, Reparation and Revenge in Post-Conflict Societies. *Journal of Human Rights*, 1: 35–53.

Hammerich, B., Pfaefflin, J., Pogany-Wnendt, P., Siebert, E. & Sonntag, B. (2016). Handing Down the Holocaust in Germany: A Reflection on the Dialogue Between Second Generation Descendants of Perpetrators and Survivors. (Sudy Group on Intergenerational Consequences of the Holocaust, Cologne). In Gobodo-Madikizela

(Ed.) (2016). *Breaking Intergenerational Cycles of Repetition: A Global Dialogue on Historical Trauma and Memory.* Opladen, Berlin & Toronto: Budrich.

Hartmann, H. (1958). *Ego-Psychology and the Problem of Adaptation.* New York: International Universities Press.

Hayner, P. B. (2002). *Unspeakable Truths: Facing the Challenge of Truth Commissions.* New York & London: Routledge.

Hegel, G. W. F. (1807). Lordship and Bondage. In O'Neill, J. (Ed.) (1996). *Hegel's Dialectic of Desire and Recognition* (29–36). Albany, NY: SUNY Press.

Hegel, G. W. F. (1807). *Phenomenologie des Geistes.* Hamburg, Germany: Felix Meiner.

Herman, J. (1992). *Trauma and Recovery: The Aftermath of Violence – from Domestic Abuse to Political Terror.* New York: Basic Books.

Hetherington, M. (2008). The Role of Towards Understanding and Healing. In O'Hagan, L. (Ed.), *Stories in Conflict, Towards Understanding and Healing* (39–54). Derry, UK: Towards Understanding and Healing, Community Foundation for Northern Ireland, YES!

Hill, D. (2015). *Affect Regulation Theory: A Clinical Model.* New York: Norton.

Hoffman, I. (2002). *Forging Difference out of Similarity.* Paper presented at the Stephen Mitchell Memorial Conference of the International Association for Relational Psychoanalysis and Psychotherapy, New York.

Hoffman, I. Z. (1983). The Patient as Interpreter of the Analyst's Experience. *Contemporary Psychoanalysis,* 19: 389–422.

Hoffman, I. Z. (1998). *Ritual and Spontaneity in the Psychoanalytic Process.* Hillsdale, NJ: The Analytic Press.

Hoffman, M. (2010). *Toward Mutual Recognition: Relational Psychoanalysis and the Christian Narrative.* New York: Routledge.

Honneth, A. (1995). *The Struggle for Recognition: The Moral Grammar of Social Conflicts.* Cambridge, UK: Polity Press.

Honneth, A. (2007). *Disrespect The Normative Foundations of Critical Theory.* Cambridge, UK: Polity Press.

Horney, K. (1926). The Flight From Womanhood. In Horney, K. (1967). *Feminine Psychology* (54–71). New York: Norton.

Howell, E. F. (2005). *The Dissociative Mind.* Hillsdale, NJ: Analytic Press.

Ipp, H. (2016). Interweaving the Symbolic and Nonsymbolic in Therapeutic Action: Discussion of Gianni Nebbiosi's "The Smell of Paper". *Psychoanalytic Dialogues,* 26: 10–16.

Jacobs, T. (2001). On Misleading and Misreading Patients: Some Reflections on Communications, Miscommunications and Countertransference Enactments. *International Journal of Psychoanalysis,* 82: 653–669.

Jaenicke, C. (2011). *Change in Psychoanalysis: An Analyst's Reflections on the Therapeutic Relationship.* New York: Routledge.

Jaenicke, C. (2015). *In Search of a Relational Home.* London: Routledge.

Kane, B. (2005). Transforming Trauma into Tragedy: Oedipus/Israel and the Psychoanalyst as Messenger. *Psychoanalytic Review,* 92: 929–956.

Klein, M. (1934). The Pyschogenesis of Manic-Depressive States. In Klein, M. *Contributions to Psychoanalysis, 1921–1945.* London: Hogarth, 1945.

Klein, M. (1946). Notes on Some Schizoid Mechanisms. In Klein, M. *Envy and Gratitude and Other Works.* New York: Delacorte. 1975.

Klein, M. (1952). Some Theoretical Conclusions Regarding the Emotional Life of the Infant. In Klein, M. *Envy and Gratitude and Other Works*. New York: Delacorte, 1975.

Knoblauch, S. H. (2000). *The Musical Edge of Therapeutic Dialogue*. Hillsdale, NJ: Analytic Press.

Knoblauch, S. H. (2005). Body Rhythms and the Unconscious. *Psychoanalytic Dialogues*, 15(6): 807–827.

Knoblauch, S. H. (2008). "A Lingering Whiff of Descartes in the Air": From Theoretical Ideas to the Messiness of Clinical Participation: Commentary on Paper by the Boston Change Process Study Group. *Psychoanalytic Dialogues*, 18: 149–161.

Kohut, H. (1971). *The Analysis of Self*. New York: International Universities Press.

Kohut, J. (1977). *The Restoration of Self*. New York: International Universities Press.

Kohut, H. (1984). *How Does Analysis Cure*. New York: International Universities Press.

Kojève, A. (1969). *Introduction to the Reading of Hegel*. New York: Basic Books.

Kraemer, S. (2006). Betwixt the Dark and the Daylight of Maternal Subjectivity: Meditations on the Threshold. *Psychoanalytic Dialogues*, 16: 766–791.

Kristeva, J. (1982). *Powers of Horror: An Essay on Abjection*. New York: Columbia University Press.

Kristeva, J. (1987). Freud and Love: Treatment and its Discontents. In Kristeva, J. *Tales of Love* (21–57). New York: Columbia University Press.

Krog, A. (2000). *Country of my Skull: Guilt, Sorrow and the Limits of Forgiveness in the New South Africa*. New York: Three Rivers Press.

Lacan, J. (1975). *The Seminar of Jacques Lacan, Book I: Freud's Papers on Technique, 1953–54*. New York: Norton.

Lacan, J. (1977). *Ecrits: A Selection*, A. Sheridan (trans.). New York: Norton.

Laing, R. D. (1965). Mystification, Confusion and Conflict. In Bozormeny-Nagy, J. & Framo, J. L. (Eds.). *Intensive Family Therapy*. New York: Harper & Row.

Laplanche, J. (1987). *New Foundations for Psychoanalysis*, D. Macey (trans.). Oxford: Blackwell.

Laplanche, J. (1992). *Jean Laplanche: Seduction, Translation, Drives: A Dossier*. J. Fletcher (trans.) & Stanton M. London: Institute of Contemporary Arts.

Laplanche, J. (1992). *Le Primat de L'autre en Psychanalyse*. Paris: Champs Flammarion.

Laplanche, J. (1997). The Theory of Seduction and the Problem of the Other. *International Journal of Psychoanalysis*, 78: 653–666.

Laplanche, J. (2011). *Freud and the Sexual. Essays 2000-2006*. New York: International Psychoanalytic Books.

Laub, D. & Auerhahn, N. C. (1993). Knowing and not Knowing Massive Psychic Trauma. *International Journal of Psychoanalysis*, 74: 387–302.

Laufer, M. & Laufer, E. (2012). *One Day After Peace*. Featuring Robi Damelin. Israel/South Africa.

Layton, L. (2010). Resistance to Resistance. In Harris, A. & Botticelli, S. (Eds.) (2010). *First Do No Harm: The Paradoxical Encounters of Psychoanalysis, Warmaking, and Resistance*. New York: Routledge.

Lazarre, J. (1976). *The Mother Knot*. Boston. MA: Beacon.

Levenson, E. A. (1972). *The Fallacy of Understanding* New York: Basic Books.

Levenson, E. A. (1983). *The Ambiguity of Change*. New York: Basic Books.

Levenson, E. A. (2006). Response to John Steiner. *International Journal of Psycho-Analysis*, 87: 321–324.

Loewald, H. (1951). *Papers on Psychoanalysis*. New Haven, CT: Yale University Press.

Loewald, H. W. (1960). On the Therapeutic Action of Psycho-Analysis. *International Journal of Psychoanalysis*, 41: 16–33.

Lyons-Ruth, K. (1999). The Two-Person Unconscious: Intersubjective Dialogue, Enactive Relational Representation, and the Emergence of New Forms of Relational Organization. *Psychoanalytic Inquiry*, 19: 576–617.

McDougall, J. (1989). *Theaters of the Body: A Psychoanalytic Approach to Psychosomatic Illness*. New York: Norton.

McDougall, J. (1996). *The Many Faces of Eros. A Psychoanalytic Exploration of Human Sexuality*. New York: Norton.

McGilchrist, I. (2009). *The Master and His Emissary: The Divided Brain and the Making of the Western World*. New Haven, CT: Yale University Press.

McKay, R. K. (2015). *Empathy reconsidered*. Paper delivered at IARPP, Toronto, Canada, June 2015.

McKay, R. K. (2016). *Bread and Roses: From Empathy to Recognition*. Unpublished manuscript.

Magid, B. M. (2008). *Ending the Pursuit of Happiness: A Zen Guide*. Cambridge, MA: Wisdom Press.

Magid, B. M. & Shane, E. (2017). Relational Self Psychology. *Psychoanalysis, Self and Context*, 12(1): 3–19.

Marcuse, H. (1962). *Eros and Civilization*. New York: Vintage.

Minow, M. (1998). *Between Vengeance and Forgiveness: Facing History after Genocide and Mass Violence*. Boston, MA: Beacon.

Mailer, S. (2010). *The Social Reproduction of Trauma: The Case of Chile*. IARPP Panel on Collective Witnessing and Trauma, San Francisco, February 2010.

Margalit, A. (2002). *The Ethics of Memory*. Cambridge, MA: Harvard University Press.

Mark, D. (2015). *Radical equality in the wake of enactment*. Paper presented at the International Association for Relational Psychoanalysis & Psychotherapy (IARPP), Toronto, June, 2015.

Markell, P. (2003). *Bound by Recognition*. Princeton, NJ & London: Princeton University Press.

Maroda, K. J. (1999). *Seduction, Surrender and Transformation*. Hillside, NJ: Analytic Press.

Mendelsohn, Y. M. (2003). *Complementary Relationships and Sustaining Cycles of Violence*. Unpublished.

Milner, M. (1969). *The Hands of the Living God: An Account of Psychoanalytic Treatment*. London: Hogarth.

Milner, M. (1987). *The Supperessed Madness of Sane Men*. London & New York: Tavistock.

Mitchell, S. (1988). *Relational Concepts in Psychoanalysis: An Integration*. Cambridge, MA: Harvard University Press.

Mitchell, S. (2000). Juggling Paradoxes: Commentary on the Work of Jessica Benjamin. *Studies in Gender & Sexuality*, 1: 251–269.

Mitchell, S. (1993). *Hope and Dread in Psychoanalysis*. New York: Basic Books.

Mitchell, S. (1997). *Influence and Autonomy in Psychoanalysis.* Hillsdale, NJ: Analytic Press.

Mitchell, S. & Black, M. (1995). *Freud and beyond: A History of Modern Psychoanalytic Thought.* New York: Basic Books.

Nahum, J. (2002). Explicating the Implicit. The Local Level and the Micro-Process of Change. Boston Change Process Study Group. *International Journal of Psychoanalysis,* 83: 1051–1062.

Nahum, J. (2005). The "Something More" than Interpretation Revisited: Sloppiness and Co-Creativity in the Psychoanalytic Encounter. *Journal of American Psychoanalytic Association,* 53: 693–729.

Nahum, J. (2008). Forms of Relational Meaning Issues in the Relations between the Implicit and Reflective-Verbal Domains Boston Change Process Study Group. *Psychoanalytic Dialogues,* 18: 125–148.

Nebbiosi, G. (2016). The Smell of Paper. *Psychoanalytic Dialogues,* 26: 1–9.

Nguyen, L. (2012). Psychoanalytic Activism: Finding the Human, Staying Human. *Psychoanalytic Psychology,* 29: 308–317.

Ogden, P., Pain, C. & Minton, K. (2006). *Trauma and the Body.* New York: Norton.

Ogden, T. H. (1986). *The Matrix of the Mind.* Northvale, NJ: Aronson.

Ogden, T. H. (1987). The Transitional Oedipal Relationship in Female Development. *International Journal of Psychoanalysis,* 68: 485–498.

Ogden, T. H. (1989). *The Primative Edge of Experience.* Northvale, NJ: Aronson.

Ogden, T. H. (1994). *Subjects of Analysis.* Northvale, NJ: Aronson.

Ogden, T. H. (1997). *Reverie and Interpretation.* Northvale, NJ: Aronson.

Oliver, K. (2001). *Witnessing: Beyond Recognition.* Minneapolis, MN: University of Minnesota Press.

O'Neill, J. (1996). *Hegel's Dialectic of Desire and Recognition. Texts and Commentary.* Albany, NY: SUNY Press.

Orange, D. M. (1995). *Emotional Understanding: Studies in Psychoanalytic Epistemology.* New York: The Guilford Press.

Orange, D. M. (2010). Recognition as: Intersubjective Vulnerability in the Psychoanalytic Dialogue. *International Journal of Psychoanalytic Self Psychology,* 5: 227–243.

Orange, D. M. (2010). Revisiting Mutual Recognition: Responding to Ringstrom, Benjamin and Slavin. *International Journal of Self-Psychology,* 5: 293–306.

Orange, D. M. (2011). *The Suffering Stranger.* New York: Routledge.

Orange, D. M., Atwood, G. E. & Stolorow, R. D. (1997). *Working Intersubjectively.* Hillsdale, NJ: Analytic Press.

Parker, R. (1995). *Mother Love, Mother Hate. The Power of Maternal Ambivalence.* New York: Basic Books.

Peltz, R. & Goldberg, P. (2013). Field Conditions. Commentary on "Field Theory in Psychoanalysis, Part II" by D. B. Stern. *Psychoanalytic Dialogues,* 23: 660–666.

Pizer, B. (2003). When the Crunch is a (K)not: A Crimp in Relational Dialogue. *Psychoanalytic Dialogues,* 13: 171–192.

Pizer, S. (1998). *Building Bridges: Negotiation of Paradox in Psychoanalysis.* Hillsdale, NJ: Analytic Press.

Pizer, S. (2002). *Commentary on J. Davie's "Falling in Love with Love".* IARPP online symposium.

Qouta,S., Punamaki, R. & El Sarraj, E. (1995a). The Relation Between Traumatic Experiences, Activity and Cognitive and Emotional Responses Among Palestinian Children. *International Journal of Psychology*, 30(3): 289–304.

Qouta,S., Punamaki, R. & El Sarraj, E. (1995b). The Impact of the Peace Treaty on Psychological Well-Being: A Follow-up Study of Palestinian Children. *Child Abuse & Neglect*, 19(10): 1197–1208.

Racker, H. (1957). The Meaning and Uses of Countertransference. *Psychoanalytic Quarterly,* 26: 303–357.

Racker, H. (1968). *Transference and Countertransference.* New York: International Universities Press.

Rappoport, E. (2012). Creating the Umbilical Cord; Relational Knowing and the Somatic Third. *Psychoanalytic Dialogues*, 22: 375–388.

Renik, O. (1993). Analytic Interaction: Conceptualizing Technique in Light of the Analyst's Irreducible Subjectivity. *Psychoanalytic Quarterly,* 62: 553–571.

Renik, O. (1998a). The Analyst's Subjectivity and the Analyst's Objectivity. *International Journal of Psychoanalysis,* 79: 487–497.

Renik, O. (1998b). Getting Real in Analysis. *Psychoanalytic Quarterly,* 67: 566–593.

Ringstrom, P. (1998). Therapeutic Impasses in Contemporary Psychoanalytic Treatment: Revisiting the Double Bind Hypothesis. *Psychoanalytic Dialogues*, 8: 297–316.

Ringstrom, P. (2001). Cultivating the Improvisational in Psychoanalytic Treatment. *Psychoanalytic Dialogues*, 11: 727–754.

Ringstrom, P. (2007). Scenes that Write Themselves Improvisational Moments in Psychoanalysis. *Psychoanaytic Dialogues*, 17: 69–99.

Ringstrom, P. (2016). *Paradox in Enactments: Double Binds and Play.* Paper Delivered at International Association for Psychoanalysis and Psychotherapy, Rome, June 2016.

Rivera, M. (1989). Linking the Psychological and the Social: Feminism, Post-Structuralism, and Multiple Personality. *Dissociation*, 2: 24–31.

Roth, J. (2017). Dwelling at the Thresholds; Witnessing to Historical Trauma Across Concentric Fields. In Alpert, J. & Goren, E. (Eds.). *Psychoanalysis, Trauma and Community: History and Contemporary Reappraisals* (44–63). London & New York: Routledge.

Rothschild, B. (2000). *The Body Remembers: The Psychophysiology of Trauma and Trauma Treatment.* New York: Norton.

Rousseau, J. J. (1775/1992). *Discourse on the Origins of Inequality.* D. Cress (trans.). Indiannapolis, IN: Hackett.

Rozmarin, E. (2007). An Other in Psychoanalysis: Levinas' Critique of Knowledge and Analytic Sense. *Contemporary Psychoanalysis*, 43: 327–360.

Rundel, M. (2015). The Fire of Eros: Sexuality and the Movement toward Union. *Psychoanalytic Dialogues*, 25: 614–630.

Russell, P. (1998). *Crises of Emotional Growth (a.k.a. Theory of the Crunch).* Paper presented at the Paul Russell Conference, Boston, MA.

Safran, J. D. (1999). Faith, Despair, Will and the Paradox of Acceptance. *Contemporary Psychoanalysis*, 35: 5–23.

Safran, J. D. & Muran, J. C. (2000). *Negotiating the Therapeutic Alliance: A Relational Treatment Guide.* New York: Guilford.

Safran, J. D., Muran, J. C. & Shaker, A. (2014). Research on Impasses and Ruptures in the Therapeutic Alliance. *Contemporary Psychoanalysis*, 50: 211–232.

Saketopoulis, A. (2014). To Suffer Pleasure: The Shattering of the Ego as the Psychic Labor of Perverse Sexuality. *Studies in Gender and Sexuality*, 15: 254–268.

Salberg, J. & Grand, S. (2017). *The Wounds of History*. New York & London: Routledge.

Salomonnson, B. (2007). Semiotic Transformations in Psychoanalysis with Infants and Adults. *International Journal of Psychoanalysis,* 88: 1201–1221.

Samuels, A. (1985). *Jung and the Post-Jungians*. London: Routledge.

Sander, L. (1983). Polarity, Paradox, and the Organizing Process in Development. In Call, J. D. Galenson, E., & Tyson, R. L (Eds.). *Frontiers of Infant Psychiatry no 1*, New York: Basic Books.

Sander, L. (1991). Recognition Process: Context and Experience of Being Known. In Amadei, G. & Bianchi, I. (Eds.) (2008). *Living Systems, Evolving Consciousness, and the Emerging Person* (177–195). New York: The Analytic Press.

Sander, L. (1995). Identity and the Experience of Specificity in a Process of Recognition. *Psychoanalytic Dialogues*, 5: 579–593.

Sander, L. (2002). Thinking Differently: Principles of Process in Living Systems and the Specificity of Being Known. *Psychoanalytic Dialogues,* 12(1): 11–42.

Sander, L. (2008). Paradox and Resolution: From the Beginning. In Amadei, G. & Bianchi, I. (Eds.). *Living Systems, Evolving Consciousness, and the Emerging Person* (177–195). New York: The Analytic Press.

Scarfone, D. (2015). *Laplanche: An Introduction*. New York: The Unconscious in Translation.

Schore, A. N. (1993). *Affect Regulation and the Origin of the Self: The Neurobiology of Emotional Development*. Hillsdale, NJ: Lawrence Erlbaum Associates.

Schore, A. N. (2003). *Affect Regulation and the Repair of the Self*. New York: Norton.

Schore, A. N. (2011). Foreword. In Bromberg, P. *The Shadow of the Tsunami and the Growth of the Relational Mind* (ix-xxxvl). New York & London: Routledge.

Sedlak, V. (2009). Psychoanalytic Controversies: Discussion. *International Journal of Psychoanalysis,* 90: 451–455.

Seligman, S. (1998). Child Psychoanalysis, Adult Psychoanalysis, and Developmental Psychology: Introduction to Symposium on Child Analysis, Part II. *Psychoanalytic Dialogues*, 8: 79–86.

Seligman, S. (2012). The Baby Out of the Bathwater: Microseconds, Psychic Structure, and Psychotherapy. *Psychoanalytic Dialogues*, 22: 499–509.

Siegel, D. (1999). *The Developing Mind*. New York: Guilford Press.

Siegel, D. & Solomon, M. (2003). *Healing Trauma: Attachment, Mind, Body and Brain*. New York: Norton.

Silverman, K. (1990). Historical Trauma and Male Subjectivity. In Kaplan, E. (Ed.). *Psychoanalysis and Cinema* (110–128). New York: Routledge.

Singer, I. (2014). *Moving Beyond Violence, the Video*. Featuring Bassam Aramin and Itamar Shapira. MovingBeyondViolence.org.

Slavin, M. (2010). On Recognizing the Psychoanalytic Perspective of the Other: A Discussion of "Recognition as: Intersubjective Vulnerability in the Psychoanalytic Dialogue," by Donna Orange. *International Journal of Psychoanalytic Self-Psychology*, 5: 274–292.

Slavin, M. & Kriegman, D. (1998). Why the Analyst Needs to Change. *Psychoanalytic Dialogues*, 8: 247–285.

Slochower, J. A. (1996). *Holding and Psychoanalysis*. Hillsdale, NJ: Analytic Press.

Slochower, J. A. (2006). *Psychoanalytic Collisions*. London: Routledge.

Spezzano, C. (1993). *Affect in Psychoanalysis: A Clinical Synthesis.* Hillsdale, NJ: Analytic Press.

Spezzano, C. (1996). The Three Faces of Two-person Psychology: Development, Ontology, and Epistemology. *Psychoanalytic Dialogues,* 6: 599–622.

Spezzano, C. (2009). The Search for a Relational Home. In Aron, L. & Harris, A. (Eds.). *Relational Psychoanalysis Vol IV: Expansion of Theory.* London & New York: Routledge.

Spitz, R. A. (1957). *No and Yes: On the Genesis of Human Communication.* New York: International Universities Press.

Staub, E. (2003). *The Psychology of Good and Evil.* New York: Cambridge University Press.

Stein, R. (1998a). The Poignant, the Excessive and the Enigmatic in Sexuality. *International Journal of Psychoanalysis,* 79: 253–268.

Stein, R. (1998b). Two Principles of the Functioning of Affects. *American Journal of Psychoanalysis,* 58: 211–230.

Stein, R. (2007). Moments in Laplanche's Theory of Sexuality. *Studies in Gender and Sexuality,* 8: 177–200.

Stein, R. (2008). The Otherness of Sexuality: Excess. *Journal of American Psychoanalytic Association,* 56: 43–71.

Steiner, J. (1993). Problems of Psychoanalytic Technique: Patient-Centered and Analyst-Centered Interpretations. In Steiner, J. *Psychic Retreats: Pathological Organizations in Psychotic, Neurotic, and Borderline Petients* (131-147). London & New York: Routledge.

Steiner, J. (2006). Interpretative Enactments and the Analytic Setting. *The International Journal of Psychoanalysis,* 87(2): 315–320.

Stern, D. B. (1997). *Unformulated Experience.* Hillsdale NJ: Analytic Press.

Stern, D. B. (2009). *Partners in Thought; Working with Unformulated Experience, Dissociation and Enactment.* New York: Routledge.

Stern, D. B. (2013). Field Theory in Psychoanalysis: Part II – Bionian Field Theory. *Psychoanalytic Dialogues,* 23: 630-645.

Stern, D. B. (2015). *Relational Freedom.* London: Routledge.

Stern, D. N. (1974a). The Goal and Structure of Mother–Infant Play. *Journal of the Academy of Child Psychiatry,* 13: 402–421.

Stern, D. N. (1974b). Mother and Infant at Play: The Dyadic Interaction Involving Facial, Vocal and Gaze Behavior. In Lewis, M. & Rosenblum, L. (Eds.). *The Effect of the Infant on its Caregiver.* New York: John Wiley.

Stern, D. N. (1977). *The First Relationship Infant and Mother.* Cambridge, MA: Harvard Universty Press.

Stern, D. N. (1985). *The Interpersonal World of The Human Infant.* New York: Basic Books.

Stern, D. N. (2004). *The Present Moment.* New York: Norton.

Stern, D. N. (2010). *Forms of Vitality.* New York and Oxford: Oxford University Press.

Stern, D. N., Sander, L. W., Nahum, J. P., Harrison, A. M., Lyons-Ruth, K., Morgan, A. C., Bruschweiler-Stern, N. & Tronick, E. Z. (1998). Non-Interpretive Mechanisms in Psychoanalytic Therapy: The 'Something More' than Interpretation. *International Journal of Psychoanalysis,* 79: 903–921.

Stoller, R. (1975). *Perversion: The Erotic Form of Hatred.* New York: Pantheon Books.

Stoller, R. (1979). *Sexual Excitement: Dynamics of Erotic Life.* New York: Pantheon Books.

Stolorow, R. & Atwood, G. (1992). *Contexts of Being: The Intersubjective Foundations of Psychological Life.* Hillsdale NJ: Analytic Press.

Stolorow, R., Atwood, G. & Orange, D. (2002). *Worlds of Experience: Interweaving Clinical and Philosophical Dimensions in Psychoanalysis.* New York: Basic Books.

Sullivan, H. S. (1953). *The Interpersonal Theory of Psychiatry.* New York: Norton

Symington, N. (1983). The Analyst's Act of Freedom as Agent of Therapeutic Change. *International Review of Psychoanalysis,* 10: 283–291.

Taniguchi, K. (2012). The Eroticism of the Maternal: So What if Everything Is About the Mother. *Studies in Gender and Sexuality,* 13: 123–138.

Taylor, C. (2007). *The Secular Age.* Cambridge, MA: Belknap Press.

Theweleit, K. (1987). *Male Fantasies 1: Women, Foods, Bodies, History.* Cambridge, UK: Polity.

Thomas, N. K. (2010). Whose Truth: Inevitable Tensions in Testimony and the Search for Repair. In Harris, A. & Botticelli, S. (Eds.). *First Do No Harm: The Paradoxical Encounters of Psychoanalysis, Warmaking, and Resistance.* New York: Routledge.

Trevarthen, C. (1977). Descriptive Analyses of Infant Communicative Behavior. In Schaffer, H. (Ed.). *Studies in Mother-Infant Interaction.* London: Academic Press.

Trevarthen, C. (1979). Communication and Cooperation in Early Infancy: A Description of Primary Intersubjectivity. In Bullowa, M. (Ed.). *Before Speech: The Beginning of Interpersonal Communication.* New York: Cambridge University Press.

Tronick, E. (1989). Emotions and Emotional Communication in Infants. *American Psychology,* 44: 112–119.

Tronick, E. (2005). Why is Connection with Others So Critical? The Formation of Dyadic States of Consciousness. In Nadel, J. & Muir, D. (Eds.). *Emotional Development* (293–315). Oxford: Oxford University Press.

Tronick. E. (2007). *The Neurobehavioral and Social- Emotional Development of Infants and Children.* New York: W.W. Norton.

Tronick, E., Als, H. & Brazelton, T. B. (1977). Mutuality in Mother-infant Interaction. *Journal of Communication,* 27: 74–79.

Tutu, D. M. (1999). *No Future Without Forgiveness.* New York: Random House.

Ullman, C. (2006). Bearing Witness: Across the Barriers in Society and in the Clinic. *Psychoanalytic Dialogues,* 16: 181–198.

Ullman, C. (2011). Between Denial and Witnessing: Psychoanalysis and Clinical Practice in the Israeli Context. *Psychoanalytic Perspectives,* 8(2): 179–200.

Urlic, I., Berger, M. & Berman, A. (2013). *Victimhood, Vengefulness and the Culture of Forgiveness.* New York: NovaScience Press.

Van der Kolk, B. (2014). *The Body Keeps the Score: Brain, Mind and Body in the Healing of Trauma.* New York: Norton.

Verwoerdt, W. & Little, A. (2008). Toward Truth and Responsibility after the Troubles. In O'Hagan, L. (Ed.). *Stories in Conflict, Towards Understanding and Healing.* Derry, UK: Towards Understanding and Healing, Community Foundation for Northern Ireland, YES!

Weber, M. (1905/2002). *The Protestant Ethic and the Spirit of Capitalism.* P. Baehr, & G. C. Wells (trans.). New York & London: Penguin Books.

Winnicott, D. W. (1947). Hate in the Countertransference. In Winnicott, D. W. (1975). *Through Pediatrics to Psychoanalysis* (194–203). London: Hogarth, The Psycho-analytic Library.

Winnicott, D. W. (1965). *Through Pediatrics to Psychoanalysis*. London: Hogarth.

Winnicott, D. W. (1971a). The Use of an Object and Relating Through Identifications, In Winnicott, D. W. *Playing and Reality*, New York: Penguin.

Winnicott, D. W. (1971b). *Playing and Reality*, New York: Penguin.

Wrye, H. K. and Welles, J. K. (1994). *The Narration of Desire: Erotic Transference and Countertransference*. Hillsdale, NJ: The Analytic Press.

Yeatman, A. (2015). A Two-Person Conception of Freedom: The Significance of Jessica Benjamin's Idea of Intersubjectivity. *Journal of Classical Sociology*, 15: 3–23.